高等数学学习指导

主　编　伊晓玲
副主编　张金柱　马继丰　黄小平
主　审　乔宝明

北京理工大学出版社
BEIJING INSTITUTE OF TECHNOLOGY PRESS

内 容 简 介

高等数学是理工类、经济类、管理类专业学生的一门必修课,也是非常重要的一门基础理论课。本书针对应用型本科院校而编写,为满足应用型本科学生系统学习的需要,本书强化了实用性、科学性、针对性,实现了知识结构的整体优化。全书内容分为11章,每一章包含四个模块:知识梳理、每节精选、总习题、同步测试。四个模块精练地总结了教材各章节的重点、难点问题,并对所有习题加以详细解析,能帮助学生更快、更好地掌握教材中的知识,同时增加了一些习题以供学生巩固所学的知识。

本书内容全面、体系合理、逻辑性强、结构紧凑、文字简洁,可作为理工类、经济类、管理类专业的学生学习高等数学的辅导用书,也可作为硕士研究生入学考试的复习用书及教师的教学参考书。

版权专有　侵权必究

图书在版编目(CIP)数据

高等数学学习指导／伊晓玲主编. — 北京:北京理工大学出版社,2021.8
　ISBN 978 – 7 – 5763 – 0221 – 9

Ⅰ. ①高… Ⅱ. ①伊… Ⅲ. ①高等数学 – 高等学校 – 教学参考资料　Ⅳ. ①O13

中国版本图书馆 CIP 数据核字(2021)第 173573 号

出版发行／	北京理工大学出版社有限责任公司
社　　址／	北京市海淀区中关村南大街5号
邮　　编／	100081
电　　话／	(010)68914775(总编室)
	(010)82562903(教材售后服务热线)
	(010)68944723(其他图书服务热线)
网　　址／	http://www.bitpress.com.cn
经　　销／	全国各地新华书店
印　　刷／	北京侨友印刷有限公司
开　　本／	787 毫米×1092 毫米　1/16
印　　张／	12.5
字　　数／	294 千字
版　　次／	2021年8月第1版　2021年8月第1次印刷
定　　价／	38.00 元

责任编辑／江　立
文案编辑／李　硕
责任校对／刘亚男
责任印制／李志强

图书出现印装质量问题,请拨打售后服务热线,本社负责调换

前言 PREFACE

应用型本科教育的发展是高等教育进入大众化阶段的必然趋势，它已成为我国高等教育的重要组成部分。在人才培养上，它有着本科教育的共性，但又有别于研究型本科院校。因此，在应用型本科教学与教材（教辅）的编写过程中，必须坚持教学内容和结构符合专业培养方向的需求，既要适应现实，又要满足未来专业和学科发展的需求，使学生的知识层次与科学技术发展水平趋于同步。

高等数学作为应用型本科院校各类专业的基础课程，担负着为专业课提供必需的基础分析工具的使命，它在学生的本科学习中有着举足轻重的作用。要想学好"高等数学"这门课，在深刻领会教材内容和教师的课堂教学内容的基础上，还要辅以一定量的习题训练。而高等数学教材的配套习题一般只给出答案，并未给出具体的解答过程，造成很多同学对解题过程存在疑惑性。为了帮助学生更好地学习这门课程，编者编写了本书，以便开阔学生的学习视野，加深学生对教学内容的理解，解答学生在做题过程中产生的疑惑。

根据高等院校理工类、经管类学生特点，编者对全书的内容进行了严格的选择和合理的安排：将所要掌握的内容详细地罗列出来，可使学生全面、直观地理清全章的结构；对各章节的习题进行了精选，让学生能抓住重点、难点去学习，使学生在掌握理论知识的同时，做题有思路；将各章节的习题进行了详细解析，以解决学生在解答习题过程中遇到的各种问题；将教材中缺少的题型进行了补充及对各章节所学内容进行有效的检测，以供学生全面了解各种题型及巩固所学知识；对于学习能力较强的同学，每一章都节选了一些历年考研真题，可使学生开阔视野，活跃思路。

本书由伊晓玲（西安科技大学高新学院）担任主编，张金柱（西安科技大学高新学院）、马继丰（西安科技大学）、黄小平（西安科技大学高新学院）担任副主编。具体编写分工如下：第1~4章由伊晓玲编写，第5章由马继丰编写，第6章、第8章、第10章、第11章由张金柱编写，第7章、第9章由黄小平编写，全书最后由乔宝明教授（西安科技大学）统稿。

本书在编写过程中得到了西安科技大学高新学院的王丹老师和杨雯、窦珂同学的大力支持与帮助，在此表示深深的谢意。

限于编者水平，书中疏漏之处在所难免，恳请广大读者批评指正。

编　者

2021 年 3 月

目 录 CONTENTS

第1章 函数、极限与连续 1
    一、知识梳理 1
    二、每节精选 1
    三、总习题 8
    四、同步测试 9
    五、能力提升（考研真题） 11

第2章 导数与微分 13
    一、知识梳理 13
    二、每节精选 13
    三、总习题 18
    四、同步测试 19
    五、能力提升（考研真题） 20

第3章 微分中值定理与导数的应用 22
    一、知识梳理 22
    二、每节精选 22
    三、总习题 26
    四、同步测试 26
    五、能力提升（考研真题） 28

第4章 不定积分 30
    一、知识梳理 30
    二、每节精选 30
    三、总习题 34
    四、同步测试 35
    五、能力提升（考研真题） 37

第5章 定积分及其应用 38
    一、知识梳理 38
    二、每节精选 38
    三、总习题 41
    四、同步测试 42
    五、能力提升（考研真题） 44

第 6 章　微分方程

一、知识梳理 ··· 46
二、每节精选 ··· 46
三、总习题 ··· 48
四、同步测试 ··· 49
五、能力提升（考研真题） ··· 51

第 7 章　向量代数与空间解析几何

一、知识梳理 ··· 53
二、每节精选 ··· 53
三、总习题 ··· 56
四、同步测试 ··· 57

第 8 章　多元函数的微分法及其应用

一、知识梳理 ··· 59
二、每节精选 ··· 59
三、总习题 ··· 63
四、同步测试 ··· 64
五、能力提升（考研真题） ··· 65

第 9 章　重积分

一、知识梳理 ··· 67
二、每节精选 ··· 67
三、总习题 ··· 70
四、同步测试 ··· 72
五、能力提升（考研真题） ··· 73

第 10 章　曲线积分与曲面积分

一、知识梳理 ··· 75
二、每节精选 ··· 75
三、总习题 ··· 78
四、同步测试 ··· 79
五、能力提升（考研真题） ··· 80

第 11 章　无穷级数

一、知识梳理 ··· 82
二、每节精选 ··· 82
三、总习题 ··· 85
四、同步测试 ··· 85
五、能力提升（考研真题） ··· 87

参考答案 ·· 89

第1章 函数、极限与连续

一、知识梳理

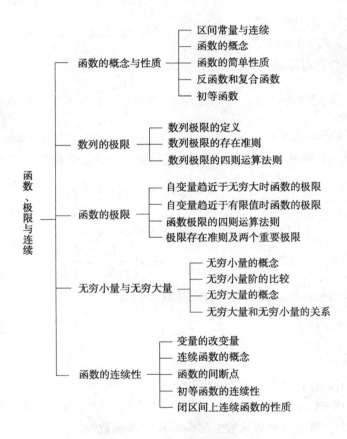

二、每节精选

习题 1-1 函数的概念与性质

1. 用花括号记法表示下列集合.
   (1) 所有奇数的集合；
   (2) 平面上满足不等式 $4 \leqslant x^2 + y^2 \leqslant 8$ 的点集.

2. 设 $A = \{x \mid 1 < x < 2\}$，$B = \{x \mid -8 < x < 1.5\}$，求 $A \cup B$，$A \cap B$.

3. 分别用邻域及集合的记号，表示点 3 的 δ - 邻域及去心的 δ - 邻域 $\left(\delta = \dfrac{1}{3}\right)$.

4. 求下列函数的定义域并用区间记号表示.

(1) $y = \sqrt{x^2 - 2x - 3}$；

(2) $y = \sqrt[3]{x} + \dfrac{x}{x^2 - 2x - 3}$；

(3) $y = \sqrt{3 - x} + \arcsin \dfrac{x - 2}{3}$；

(4) $y = \dfrac{x - 6}{\lg x} + \sqrt{25 - x^2}$；

(5) $y = \lg \dfrac{x}{x - 2} + \sqrt{9 - x^2}$；

(6) $y = \begin{cases} \sqrt{4 - x^2}, & |x| \leqslant 2 \\ 2x + 5, & 2 < |x| \leqslant 5 \end{cases}$.

5. 设 $f(x) = \begin{cases} 1, & 0 \leqslant x \leqslant 1 \\ -2, & 1 < x \leqslant 2 \end{cases}$，求函数 $f(x + 3)$ 的定义域.

6. 下列各组函数是否相同？为什么？

(1) $y = \dfrac{x^2 - 4}{x - 2}$ 与 $y = x + 2$；

(2) $y = \ln \dfrac{1 + x}{1 + x^2}$ 与 $y = \ln(1 + x) - \ln(1 + x^2)$；

(3) $y = \sqrt{x^2}$ 与 $y = (\sqrt{x})^2$；

(4) $y = \cos(\arccos x)$ 与 $y = \arccos(\cos x)$.

7. 下列各函数中，哪些是奇函数？哪些是偶函数？哪些是既非奇又非偶的函数？

(1) $y = \dfrac{\sin x}{x}$；

(2) $y = x \sin\left(x + \dfrac{\pi}{2}\right)$；

(3) $y = \ln(x + \sqrt{x^2 + 1})$；

(4) $y = x f(x^2)$；

(5) $y = x(x - 1)$；

(6) $y = x\left(\dfrac{1}{2^x + 1} - \dfrac{1}{2}\right)$.

8. 求下列函数的反函数，找出它们的定义域和值域.

(1) $y = 2 + \lg(x + 1)$；

(2) $y = 3 + \sqrt{x}$；

(3) $y = \dfrac{x - 1}{x + 1}$.

9. 设 $f(10^x) = x$，求 $f(2)$.

10. 设 $f(x) = x^2$，$g(x) = 2^x$，求 $f(g(x))$.

11. 设 $f(x) = x^2 - 1$，$\varphi(x) = \arcsin x$，求 $f(\varphi(x))$，$\varphi(f(x))$，并求它们的定义域.

12. 下列函数中，哪些是初等函数？哪些不是初等函数？

(1) $y = \dfrac{e^x}{x + 1}$；

(2) $y = \begin{cases} x + 1, & 0 \leqslant x \leqslant 1 \\ 2 - x, & 1 < x \leqslant 2 \end{cases}$；

(3) $y = \ln\left(\arctan \dfrac{e^x - 1}{x^2 + x + 1} + \sqrt{x - 1}\right)$；

(4) $y = [x]$.

13. 若 $f(x)$ 对其定义域上的一切点，恒有 $f(x) = f(2a - x)$，则称 $f(x)$ 对称于 $x = a$.

证明：若 $f(x)$ 对称于 $x = a$ 及 $x = b (a < b)$，则 $f(x)$ 是以 $T = 2(b - a)$ 为周期的周期函数.

14. 证明：

(1) 函数 $y = \dfrac{x}{x^2 + 1}$ 在 $(-\infty, +\infty)$ 上是有界的；

(2) 函数 $y = \dfrac{1}{x^2}$ 在 $(0,1)$ 上是无界的.

习题 1-2　数列的极限

1. 通过观察，下列数列哪些收敛？哪些发散？并求收敛数列的极限.

(1) $\{(-1)^n + (-1)^{n+3}\}$;　　　　(2) $\left\{(-1)^n \dfrac{n}{n+1}\right\}$;

(3) $\left\{\left(\dfrac{3}{4}\right)^n + 1\right\}$;　　　　(4) $\{2^n\}$;

(5) $\left\{\left(\dfrac{a}{a+1}\right)^n\right\}$ ($a>0$ 为常数).

2. 设数列的通项 $x_n = 0.\underbrace{99\cdots9}_{n\text{个}}$，求：

(1) $\lim\limits_{n\to\infty} x_n$;

(2) 对于 $\varepsilon = 0.001$，找出正整数 N，使当 $n > N$ 时，x_n 与其极限之差的绝对值小于 ε.

3. 用 $\varepsilon - N$ 语言，证明 $\lim\limits_{n\to\infty} \dfrac{2}{n} = 0$.

4. 设 $x_n = \begin{cases} 1 + \dfrac{1}{n+2}, & n \text{ 为奇数} \\ 1 - \dfrac{1}{n+1}, & n \text{ 为偶数} \end{cases}$，问当 $n \to \infty$ 时，x_n 的极限是否存在？若存在，则写出此极限.

5. (1) 数列的有界性是数列收敛的什么条件？

(2) 无界数列是否一定收敛？

(3) 有界数列是否一定收敛？

习题 1-3　函数的极限

1. 设 $f(x) = \begin{cases} 3, & x \leqslant 9 \\ \sqrt{x}, & x > 9 \end{cases}$，问 $\lim\limits_{x\to 9} f(x)$ 是否存在？

2. 设 $f(x) = \arctan \dfrac{1}{x}$，求 $f(0^-)$ 和 $f(0^+)$，问 $\lim\limits_{x\to 0} \arctan \dfrac{1}{x}$ 存在吗？

3. 设函数 $f(x) = \dfrac{|x-2|}{x-2}$，求 $f(2^-)$ 和 $f(2^+)$，问 $\lim\limits_{x\to 2} f(x)$ 存在吗？并作 $f(x)$ 的图像.

4. 利用函数极限的定义证明 $\lim\limits_{x\to 3} \dfrac{x^2-9}{2(x-3)} = 3$，若给定 $\varepsilon = 0.0001$，问取 δ 为多少才能使 $\left| \dfrac{x^2-9}{2(x-3)} - 3 \right| < 0.0001$.

5. 利用极限定义证明：若 $\lim\limits_{x\to x_0} f(x) = l$，则 $\lim\limits_{x\to x_0} |f(x)| = |l|$.

6. 当 $x\to\infty$ 时，$y = \dfrac{x^2-1}{x^2+3} \to 1$. 问 X 为多少，才能使当 $|x| > X$ 时，$|y-1| < 0.01$？

习题 1-4　无穷小量与无穷大量

1. 判断题.

(1) 非常小的数是无穷小量（　　）；

(2) 零是无穷小量（　　）；

(3) 无穷小量是一个函数（　　）；

(4) 两个无穷小量的商是无穷小量（　　）；

(5) 两个无穷大量的和一定是无穷大量（　　）.

2. 判断下列函数在自变量变化过程中，是否为无穷小量？是否为无穷大量？

(1) $\sin\dfrac{1}{x}$（当 $x\to\infty$ 时）；

(2) $\sqrt{1+x} - \sqrt{1-x}$（当 $x\to 0$ 时）；

(3) $\dfrac{(-1)^n}{2^n}$（当 $n\to\infty$ 时）；

(4) $x\sin\dfrac{1}{x}$（当 $x\to\infty$ 时）；

(5) $\left(\dfrac{3}{2}\right)^n$（当 $n\to\infty$ 时）；

(6) $\dfrac{x^3+1}{x^2-x+1}$（当 $x\to -1$ 时）.

3. 利用无穷小量的运算性质求极限（要说明理由）.

(1) $\lim\limits_{x\to 0}(\sqrt[3]{x}\tan x + x\sin x)$；

(2) $\lim\limits_{n\to\infty}\dfrac{1}{n}\cos\dfrac{n^2+1}{n+1}$；

(3) $\lim\limits_{x\to 2}(x^2-4)\cos(x-2)$；

(4) $\lim\limits_{x\to\infty}\dfrac{1}{x}\arctan x$.

4. 函数 $y = x\cos x$ 在 $(-\infty, +\infty)$ 内是否有界？这个函数是否为 $x\to +\infty$ 时的无穷大量？为什么？

习题 1-5　函数极限的四则运算法则

1. 下列极限的运算是否正确？若不正确，则说明理由，并写出正确的解法及结果.

(1) $\lim\limits_{x\to +\infty}(\sqrt{x+5} - \sqrt{x}) = \lim\limits_{x\to +\infty}\sqrt{x+5} - \lim\limits_{x\to +\infty}\sqrt{x} = 0$；

(2) $\lim\limits_{x\to\infty}\dfrac{x^2-1}{x^2+1} = \dfrac{\lim\limits_{x\to\infty}(x^2-1)}{\lim\limits_{x\to\infty}(x^2+1)} = \infty$；

(3) $\lim\limits_{n\to\infty}\left(\dfrac{1}{n^2} + \dfrac{2}{n^2} + \cdots + \dfrac{n}{n^2}\right) = \lim\limits_{n\to\infty}\dfrac{1}{n^2} + \lim\limits_{n\to\infty}\dfrac{2}{n^2} + \cdots + \lim\limits_{n\to\infty}\dfrac{n}{n^2} = 0 + 0 + \cdots + 0 = 0.$

2. 求极限.

(1) $\lim\limits_{x\to 9} \dfrac{\sqrt{x}-2}{x^2+2}$;

(2) $\lim\limits_{x\to 0} \dfrac{2x^3+5x^2+3x+1}{x^2+x-1}$;

(3) $\lim\limits_{x\to 1}\left(\dfrac{x+4}{x^2+1}-\dfrac{3x^2+1}{x^3+1}\right)$.

3. 求极限.

(1) $\lim\limits_{x\to 1} \dfrac{x^2+x-2}{x^2+2x-3}$;

(2) $\lim\limits_{x\to \beta}\left(\dfrac{1}{x-\beta}-\dfrac{2\beta}{x^2-\beta^2}\right)(\beta\neq 0)$;

(3) $\lim\limits_{x\to \infty}\left(1+\dfrac{1}{x}\right)\left(2-\dfrac{1}{x^2}\right)$;

(4) $\lim\limits_{n\to \infty} \dfrac{(n+1)(n+2)}{(2n+1)(3n+2)}$;

(5) $\lim\limits_{n\to \infty}(\sqrt{n^2+1}-n)$;

(6) $\lim\limits_{n\to \infty}(1+q+q^2+\cdots+q^n)\,(|q|<1)$;

(7) $\lim\limits_{n\to \infty} \dfrac{1+\dfrac{1}{2}+\dfrac{1}{4}+\cdots+\dfrac{1}{2^{n-1}}}{1+\dfrac{1}{3}+\dfrac{1}{9}+\cdots+\dfrac{1}{3^{n-1}}}$;

(8) $\lim\limits_{x\to 1} \dfrac{x^n-1}{x^2-1}(n>2)$.

4. 设 $f(x)=\begin{cases} x^2+2, & x>0 \\ 0, & x=0 \\ \dfrac{2}{1+x}, & x<0 \end{cases}$, 求 $\lim\limits_{x\to 0} f(x)$.

5. 求极限.

(1) $\lim\limits_{x\to 2} \dfrac{x^3+2x^2}{(x-2)^2}$;

(2) $\lim\limits_{x\to \infty} \dfrac{x^2}{2x+1}$;

(3) $\lim\limits_{x\to \infty}(2x^3-x+1)$.

6. 求极限.

(1) $\lim\limits_{x\to 0} x^2\sin\dfrac{1}{x}$;

(2) $\lim\limits_{x\to \infty} \dfrac{\arctan x}{x}$.

习题 1-6 极限存在准则及两个重要极限

1. 求极限.

(1) $\lim\limits_{x\to 0} \dfrac{1-\cos x}{\sin x^2}$;

(2) $\lim\limits_{x\to 0} \tan \alpha x \cot \beta x\,(\alpha\neq 0,\beta\neq 0)$;

(3) $\lim\limits_{x\to 0} \dfrac{\sin \alpha x-\sin \beta x}{x}$;

(4) $\lim\limits_{n\to \infty} 2^{n-1}\sin\dfrac{x}{2^n}\,(x\neq 0)$;

(5) $\lim\limits_{x\to 0} \dfrac{\ln(1+3x)}{x}$;

(6) $\lim\limits_{x\to 0}(1+\sin x)^{2\csc x}$;

(7) $\lim\limits_{x\to \frac{\pi}{2}}(1+\cos x)^{3\sec x}$;

(8) $\lim\limits_{n\to \infty}\left(\dfrac{n^2-1}{n^2}\right)^{2n^2}$;

(9) $\lim\limits_{n\to\infty}\left(\dfrac{3n+1}{3n-1}\right)^{2n+3}$;

(10) $\lim\limits_{x\to 0}\dfrac{\sin(1+x)-\sin(1-x)}{x}$.

2. 利用夹逼准则计算下列极限.

(1) $\lim\limits_{n\to\infty}\left(\dfrac{1}{\sqrt{n^2+1}}+\dfrac{1}{\sqrt{n^2+2}}+\cdots+\dfrac{1}{\sqrt{n^2+n}}\right)$;

(2) $\lim\limits_{n\to\infty}n\left(\dfrac{1}{n^2+\pi}+\dfrac{1}{n^2+2\pi}+\cdots+\dfrac{1}{n^2+n\pi}\right)$;

(3) $\lim\limits_{n\to\infty}\left(\dfrac{1}{n^2+n+1}+\dfrac{2}{n^2+n+2}+\cdots+\dfrac{n}{n^2+n+n}\right)$.

3. 利用极限存在准则证明：数列 $\sqrt{2}$, $\sqrt{2+\sqrt{2}}$, $\sqrt{2+\sqrt{2+\sqrt{2}}}$, $\cdots$ 的极限存在.

习题 1-7 无穷小量阶的比较

1. 比较下列各对无穷小量的阶.

(1) 当 $x\to 0$ 时, $\tan x-\sin x$ 与 x^2; (2) 当 $x\to 0$ 时, $\arcsin x$ 与 x^2;

(3) 当 $x\to\infty$ 时, $\tan\dfrac{2}{x}$ 与 $\dfrac{1}{x}$; (4) 当 $x\to 1$ 时, $2\sin(x-1)$ 与 x^2-1.

2. 试证：当 $x\to 0$ 时, 下列各对无穷小量是等价无穷小量.

(1) $\arctan x$ 与 x; (2) $\ln(1+x)$ 与 x.

3. 利用等价无穷小量的性质, 求下列极限.

(1) $\lim\limits_{x\to 0}\dfrac{\tan 7x}{\arcsin 5x}$; (2) $\lim\limits_{x\to 0}\dfrac{\sin(x^n)}{(\sin x)^m}$;

(3) $\lim\limits_{x\to 0}\dfrac{\ln(1+x^2)}{x\sin x}$; (4) $\lim\limits_{x\to 0}\dfrac{\sec x-1}{\tan^2 x}$;

(5) $\lim\limits_{x\to 0}\dfrac{\sin x-\tan x}{(\sqrt[3]{1+x^2}-1)(\sqrt{1+\sin x}-1)}$.

习题 1-8 函数的连续性

1. 找出下列函数的间断点, 试说明间断点类型.

(1) $y=\dfrac{x+2}{x^2+5x+6}$; (2) $y=x\sin\dfrac{1}{x}$;

(3) $y=\mathrm{e}^{\frac{1}{x}}$; (4) $y=\begin{cases}\sin x, & x\leqslant 0\\ \cos x, & x>0\end{cases}$;

(5) $y=\begin{cases}\cos\dfrac{1}{x}, & -1<x<0\\ 1, & 0\leqslant x\leqslant 1\end{cases}$; (6) $y=\begin{cases}\dfrac{\sin x}{x}, & x\neq 0\\ 2, & x=0\end{cases}$.

2. 确定常数 a,k, 使函数 $f(x)=\begin{cases}\dfrac{\sin kx}{x}, & x<0\\ a, & x=0\\ (1-x)^{\frac{1}{x}}, & x>0\end{cases}$ 在 $x=0$ 处连续.

3. 研究 $f(x)=\begin{cases}\dfrac{1}{1+e^{1/x}}, & x\neq 0\\ 0, & x=0\end{cases}$ 在 $x=0$ 处的左、右连续性.

习题 1-9　初等函数的连续性

1. 求函数 $f(x)=\dfrac{x^3+3x^2-x-3}{x^2+x-6}$ 的连续区间, 并求极限 $\lim\limits_{x\to 0}f(x), \lim\limits_{x\to -3}f(x), \lim\limits_{x\to 2}f(x)$.

2. 求下列极限.

(1) $\lim\limits_{x\to 0}\dfrac{\arctan(1+x)+\sin x^2}{e^{\cos x}+1}$;

(2) $\lim\limits_{x\to \frac{\pi}{6}}\ln(2\cos 2x)$;

(3) $\lim\limits_{x\to 1}\dfrac{\sqrt{x+\sqrt{x+\sqrt{x}}}}{\sin\frac{\pi}{2}x}$;

(4) $\lim\limits_{x\to 0}\dfrac{\sqrt{1+4x}-1}{\sin 2x}$;

(5) $\lim\limits_{x\to 0}\dfrac{\ln(1+x)}{3\sin x}$;

(6) $\lim\limits_{x\to 0}\dfrac{\sin(\sin x)}{\arcsin 4x}$;

(7) $\lim\limits_{x\to 0}\dfrac{x^3-x^2}{e^{x^2}-1}$;

(8) $\lim\limits_{x\to +\infty}\dfrac{(\sqrt{x^2+1}+2x)^2}{3x^2+1}$;

(9) $\lim\limits_{x\to 1}\dfrac{\sqrt{x+1}-\sqrt{5-3x}}{x-1}$;

(10) $\lim\limits_{x\to -8}\dfrac{\sqrt{1-x}-3}{2+\sqrt[3]{x}}$;

(11) $\lim\limits_{x\to 0}\left(\dfrac{\csc^2 x+3}{\csc^2 x}\right)^{\frac{1}{\sin^2 x}}$.

3. 设 $f(x)=\begin{cases}\dfrac{\sin 2x}{x}, & x<0\\ 3x^2-2x+k, & x\geq 0\end{cases}$, 问 k 为何值时, 函数在其定义域内连续? 为什么?

习题 1-10　闭区间上连续函数的性质

1. 证明方程 $x^3-4x^2+1=0$ 在区间 $(0,1)$ 内至少有一个实根.

2. 设函数 $f(x)$ 在区间 $[a,b]$ 上连续, 且 $f(a)<a, f(b)>b$. 证明: 存在 $\xi\in(a,b)$, 使得 $f(\xi)=\xi$.

3. 证明方程 $\dfrac{1}{x-1}+\dfrac{1}{x-2}+\dfrac{1}{x-3}=0$ 有分别在 $(1,2),(2,3)$ 内的两个实根.

4. 设 $f(x)$ 在 $[0,2a]$ 上连续，且 $f(0)=f(2a)$，证明至少存在一点 ξ，使得 $f(\xi)=f(a+\xi)$.

三、总习题

1. 选择题.

(1) 下列变量在给定变化过程中是无穷小量的有（　　）；

A. $2^{-x}-1\,(x\to\infty)$ 　　B. $\dfrac{\sin x}{x}\,(x\to 0)$

C. $\dfrac{x^2}{\sqrt{x^3-2x+1}}\,(x\to+\infty)$　　D. $\dfrac{x^2}{x+1}\left(3-\sin\dfrac{1}{x}\right)(x\to 0)$

(2) 下列极限不正确的是（　　）；

A. $\lim\limits_{x\to 0}\mathrm{e}^{\frac{1}{x}}=\infty$　　B. $\lim\limits_{x\to 0^-}\mathrm{e}^{\frac{1}{x}}=0$

C. $\lim\limits_{x\to 0^+}\mathrm{e}^{\frac{1}{x}}=+\infty$　　D. $\lim\limits_{x\to\infty}\mathrm{e}^{\frac{1}{x}}=1$

(3) 设 $f(x)=2^x+3^x-2$，则当 $x\to 0$ 时，有（　　）；

A. $f(x)$ 与 x 是等价无穷小量　　B. $f(x)$ 与 x 同阶但非等价无穷小量

C. $f(x)$ 是比 x 高阶的无穷小量　　D. $f(x)$ 是比 x 低阶的无穷小量

(4) 若 $\lim\limits_{x\to a}f(x)=k$，且 $f(x)$ 在 $x=a$ 处无定义，则点 $x=a$ 是 $f(x)$ 的（　　）；

A. 可去间断点　　B. 跳跃间断点

C. 连续点　　D. 无穷间断点

(5) $f(x)$ 在 $[a,b]$ 上连续，在 $f(x)$ 在 (a,b) 上（　　）.

A. 必有最值　　B. 无界

C. 必有界　　D. 存在一点 ξ，使 $f(\xi)=0$

2. 求极限.

(1) $\lim\limits_{x\to 0}\dfrac{\mathrm{e}^{x^2}\ln(1+9x^2)}{1-\cos 3x}$；　　(2) $\lim\limits_{x\to 0}\dfrac{\sqrt{1+\tan x}-\sqrt{1-\tan x}}{\sin 2x}$；

(3) $\lim\limits_{x\to+\infty}\dfrac{\cos x}{\mathrm{e}^x+\mathrm{e}^{-x}}$；　　(4) $\lim\limits_{x\to\infty}\left(\dfrac{2x+3}{2x+1}\right)^{x+10}$；

(5) $\lim\limits_{x\to 0}\mathrm{e}^{\frac{\sin x}{|x|}}$；　　(6) $\lim\limits_{x\to\frac{\pi}{2}}\left(\dfrac{1}{1+\cot x}\right)^{\tan x}$；

(7) $\lim\limits_{x\to 0}\dfrac{\sqrt{1+\sin x}-1}{\mathrm{e}^{2x}-1}$；　　(8) $\lim\limits_{x\to+\infty}\dfrac{x\sqrt{x}\sin\dfrac{1}{x}}{\sqrt{x-1}}$；

(9) $\lim\limits_{x\to\infty}\left(\sqrt[3]{x^3+x^2}-x\right)$.

3. 讨论函数 $f(x)=\begin{cases}\dfrac{1}{\mathrm{e}^{1/x}+1}, & x<0\\ 1, & x=0\\ 2+x\sin\dfrac{1}{x}, & x>0\end{cases}$ 在 $x=0$ 处的连续性，若不连续，指出间断点类型.

4. 设 $f(x)=\begin{cases}\dfrac{2}{x}, & x\geqslant 1\\ a\cos\pi x, & x<1\end{cases}$，问常数 a 为何值时，$f(x)$ 在 $(-\infty,+\infty)$ 内连续.

5. 若 $\lim\limits_{x\to 3}\dfrac{x^2-2x+k}{x-3}=4$，求 k 的值.

6. 若 $\lim\limits_{x\to\infty}\left(\dfrac{x^2+1}{x+1}-ax-b\right)=0$，求 a,b 的值.

7. 设 $P(x)$ 是多项式，且 $\lim\limits_{x\to\infty}\dfrac{P(x)-x^3}{x^2}=2$，$\lim\limits_{x\to 0}\dfrac{P(x)}{x}=1$，求 $P(x)$.

8. 试证方程 $x=\sin x+2$ 至少有一个小于 3 的正根.

9. 若 $f(x)$ 在 $[a,b]$ 上连续，且 $a<x_1<x_2<\cdots<x_n<b$，则在 (x_1,x_n) 内至少存在一点 ξ，使得 $f(\xi)=\dfrac{f(x_1)+f(x_2)+\cdots+f(x_n)}{n}$.

四、同步测试

（一）填空题（每题 4 分，共 20 分）.

1. 函数 $f(x)=\sqrt{-x}+\dfrac{1}{\sqrt{2+x}}+\arccos\dfrac{2x}{1+x}$ 的定义域是_____.

2. $f(x)=(x-2)(8-x)$，则 $f(f(3))=$_____.

3. $f(x)=\dfrac{\sqrt{x-1}}{x^2-2x-3}$ 的连续区间是_____，间断点是_____.

4. $\lim\limits_{x\to\infty}\dfrac{x+\sin x}{x}=$_____，$\lim\limits_{x\to\infty}x\sin\dfrac{1}{x}=$_____.

5. 设 $f(x)=\begin{cases}x\arctan\dfrac{1}{x}, & x\neq 0\\ a-2, & x=0\end{cases}$ 在 $x=0$ 处连续，则 $a=$_____.

（二）选择题（每题 4 分，共 20 分）.

1. $f(x)$ 在 $x=x_0$ 处有定义是 $\lim\limits_{x\to x_0}f(x)$ 存在的（　　）.
   A. 充分条件但非必要条件　　　　B. 必要条件但非充分条件
   C. 充分必要条件　　　　　　　　D. 无关条件

2. $f(x)$ 在 $x=x_0$ 处有定义是 $f(x)$ 在 $x=x_0$ 处连续的（　　）.
   A. 必要条件　　　　　　　　　　B. 充分条件
   C. 充要条件　　　　　　　　　　D. 无关条件

3. 当 $x\to 0$ 时，与无穷小量 $x+1\,000x^3$ 等价的无穷小量是（　　）.
   A. $\sqrt[3]{x}$　　　B. $\sqrt{x}$　　　C. x　　　D. x^3

4. 若 $f(x)$ 在 $[a,b]$ 上连续，则 $f(x)$ 在 (a,b) 内（　　）.
   A. 必有最值　　　　　　　　　　B. 无界
   C. 必有界　　　　　　　　　　　D. 存在一点 ξ，使 $f(\xi)=0$

5. 设 $f(x)=\begin{cases}x+\dfrac{\sin x}{x},&x<0\\0,&x=0\\x\cos\dfrac{1}{x},&x>0\end{cases}$，则 $x=0$ 是 $f(x)$ 的（　　）.
   A. 连续点　　　　　　　　　　　B. 可去间断点
   C. 跳跃间断点　　　　　　　　　D. 第二类间断点

（三）计算题（每题 5 分，共 20 分）.

1. $\lim\limits_{x\to 4}\dfrac{3-\sqrt{5+x}}{1-\sqrt{5-x}}$.

2. $\lim\limits_{x\to 0}\dfrac{\sqrt{1+x\sin x}-1}{(e^{2x}-1)\tan 3x}$.

3. $\lim\limits_{x\to\infty}\left(\cos\dfrac{1}{x}\right)^{x^2}$.

4. $\lim\limits_{x\to\infty}\dfrac{x^2+\cos^2 x+1}{(x+\sin x)^2}$.

（四）综合题（每题 8 分，共 24 分）.

1. 试问 a 为何值时，函数 $f(x)=\begin{cases}-2e^{x-1},&x\leq 1\\ \dfrac{a^2-x^2}{x-1},&x>1\end{cases}$ 在点 $x=1$ 处连续.

2. 若 $\lim\limits_{x\to -1}\dfrac{x^3-ax^2-x+4}{x+1}=b$，求常数 a,b 的值.

3. 设数列 $x_{n+1}=\dfrac{1}{2}\left(x_n+\dfrac{1}{x_n}\right)$，$x_0>0$，求 $\lim\limits_{n\to\infty}x_n$.

（五）证明题（每题8分，共16分）.

1. 证明方程 $\sin x + x + 1 = 0$ 在开区间 $\left(-\dfrac{\pi}{2}, \dfrac{\pi}{2}\right)$ 内至少有一个实根.

2. 设 $f(x)$ 在 $[a,b]$ 上连续，且恒为正，证明：对任意的 $x_1, x_2 \in (a,b)$ $(x_1 < x_2)$，必存在一点 $\xi \in (x_1, x_2)$，使得 $f(\xi) = \sqrt{f(x_1)f(x_2)}$.

五、能力提升（考研真题）

1. 设对任意的 x，总有 $\phi(x) \leqslant f(x) \leqslant g(x)$，且 $\lim\limits_{x\to\infty}[g(x) - \phi(x)] = 0$，则 $\lim\limits_{x\to\infty} f(x)$（　　）.（00 数三）

   A. 存在且等于零　　　　　　　　B. 存在但不一定等于零
   C. 一定不存在　　　　　　　　　D. 不一定存在

2. 设 $f(x)$ 为不恒等于零的奇函数，且 $f'(0)$ 存在，则函数 $g(x) = \dfrac{f(x)}{x}$（　　）.（03 数三）

   A. 在 $x=0$ 处左极限不存在　　　B. 有跳跃间断点 $x=0$
   C. 在 $x=0$ 处右极限不存在　　　D. 有可去间断点 $x=0$

3. 函数 $f(x) = \dfrac{|x|\sin x(x-2)}{x(x-1)(x-2)^2}$ 在下列哪个区间上有界（　　）.（04 数三、数四）

   A. $(-1,0)$　　B. $(0,1)$　　C. $(1,2)$　　D. $(2,3)$

4. 设 $f(x)$ 在 $(-\infty, +\infty)$ 内有定义，且 $\lim\limits_{x\to\infty} f(x) = a$，$g(x) = \begin{cases} f\left(\dfrac{1}{x}\right), & x \neq 0 \\ 0, & x=0 \end{cases}$，则（　　）.（04 数三、数四）

   A. $x=0$ 必是 $g(x)$ 的第一类间断点　　B. $x=0$ 必是 $g(x)$ 的第二类间断点
   C. $x=0$ 必是 $g(x)$ 的连续点　　　　　D. $g(x)$ 在 $x=0$ 处的连续性与 a 取值有关

5. 当 $x \to 0^+$ 时，与 $\sqrt{x}$ 等价的无穷小量是（　　）.（07 数三、数四）

   A. $1 - e^{\sqrt{x}}$　　B. $\ln(1+\sqrt{x})$　　C. $\sqrt{1+\sqrt{x}} - 1$　　D. $1 - \cos\sqrt{x}$

6. 设 $0 < a < b$，则 $\lim\limits_{n\to\infty}(a^{-n} + b^{-n})^{\frac{1}{n}}$ 的值为（　　）.（08 数四）

   A. a　　B. a^{-1}　　C. b　　D. b^{-1}

7. 当 $x \to 0$ 时，$f(x) = x - \sin ax$ 与 $g(x) = x^2 \ln(1-bx)$ 为等价无穷小量，则（　　）.（09 数一、数三）

   A. $a=1$，$b=-\dfrac{1}{6}$　　　　　　　　B. $a=1$，$b=\dfrac{1}{6}$
   C. $a=-1$，$b=-\dfrac{1}{6}$　　　　　　　D. $a=-1$，$b=\dfrac{1}{6}$

8. 函数 $f(x) = \dfrac{x - x^3}{\sin \pi x}$ 的可去间断点的个数为（　　）. (09 数二、数三)

A. 1　　　　　B. 2　　　　　C. 3　　　　　D. 无穷多个

9. $\lim\limits_{x \to 0}\left[\dfrac{1}{x} - \left(\dfrac{1}{x} - a\right)e^x\right] = 1$，则 a 等于（　　）. (10 数三)

A. 0　　　　　B. 1　　　　　C. 2　　　　　D. 3

10. 已知当 $x \to 0$ 时，$f(x) = 3\sin x - \sin 3x$ 与 cx^k 是等价无穷小量，则（　　）. (11 数三)

A. $k=1,\ c=4$　　　　　　　　B. $k=1,\ c=-4$
C. $k=3,\ c=4$　　　　　　　　D. $k=3,\ c=-4$

11. 若 $a > 0, b > 0$ 均为常数，则 $\lim\limits_{x \to 0}\left(\dfrac{a^x + b^x}{2}\right)^{\frac{3}{x}} =$ _____. (00 数四)

12. 设常数 $a \neq \dfrac{1}{2}$，则 $\lim\limits_{n \to \infty}\left[\dfrac{n - 2na + 1}{n(1 - 2a)}\right]^n =$ _____. (02 数三、数四)

13. 极限 $\lim\limits_{x \to 0}[1 + \ln(1 + x)]^{\frac{2}{x}} =$ _____. (03 数四)

14. 若 $\lim\limits_{x \to 0}\dfrac{\sin x}{e^x - a}(\cos x - b) = 5$，则 $a =$ _____，$b =$ _____. (04 数三、数四)

15. $\lim\limits_{x \to \infty} x \sin \dfrac{2x}{x^2 + 1} =$ _____. (05 数三、数四)

16. 设函数 $f(x) = \begin{cases} x^2 + 1, & |x| \leq c \\ \dfrac{2}{|x|}, & |x| > c \end{cases}$ 在 $(-\infty, +\infty)$ 内连续，则 $c =$ _____. (08 数三、数四)

17. $\lim\limits_{x \to 0}\dfrac{e - e^{\cos x}}{\sqrt[3]{1 + x^2} - 1} =$ _____. (09 数三)

第 2 章 导数与微分

一、知识梳理

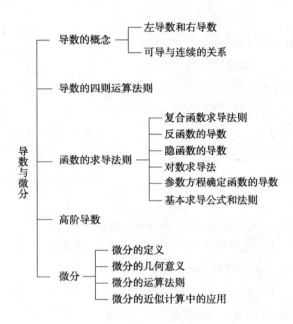

二、每节精选

习题 2-1 导数的概念

1. 用定义求函数 $y = x^3$ 在 $x = 1$ 处的导数.
2. 一物体的运动方程为 $s = t^3$，求该物体在 $t = 3$ 时的瞬时速度.
3. 求下列函数的导数.

   (1) $y = \sqrt{x}$；
   (2) $y = \dfrac{1}{x}$；
   (3) $y = \sqrt[3]{x^2}$；

   (4) $y = \dfrac{1}{\sqrt{x}}$；
   (5) $y = \sqrt{x\sqrt{x}}$；
   (6) $y = x^3 \sqrt[5]{x}$.

4. 求曲线 $y = \sin x$ 在点 $(\pi, 0)$ 处的切线方程和法线方程.
5. 求曲线 $y = e^x$ 在点 $(0, 1)$ 处的切线方程.

6. 在抛物线 $y=x^2$ 上取横坐标为 $x_1=1$ 及 $x_2=3$ 的两点，作过这两点的割线．问该抛物线上哪一点的切线平行于这条割线？

7. 讨论下列函数在 $x=0$ 处的连续性与可导性．

(1) $y=|\sin x|$；

(2) $y=\begin{cases} x^2\sin\dfrac{1}{x}, & x\neq 0 \\ 0, & x=0 \end{cases}$．

8. 设函数 $f(x)=\begin{cases} x^2, & x\leqslant 1 \\ ax+b, & x>1 \end{cases}$，为了使函数 $f(x)$ 在 $x=1$ 处连续且可导，a,b 应如何取值？

9. 已知 $f(x)=\begin{cases} \sin x, & x<0 \\ x, & x\geqslant 0 \end{cases}$，求 $f'(x)$．

10. 选择题．

(1) 设 $f(x)$ 在 $x=x_0$ 处可导，则 $f'(x_0)=$（　　）；

A. $\lim\limits_{\Delta x\to 0}\dfrac{f(x_0-\Delta x)-f(x_0)}{\Delta x}$ B. $\lim\limits_{h\to 0}\dfrac{f(x_0+h)-f(x_0-h)}{2h}$

C. $\lim\limits_{x\to 0}\dfrac{f(x_0)-f(x_0+2x)}{2x}$ D. $\lim\limits_{x\to 0}\dfrac{f(x)-f(0)}{x}$

(2) 函数 $f(x)$ 在 $x=x_0$ 处连续是 $f(x)$ 在 $x=x_0$ 处可导的（　　）；

A. 必要条件　　　B. 充分条件　　　C. 充分必要条件　　D. 无关条件

(3) 设 $f(x)=x(x+1)(x+2)\cdots(x+n)$，则 $f'(0)=$（　　）；

A. 0　　　　　　B. n　　　　　　C. $n!$　　　　　　D. 不存在

(4) 若 $f(x)$ 在 $x=x_0$ 处可导，则 $|f(x)|$ 在 $x=x_0$ 处（　　）；

A. 可导　　　　　B. 不可导　　　　C. 连续但未必可导　D. 不连续

(5) 设 $f(x)=\begin{cases} \dfrac{2}{3}x^3, & x\leqslant 1 \\ x^2, & x>1 \end{cases}$，则 $f(x)$ 在 $x=1$ 处（　　）．

A. 左、右导数都存在　　　　　　　B. 左导数存在，右导数不存在
C. 左导数不存在，右导数存在　　　D. 左、右导数都不存在

习题 2-2　函数的求导法则

1. 求下列函数在给定点处的导数．

(1) $y=\sin x-\cos x$，求 $y'|_{x=\frac{\pi}{6}}$ 和 $y'|_{x=\frac{\pi}{4}}$；

(2) $f(x)=\dfrac{3}{5-x}+\dfrac{x^2}{5}$，求 $f'(0)$ 和 $f'(2)$．

2. 求下列函数的导数．

(1) $y = \left(\dfrac{1}{x} - 1\right)(\sqrt{x} + 1)$;

(2) $y = \dfrac{x^2 + \sqrt{x} + 1}{x}$;

(3) $y = \dfrac{\cos x}{1 + \sin x}$;

(4) $y = \dfrac{\tan x + \cos x}{\ln x}$;

(5) $y = \dfrac{x \tan x}{1 + x}$;

(6) $y = \dfrac{2\csc x}{1 + x^2}$.

3. 证明下列等式.

(1) $(\cot x)' = -\csc^2 x$;

(2) $(\csc x)' = -\csc x \cdot \cot x$.

4. 求抛物线 $y = ax^2 + bx + c$ 上具有水平切线的点.

5. 求下列函数的导数.

(1) $y = (\arcsin x)^3$;

(2) $y = \arctan \dfrac{2x}{1 - x^2}$;

(3) $y = e^{\frac{x}{2}} \cos 3x$;

(4) $y = \ln(1 + x^2)$;

(5) $y = \ln \ln \ln x$;

(6) $y = x \arcsin \dfrac{x}{2} + \sqrt{4 - x^2}$;

(7) $y = \ln(x + \sqrt{a^2 + x^2})$;

(8) $y = \ln(\sec x + \tan x)$;

(9) $y = \ln \tan \dfrac{x}{2}$;

(10) $y = \sqrt{1 + \ln^2 x}$;

(11) $y = \dfrac{\sqrt{1+x} - \sqrt{1-x}}{\sqrt{1+x} + \sqrt{1-x}}$;

(12) $y = e^{\tan \frac{1}{x}}$.

6. 求下列函数的导数.

(1) $y = e^{-x}(x^2 - 2x + 3)$;

(2) $y = \dfrac{\sin x - x \cos x}{\cos x + x \sin x}$;

(3) $y = \dfrac{e^x - e^{-x}}{e^x + e^{-x}}$;

(4) $y = \dfrac{\ln x}{x^n}$;

(5) $y = \sqrt{x + \sqrt{x}}$;

(6) $y = \sin^n x \cos nx$;

(7) $y = \ln \dfrac{1 + \sqrt{x}}{1 - \sqrt{x}}$;

(8) $y = 10^{x \tan 2x}$;

(9) $y = \ln \sqrt{\dfrac{e^{4x}}{e^{4x} + 1}}$;

(10) $y = x^{a^a} + a^{x^a}\ (a > 0)$.

7. 设 $f(x)$ 可导, 求 $\dfrac{dy}{dx}$.

(1) $y = f(x^2)$;

(2) $y = f(e^x) e^{f(x)}$;

(3) $y = f(\sin^2 x) + f(\cos^2 x)$.

8. 已知 $f\left(\dfrac{1}{x}\right) = \dfrac{x}{1+x}$, 求 $f'(x)$.

9. 设 $f(x)$ 在 $(-\infty,+\infty)$ 内可导，且 $F(x)=f(x^2-1)+f(1-x^2)$。证明：$F'(1)=F'(-1)$。

10. 设函数 $f(x)$ 满足以下条件：

(1) $f(x+y)=f(x)f(y)$，对一切 $x,y\in\mathbf{R}$；

(2) $f(x)=1+xg(x)$，而 $\lim\limits_{x\to 0}g(x)=1$。

已知 $f(x)$ 在 $\mathbf{R}$ 上处处可导，试证明 $f'(x)=f(x)$。

习题 2-3　高阶导数

1. 求下列函数的二阶导数。

(1) $y=2x^2+\ln x$；　　　　　　(2) $y=\mathrm{e}^{2x-1}$；

(3) $y=x^2\sin x$；　　　　　　　(4) $y=\sqrt{1+x^2}$；

(5) $y=\mathrm{e}^{\alpha x}\cos\beta x$；　　　　　　(6) $y=x^2\ln x$；

(7) $y=\cos(\ln x)$；　　　　　　(8) $y=\ln\cos x$；

(9) $y=(1+x^2)\arctan x$；　　(10) $y=\ln(x+\sqrt{1+x^2})$。

2. 设 $f(x)=(3x+1)^{10}$，求 $f'''(0)$。

3. 设 $g'(x)$ 连续，且 $f(x)=(x-a)^2 g(x)$，求 $f''(a)$。

4. 验证函数 $y=c_1\mathrm{e}^{\lambda x}+c_2\mathrm{e}^{-\lambda x}$（$\lambda,c_1,c_2$ 是常数）满足关系式：$y''-\lambda^2 y=0$。

5. 若 $f''(x)$ 存在，求下列函数的二阶导数 $\dfrac{\mathrm{d}^2 y}{\mathrm{d}x^2}$。

(1) $y=f(x^3)$；　　　　　　　　(2) $y=\ln[f(x)]$。

6. 求下列函数所指定阶的导数。

(1) $y=\mathrm{e}^x\cos x$，求 $y^{(4)}$；　　(2) $y=x\ln x$，求 $y^{(n)}$；

(3) $y=\dfrac{x}{x^2-3x+2}$，求 $y^{(n)}$。

习题 2-4　隐函数及参数方程确定函数的导数

1. 求由方程所确定的隐函数 y 的导数 y'。

(1) $y^3-3y+2x=0$；　　　　　(2) $2y-\cos(xy)=0$；

(3) $y=\sin(x+y)$；　　　　　　(4) $x^3+y^3-3axy=0$；

(5) $y=1-x\mathrm{e}^y$；　　　　　　　(6) $\arctan\dfrac{y}{x}=\ln\sqrt{x^2+y^2}$。

2. 求曲线 $x^{\frac{2}{3}}+y^{\frac{2}{3}}=a^{\frac{2}{3}}$ 在点 $\left(\dfrac{\sqrt{2}}{4}a,\dfrac{\sqrt{2}}{4}a\right)$ 处的切线方程和法线方程。

3. 求由方程所确定的隐函数 y 的二阶导数 y''。

(1) $x^2-y^2=1$；　　　　　　　(2) $y=1+x\mathrm{e}^y$；

(3) $b^2x^2 + a^2y^2 = a^2b^2$; (4) $\sin y = \ln(x+y)$.

4. 用对数求导法求下列函数的导数.

(1) $y = (1+x^2)^{\tan x}$; (2) $y = \left(\dfrac{x}{1+x}\right)^x$;

(3) $y = \sqrt[5]{\dfrac{x-5}{\sqrt[5]{x^2+5}}}$; (4) $y = \dfrac{\sqrt{x+2}(3-x)^4}{(x+1)^5}$.

5. 设函数 $y = y(x)$ 由方程 $y - xe^y = 1$ 确定，求 $y'(0)$. 并求曲线上 $x=0$ 处的切线方程和法线方程.

6. 求下列参数方程所确定的函数的导数 $\dfrac{dy}{dx}$.

(1) $\begin{cases} x = at^2 \\ y = bt^3 \end{cases}$; (2) $\begin{cases} x = \theta(1-\sin\theta) \\ y = \theta\cos\theta \end{cases}$.

7. 已知 $\begin{cases} x = e^t\sin t \\ y = e^t\cos t \end{cases}$，求当 $t = \dfrac{\pi}{3}$ 时 $\dfrac{dy}{dx}$ 的值.

8. 求曲线 $\begin{cases} x = a\cos^3\varphi \\ y = b\sin^3\varphi \end{cases}$（$\varphi$ 为参数）在对应于点 $\varphi = \dfrac{\pi}{4}$ 处的切线方程及法线方程.

9. 求由参数方程所确定的函数的二阶导数 $\dfrac{d^2y}{dx^2}$.

(1) $\begin{cases} x = \ln(1+t^2) \\ y = t - \arctan t \end{cases}$; (2) $\begin{cases} x = 3e^{-t} \\ y = 2e^t \end{cases}$;

(3) $\begin{cases} x = 1 - t^2 \\ y = t - t^3 \end{cases}$.

10. 气体以 $20\ cm^3/s$ 的速度匀速注入气球内，求气球的半径 r 增大到 $10\ cm$ 时，气球半径 r 对时间 t 的变化率.

11. 落在平静水面上的石头，产生同心波纹. 若最外一圈波半径的增大率总是 $6\ m/s$，问在 $2\ s$ 末扰动水面面积的增大率为多少？

习题 2-5 微分

1. 已知 $y = (x-1)^2$，计算在 $x=0$ 处，当 $\Delta x = \dfrac{1}{2}$ 时的 Δy 及 dy.

2. 求下列函数的微分.

(1) $y = \dfrac{1}{x^3} + \sqrt[3]{x}$; (2) $y = \dfrac{x^2}{\sqrt{1+x^2}}$;

(3) $y = 2^{\frac{\sin x}{x}}$; (4) $y = \tan[\ln(x+1)]$;

(5) $y = x^2 e^{2x}$; (6) $y = e^{-x}\cos(3-x)$;

(7) $y = \arcsin\sqrt{1-x^2}$; (8) $y = \tan^2(1+2x^2)$;

(9) $y = \arctan\dfrac{1-x^2}{1+x}$; (10) $s = A\sin(\omega t + \varphi)$ (A, ω, φ 是常数).

3. 将适当的函数填入下列括号内，使等式成立.

(1) d( ) $= 2\mathrm{d}x$; (2) d( ) $= 5x\mathrm{d}x$;

(3) d( ) $= \cos t\mathrm{d}t$; (4) d( ) $= \sin \omega x \mathrm{d}x$;

(5) d( ) $= \dfrac{1}{2+x}\mathrm{d}x$; (6) d( ) $= \mathrm{e}^{-2x}\mathrm{d}x$;

(7) d( ) $= \dfrac{1}{\sqrt{x}}\mathrm{d}x$; (8) d( ) $= \sec^2 2x\mathrm{d}x$.

4. 计算下列各式的近似值.

(1) $\sqrt[100]{1.002}$; (2) $\cos 29°$;

(3) $\arcsin 0.5002$.

三、总习题

1. 选择题.

(1) 若 $f'(x_0) = -3$，则 $\lim\limits_{h \to 0}\dfrac{f(x_0+h) - f(x_0-3h)}{h} = ($);

A. -3 B. -6 C. -9 D. -12

(2) 若 $f(x)$ 为可微函数，当 $\Delta x \to 0$ 时，在点 x 处，$\Delta y - \mathrm{d}y$ 是关于 Δx 的 ( );

A. 高阶无穷小量 B. 等价无穷小量 C. 低阶无穷小量 D. 同阶不等价无穷小量

(3) 若函数 $y = f(x)$，有 $f'(x_0) = \dfrac{1}{2}$，当 $\Delta x \to 0$ 时，在 $x = x_0$ 处的微分 $\mathrm{d}y$ 是 ( );

A. 与 Δx 等价的无穷小量   B. 与 Δx 同阶的无穷小量
C. 比 Δx 低阶的无穷小量   D. 比 Δx 高阶的无穷小量

(4) 已知 $f(x)$ 为可导的偶函数，且 $\lim\limits_{x \to 0}\dfrac{f(1+x) - f(1)}{2x} = -2$，则曲线 $y = f(x)$ 在点 $(-1, 2)$ 处的切线方程是 ( );

A. $y = 4x + 6$ B. $y = -4x - 2$ C. $y = x + 3$ D. $y = -x + 1$

(5) $f(x) = |x-2|$ 在 $x = 2$ 处的导数为 ( ).

A. 1 B. 0 C. -1 D. 不存在

2. 填空题.

(1) $f(x)$ 在点 x_0 处可导是 $f(x)$ 在点 x_0 处连续的_____条件，$f(x)$ 在点 x_0 处连续是 $f(x)$ 在点 x_0 处可导的_____条件；

(2) $f(x)$ 在点 x_0 处的左导数 $f'_-(x_0)$ 及右导数 $f'_+(x_0)$ 都存在且相等是 $f(x)$ 在点 x_0 处可导的_____条件；

(3) $f(x)$ 在点 x_0 处可导是 $f(x)$ 在点 x_0 处可微的_____条件.

3. 求下列函数的导数.

(1) $y = \dfrac{1}{2}[x + \ln(\sin x + \cos x)]$;

(2) $y = \arctan \dfrac{1+x}{1-x}$;

(3) $y = e^{\sin^2 \frac{1}{x}}$, 并求 dy;

(4) $y = \sqrt[x]{x}$ ($x > 0$);

(5) $y = x \cdot \sqrt{\dfrac{1-x}{1+x}}$, 并求 $f'(0)$.

4. 计算下列各题.

(1) $x + \arctan y = y$, 求 $\dfrac{d^2 y}{dx^2}$;

(2) $\begin{cases} x = \ln t \\ y = t^3 \end{cases}$, 求 $\dfrac{d^2 y}{dx^2}\bigg|_{t=1}$;

(3) $y = \dfrac{2x}{x^2 - 1}$, 求 $y^{(n)}$;

(4) 设 $f(x) = (x - a)\varphi(x)$, $\varphi(x)$ 在 $x = a$ 处有连续的一阶导数, 求 $f'(a), f''(a)$.

5. 讨论函数 $f(x) = \begin{cases} \dfrac{x}{1 + e^{\frac{1}{x}}}, & x \neq 0 \\ 0, & x = 0 \end{cases}$ 在 $x = 0$ 处的连续性与可导性.

6. 试确定常数 a, b 的值, 使函数 $f(x) = \begin{cases} b(1 + \sin x) + a + 2, & x \geq 0 \\ e^{ax - 1}, & x < 0 \end{cases}$ 处处可导.

7. 向深 8 m、上顶直径为 8 m 的正圆锥体容器中注水, 其速率为 4 m^3/min, 当水深为 5 m 时, 其表面上升的速率为多少?

8. 设 $f(x)$ 在 $x = 0$ 处连续, 且 $\lim\limits_{x \to 0} \dfrac{f(x)}{x}$ 存在, 试证 $f'(0)$ 存在.

9. 证明: 曲线 $x^2 - y^2 = a$ 与 $xy = b$ (a, b 为常数) 在交点处的切线相互垂直.

四、同步测试

(一) 填空题 (每题 4 分, 共 20 分).

1. 双曲线 $xy = a^2$ 在点 (a, a) 处的切线方程为_____.

2. 若 $y = (1 + x^2)^{\sin x}$, 则 $y'(0) =$_____.

3. 设 $f(x) = \lim\limits_{t \to 0} x(1 + 3t)^{\frac{x}{t}}$, 则 $f'(x) =$_____.

4. 设 $y = f(x^2 + e^{2x})$, 其中 $f(u)$ 具有连续导数, 则 $dy =$_____.

5. 若 $f(x_0 + \Delta x) - f(x_0)$ 与 $\sin(2\Delta x)$ 为 $\Delta x \to 0$ 时的等价无穷小量, 则 $f'(x_0) =$_____.

(二) 选择题 (每题 4 分, 共 16 分).

1. 设 x 在点 x_0 处有增量 Δx, 函数 $y = f(x)$ 在点 x_0 处有增量 Δy, 又 $f'(x_0) \neq 0$, 则当

$\Delta x \to 0$ 时，Δy 是该点微分 dy 的（　　）.

  A. 高阶无穷小量　　B. 等价无穷小量　　C. 低阶无穷小量　　D. 同阶非等价无穷小量

2. 设 $f(x)$ 对任意的 x 均满足 $f(x+1) = af(x)$，且 $f'(0) = b$，则必有（　　）.

  A. $f'(1)$ 不存在　　B. $f'(1) = ab$　　C. $f'(1) = a$　　D. $f'(1) = b$

3. 若函数 $f(x)$ 在点 x_0 处不连续，则 $f(x)$ 在点 x_0 处（　　）.

  A. 必不可导　　B. 必定可导　　C. 不一定可导　　D. 必无定义

4. 设 $f(x) = \begin{cases} e^x - 1, & x \geq 0 \\ 2x, & x < 0 \end{cases}$，则 $f(x)$ 在 $x = 0$ 处（　　）.

  A. $\lim\limits_{x \to 0} f(x)$ 不存在　　　　　　B. $\lim\limits_{x \to 0} f(x)$ 存在，但在 $x = 0$ 处不连续

  C. $f'(0)$ 存在　　　　　　　　D. $f(x)$ 在 $x = 0$ 处连续，但不可导

（三）计算题（每题 6 分，共 24 分）.

1. 设 $y = x \arcsin \dfrac{x}{2} + \sqrt{4 - x^2}$，求 y'.

2. 设 $y + e^y + \ln(\cos \sqrt{x}) = 0$，求 dy.

3. 设 $y = f(x^2) + \ln f(x)$，其中 $f(x) > 0$，$f''(x)$ 存在，求 y''.

4. 设 $y = \left(\dfrac{x}{1+x}\right)^x$，求 y'.

（四）综合题（每题 8 分，共 24 分）.

1. 设 $f(x) = \begin{cases} e^{2x} + b, & x \leq 0 \\ \sin ax, & x > 0 \end{cases}$，试确定 a, b 的值，使 $f(x)$ 在 $x = 0$ 处可导.

2. 设 $f(x)$ 在 $x = 0$ 处可导，且 $f(0) = 0$，$f'(0) = 2$，求 $\lim\limits_{x \to 0} \dfrac{f(1 - \cos x)}{\tan^2 x}$.

3. 设曲线 $y = x^2 + ax + b$ 与 $2y = -1 + xy^3$ 在点 $(1, -1)$ 处相切，求常数 a, b.

（五）证明题（每题 8 分，共 16 分）.

1. 设对非零的 x, y 均有 $f(xy) = f(x) + f(y)$，且 $f'(1) = a$，证明：当 $x \neq 0$ 时，$f'(x) = \dfrac{a}{x}$.

2. 设 $f(x)$ 的 n 阶导数存在，证明：$[f(ax + b)]^{(n)} = a^n f^{(n)}(ax + b)$.

五、能力提升（考研真题）

1. 设函数 $f(x)$ 在 $x = a$ 处可导，则函数 $|f(x)|$ 在 $x = a$ 处不可导的充分条件是（　　）.（00 数三、数四）

  A. $f(a) = 0, f'(a) = 0$　　　　　　B. $f(a) = 0, f'(a) \neq 0$

  C. $f(a) > 0, f'(a) > 0$　　　　　　D. $f(a) < 0, f'(a) < 0$

2. 设函数 $f(x)=|x^3-1|\varphi(x)$，其中 $\varphi(x)$ 在 $x=1$ 处连续，则 $\varphi(1)=0$ 是 $f(x)$ 在 $x=1$ 处可导的（　　）.（03 数四）

　　A. 充分必要条件　　　　　　　　　　B. 必要但非充分条件
　　C. 充分但非必要条件　　　　　　　　D. 既非充分也非必要条件

3. 设 $f'(x)$ 在 $[a,b]$ 上连续，且 $f'(a)>0$，$f'(b)<0$，则下列结论中错误的是（　　）.（04 数三、数四）

　　A. 至少存在一点 $x_0\in(a,b)$，使得 $f(x_0)>f(a)$
　　B. 至少存在一点 $x_0\in(a,b)$，使得 $f(x_0)>f(b)$
　　C. 至少存在一点 $x_0\in(a,b)$，使得 $f'(x_0)=0$
　　D. 至少存在一点 $x_0\in(a,b)$，使得 $f(x_0)=0$

4. 设函数 $f(x)$ 在 $x=0$ 处连续，下列命题错误的是（　　）.（07 数三、数四）

　　A. 若 $\lim\limits_{x\to 0}\dfrac{f(x)}{x}$ 存在，则 $f(0)=0$

　　B. 若 $\lim\limits_{x\to 0}\dfrac{f(x)+f(-x)}{x}$ 存在，则 $f(0)=0$

　　C. 若 $\lim\limits_{x\to 0}\dfrac{f(x)}{x}$ 存在，则 $f'(0)$ 存在

　　D. 若 $\lim\limits_{x\to 0}\dfrac{f(x)-f(-x)}{x}$ 存在，则 $f'(0)$ 存在

5. 已知 $f(x)$ 在 $x=0$ 处可导，且 $f(0)=0$，则 $\lim\limits_{x\to 0}\dfrac{x^2 f(x)-2f(x^3)}{x^3}=$（　　）.（11 数三）

　　A. $-2f'(0)$　　　B. $-f'(0)$　　　C. $f'(0)$　　　D. 0

6. 设 $f(x)=\begin{cases}x^\lambda\cos\dfrac{1}{x}, & x\neq 0\\ 0, & x=0\end{cases}$，其导函数在 $x=0$ 处连续，则 λ 的取值范围是 _____.（03 数三）

7. 已知曲线 $y=x^3-3a^2x+b$ 与 x 轴相切，则 b^2 可以通过 a 表示为：$b^2=$ _____.（03 数三）

8. 设 $y=\arctan e^x-\ln\sqrt{\dfrac{e^{2x}}{e^{2x}+1}}$，则 $\left.\dfrac{dy}{dx}\right|_{x=1}=$ _____.（04 数四）

9. 设函数 $y=\dfrac{1}{2x+3}$，则 $y^{(n)}(0)=$ _____.（07 数三、四）

第3章 微分中值定理与导数的应用

一、知识梳理

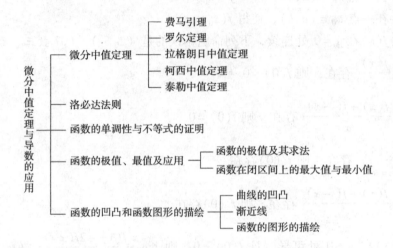

二、每节精选

习题 3-1 微分中值定理

1. 下列函数在给定区间上是否满足罗尔定理的所有条件？如满足，请求出满足定理的数值 ξ.

   (1) $f(x) = 2x^2 - x - 3, [-1, 1.5]$；

   (2) $f(x) = x\sqrt{3-x}, [0, 3]$.

2. 对函数 $y = 4x^3 - 5x^2 + x - 2$ 在区间 $[0,1]$ 上验证拉格朗日中值定理的正确性.

3. 对函数 $f(x) = \sin x$ 及 $F(x) = x + \cos x$ 在区间 $\left[0, \dfrac{\pi}{2}\right]$ 上验证柯西中值定理的正确性.

4. 试证方程 $x^7 + x - 1 = 0$ 只有一个根，且此根为正根.

5. 设 $f(x)$ 在 $[0,1]$ 上连续，在 $(0,1)$ 内可导，且 $f(1) = 0$. 求证：存在 $\xi \in (0,1)$，使 $f'(\xi) = -\dfrac{f(\xi)}{\xi}$.

6. 设 $f(x)$ 在 $[a,b]$ 上恒正且可导，试证明：存在 $\xi \in (a,b)$，使得 $\ln \dfrac{f(b)}{f(a)} = \dfrac{f'(\xi)}{f(\xi)}(b-a)$.

7. 证明下列不等式：

(1) $|\arctan a - \arctan b| \leqslant |a-b|$；

(2) 当 $x>1$ 时，$e^x > e \cdot x$.

8. 证明等式：$2\arctan x + \arcsin \dfrac{2x}{1+x^2} = \pi \ (x \geqslant 1)$.

习题 3-2　洛必达法则

1. 用洛必达法则求下列极限.

(1) $\lim\limits_{x \to 0} \dfrac{e^x - e^{-x}}{\sin x}$；

(2) $\lim\limits_{x \to a} \dfrac{\sin x - \sin a}{x - a}$；

(3) $\lim\limits_{x \to \frac{\pi}{2}} \dfrac{\ln \sin x}{(\pi - 2x)^2}$；

(4) $\lim\limits_{x \to +\infty} \dfrac{\ln\left(1 + \dfrac{1}{x}\right)}{\operatorname{arccot} x}$；

(5) $\lim\limits_{x \to 0^+} \dfrac{\ln \tan 7x}{\ln \tan 2x}$；

(6) $\lim\limits_{x \to 1} \dfrac{x^3 - 1 + \ln x}{e^x - e}$；

(7) $\lim\limits_{x \to 0} \dfrac{\tan x - x}{x - \sin x}$；

(8) $\lim\limits_{x \to 0} x \cot 2x$；

(9) $\lim\limits_{x \to 0} x^2 e^{1/x^2}$；

(10) $\lim\limits_{x \to \infty} x(e^{1/x} - 1)$；

(11) $\lim\limits_{x \to 1} \left(\dfrac{2}{x^2 - 1} - \dfrac{1}{x-1} \right)$；

(12) $\lim\limits_{x \to \infty} \left(1 + \dfrac{a}{x} \right)^x$；

(13) $\lim\limits_{x \to 0^+} x^{\sin x}$；

(14) $\lim\limits_{x \to 0^+} \left(\dfrac{1}{x} \right)^{\tan x}$；

(15) $\lim\limits_{x \to +\infty} (x + \sqrt{1 + x^2})^{\frac{1}{x}}$；

(16) $\lim\limits_{n \to \infty} \left(n \tan \dfrac{1}{n} \right)^{n^2}$.

2. 验证极限 $\lim\limits_{x \to \infty} \dfrac{x + \sin x}{x}$ 存在，但不能用洛必达法则求出.

3. 设 $f(x)$ 在 $x=0$ 处二阶可导，且 $g(0)=0$. 试确定 a 的值，使 $f(x)$ 在 $x=0$ 处可导，并求 $f'(0)$，其中 $f(x) = \begin{cases} \dfrac{g(x)}{x}, & x \neq 0 \\ a, & x = 0 \end{cases}$.

习题 3-3　泰勒公式

1. 按 $(x-1)$ 的幂展开多项式 $f(x) = x^4 + 3x^2 + 4$.

2. 求函数 $f(x) = \sqrt{x}$ 按 $(x-4)$ 的幂展开的带有拉格朗日型余项的 3 阶泰勒公式.

3. 把 $f(x) = \dfrac{1+x+x^2}{1-x+x^2}$ 在 $x=0$ 处展开到含 x^4 项,并求 $f^{(3)}(0)$.

4. 求函数 $f(x) = \dfrac{1}{x}$ 按 $(x+1)$ 的幂展开的带有拉格朗日型余项的 n 阶泰勒公式.

5. 求函数 $f(x) = xe^x$ 的带有佩亚诺型余项的 n 阶麦克劳林公式.

6. 利用泰勒公式求极限 $\lim\limits_{x \to \infty}(\sqrt[3]{x^3 + 3x} - \sqrt{x^2 - x})$.

习题 3-4　函数的单调性与曲线的凹凸

1. 试证当 $x \neq 0$ 时, $e^x > 1 + x$.

2. 设 $f(x)$ 与 $g(x)$ 均 n 阶可导,且有 $f^{(k)}(x_0) = g^{(k)}(x_0)\,(k=0,1,2,\cdots,n-1)$,而当 $x > x_0$ 时,$f^{(n)}(x) > g^{(n)}(x)$,试证明:$f(x) > g(x)$.

3. 求函数的单调区间.

(1) $f(x) = 2x^3 - 6x^2 - 18x - 7$;　　　　(2) $f(x) = 2x + \dfrac{8}{x}\,(x > 0)$.

4. 求下列曲线的凹凸区间及拐点.

(1) $y = x^3 - 6x^2 + 12x + 4$;　　　　(2) $y = (1 + x^2)e^x$.

5. 证明下列不等式.

(1) 当 $x > 0$ 时, $1 + \dfrac{1}{2}x > \sqrt{1+x}$;

(2) 当 $x > 0$ 时, $1 + x\ln(x + \sqrt{1+x^2}) > \sqrt{1+x^2}$.

6. 试确定曲线 $y = ax^3 + bx^2 + cx + d$ 中的 a,b,c,d,使得 $x = -2$ 处曲线有水平切线,$(1, -10)$ 为拐点,且点 $(-2, 44)$ 在曲线上.

习题 3-5　函数的极值与最大值、最小值

1. 求函数 $f(x) = 2x^3 - 3x^2$ 的极值.

2. 求函数 $f(x) = \dfrac{1 + 3x}{\sqrt{4 + 5x^2}}$ 的极值.

3. 求函数 $f(x) = x^{\frac{1}{x}}$ 的极值.

4. 试证明:如果函数 $y = ax^3 + bx^2 + cx + d$ 满足条件 $b^2 - 3ac < 0$,那么这个函数没有

极值.

5. 试问 a 为何值时，函数 $f(x) = a\sin x + \frac{1}{3}\sin 3x$ 在 $x = \frac{\pi}{3}$ 处取得极值？它是极大值还是极小值？并求此极值.

6. 求函数 $f(x) = 2x^3 + 3x^2 - 12x + 1$ 在闭区间 $[-1, 5]$ 上的最值.

7. 在曲线 $y = x^2 - x$ 上求一点 P，使点 P 到定点 $A(0, 1)$ 的距离最近.

8. 要造一圆柱形油罐，体积为 V，问底面半径 r 和高 h 等于多少时，才能使其表面积最小？这时底面直径与高的比是多少？

习题 3-6　函数图形的描绘

1. 求曲线 $y = \dfrac{16}{x(x-4)}$ 的渐近线.

2. 求曲线 $y = \sqrt[3]{x+1} - \sqrt[3]{x-1}$ 的渐近线.

3. 求曲线 $y = x + e^{-x}$ 的渐近线.

4. 若函数 $f(x)$ 有 $\lim\limits_{x \to +\infty} f(x) = 0$，$\lim\limits_{x \to 2} f(x) = \infty$，$\lim\limits_{x \to -\infty} \dfrac{f(x)}{x} = 1$，$\lim\limits_{x \to -\infty} [f(x) - x] = 2$，并且当 $x \in (0, 1)$ 时，$f'(x) < 0$，否则 $f'(x) > 0$ $(x \neq 2)$，当 $x \in \left(\dfrac{1}{2}, 2\right)$ 时，$f''(x) > 0$，否则 $f''(x) < 0$ $(x \neq 0)$，则

（1）函数 $f(x)$ 的单调区间（注明增减）为＿＿＿＿＿＿＿＿；

（2）函数曲线的凹向和拐点为＿＿＿＿＿＿＿＿＿＿；

（3）当 $x =$ ＿＿＿时，函数取得极大值，其值为＿＿＿＿；当 $x =$ ＿＿＿时，函数取得极小值，其值为＿＿＿＿；

（4）函数的渐近线为＿＿＿＿＿＿＿＿＿＿．

5. 描绘曲线 $f(x) = x^4 - 4x^3 + 10$ 的图形.

习题 3-7　曲率

1. 求 $y = \dfrac{4}{x}$ 在点 $(2, 2)$ 处的曲率.

2. 求椭圆 $4x^2 + y^2 = 4$ 在点 $(0, 2)$ 处的曲率.

3. 求抛物线 $y = x^2 - 4x + 3$ 在其顶点处的曲率及曲率半径.

4. 求曲线 $y = x^2 - 2x - 1$ 在极小值点处的曲率.

5. $y = \ln x$ 上哪一点处的曲率半径最小？求出该点处的曲率半径.

三、总习题

1. 设函数 $f(x)$ 在 $x=0$ 处二阶可导，且 $f(0)=0$，$f'(0)=1$，$f''(0)=3$，求 $\lim\limits_{x\to 0}\dfrac{f(x)-x}{x^2}$.

2. 设 $f(x)$ 在 $[a,b]$ 上连续，在 (a,b) 内可导，且 $f(a)f(b)>0$，$f(a)\cdot f\left(\dfrac{a+b}{2}\right)<0$，试证明：$\exists\xi\in(a,b)$，使得 $f'(\xi)=f(\xi)$.

3. 设 $f(x)$ 在 $[0,1]$ 上可导，且 $0<f(x)<1$，对于任何 $x\in(0,1)$，都有 $f'(x)\neq 1$，试证明：在 $(0,1)$ 内，有且仅有一个数 ξ，使得 $f(\xi)=\xi$.

4. 证明：多项式 $f(x)=x^3-3x+a$ 在 $[0,1]$ 上不可能有两个零点.

5. 设 $f(x)$ 在 $[1,2]$ 上具有二阶导数 $f''(x)$，且 $f(2)=f(1)=0$. 若 $F(x)=(x-1)f(x)$，证明：至少存在一点 $\xi\in(1,2)$，使得 $F''(\xi)=0$.

6. 设 $\lim\limits_{x\to\infty}f'(x)=k$，求 $\lim\limits_{x\to\infty}[f(x+a)-f(x)]$.

7. 当 a,b 为何值时，$\lim\limits_{x\to 0}\left(\dfrac{\sin 3x}{x^3}+\dfrac{a}{x^2}+b\right)=0$.

8. 求函数 $f(x)=2x^3-3x^2-12x+2$ 的单调区间、凹凸区间、极值与拐点.

9. 用尽可能多的方法计算 $\lim\limits_{x\to 0}\dfrac{e^x-e^{\tan x}}{x-\tan x}$.

四、同步测试

（一）填空题（每题 4 分，共 20 分）.

1. 函数 $f(x)=\dfrac{1}{2}(e^x+e^{-x})$ 的极小值点为_____.

2. 函数 $y=x-\ln(1+x^2)$ 的单调增加区间为_____.

3. 曲线 $f(x)=xe^{3x}$ 的拐点坐标为_____.

4. $\lim\limits_{x\to+\infty}\dfrac{\dfrac{\pi}{2}-\arctan x}{\dfrac{1}{x}}=$ _____.

5. 设常数 $k>0$，则函数 $f(x)=\ln x-\dfrac{x}{e}+k$ 在 $(0,+\infty)$ 内零点的个数为_____.

（二）选择题（每题 4 分，共 16 分）.

1. 函数 $f(x)$ 在 $(-\infty,+\infty)$ 内二阶可导，$f(x)$ 为奇函数，在 $(0,+\infty)$ 内 $f'(x)>0$，

$f''(x)<0$，则 $f(x)$ 在 $(-\infty,0)$ 内有（　　）．

A. $f'(x)<0, f''(x)<0$ B. $f'(x)<0, f''(x)>0$
C. $f'(x)>0, f''(x)<0$ D. $f'(x)>0, f''(x)>0$

2. 设函数 $f(x)$ 在 (a,b) 内连续，$x_0\in(a,b)$，且 $f'(x_0)=f''(x_0)=0$，则函数在 $x=x_0$ 处（　　）．

A. 取得极大值 B. 取得最大值
C. 可能有极值，也可能有拐点 D. 一定有拐点 $(x_0, f(x_0))$

3. 设 $f(x)$ 在点 $[a,b]$ 上连续，在 (a,b) 内可导，则 $y=f(x)$ 在 (a,b) 内有驻点的充分条件是（　　）．

A. $f(a)f(b)<0$ B. $f(a)f(b)>0$
C. $f(a)f(b)=0$ D. $f(a)f(b)\neq 0$

4. 曲线 $f(x)=x\sin x+2\cos x\left(-\dfrac{\pi}{2}<x<2\pi\right)$ 的拐点是（　　）．

A. $(0,2)$ B. $(\pi,-2)$ C. $\left(\dfrac{\pi}{2},\dfrac{\pi}{2}\right)$ D. $\left(\dfrac{3}{2}\pi,-\dfrac{3}{2}\pi\right)$

（三）计算题（每题6分，共24分）．

1. 求 $\lim\limits_{x\to 0}\dfrac{x^2}{x\mathrm{e}^x-\sin x}$．

2. 求 $\lim\limits_{x\to 0}\left[\dfrac{3}{x}-\dfrac{\ln(1+3x)}{x^2}\right]$．

3. 求函数 $f(x)=\dfrac{1}{x}\ln^2 x$ 的单调区间与极值．

4. 求曲线 $y=(1+x^2)\mathrm{e}^x$ 的凹凸区间及拐点．

（四）综合题（每题8分，共24分）．

1. 设 $f(x)=x^3+ax^2+bx$ 在 $x=1$ 处取得极小值 -2，求 a,b 的值．

2. 在曲线 $y=\dfrac{1}{x^2}$ 上求一点，使该点的切线被两坐标轴所截得的长度最短，并求出这最短的长度．

3. 讨论方程 $1-x-\tan x=0$ 在 $(0,1)$ 内的实根情况．

（五）证明题（每题8分，共16分）．

1. 证明不等式：$2x\arctan x\geqslant\ln(1+x^2)$．

2. 设 $f(x)$ 具有二阶连续导数，且 $f(a)=f(b)$，$f'(a)>0$，$f'(b)>0$．试证明：$\exists\xi\in(a,b)$，使得 $f''(\xi)=0$．

五、能力提升（考研真题）

1. 设函数 $f(x)$ 在 $[a,b]$ 上有定义，在 (a,b) 内可导，则（   ）.（02 数三、数四）

   A. 当 $f(a)f(b) < 0$ 时，存在 $\xi \in (a,b)$，使 $f(\xi) = 0$

   B. 对任何 $\xi \in (a,b)$，有 $\lim\limits_{x \to \xi}[f(x) - f(\xi)] = 0$

   C. 当 $f(a) = f(b)$ 时，存在 $\xi \in (a,b)$，使 $f'(\xi) = 0$

   D. 存在 $\xi \in (a,b)$，使 $f(b) - f(a) = f'(\xi)(b-a)$

2. 设函数 $f(x) = |x(1-x)|$，则（   ）.（04 数三、数四）

   A. $x=0$ 是 $f(x)$ 的极值点，但 $(0,0)$ 不是曲线 $y=f(x)$ 的拐点

   B. $x=0$ 不是 $f(x)$ 的极值点，但 $(0,0)$ 是曲线 $y=f(x)$ 的拐点

   C. $x=0$ 是 $f(x)$ 的极值点，且 $(0,0)$ 是曲线 $y=f(x)$ 的拐点

   D. $x=0$ 不是 $f(x)$ 的极值点，$(0,0)$ 也不是曲线 $y=f(x)$ 的拐点

3. 设 $f(x) = x\sin x + \cos x$，下列命题中正确的是（   ）.（05 数三、数四）

   A. $f(0)$ 是极大值，$f\left(\dfrac{\pi}{2}\right)$ 是极小值

   B. $f(0)$ 是极小值，$f\left(\dfrac{\pi}{2}\right)$ 是极大值

   C. $f(0)$ 是极大值，$f\left(\dfrac{\pi}{2}\right)$ 也是极大值

   D. $f(0)$ 是极小值，$f\left(\dfrac{\pi}{2}\right)$ 也是极小值

4. 以下四个命题中，正确的是（   ）.（05 数三、数四）

   A. 若 $f'(x)$ 在 $(0,1)$ 内连续，则 $f(x)$ 在 $(0,1)$ 内有界

   B. 若 $f(x)$ 在 $(0,1)$ 内连续，则 $f(x)$ 在 $(0,1)$ 内有界

   C. 若 $f'(x)$ 在 $(0,1)$ 内有界，则 $f(x)$ 在 $(0,1)$ 内有界

   D. 若 $f(x)$ 在 $(0,1)$ 内有界，则 $f'(x)$ 在 $(0,1)$ 内有界

5. 设 $f(x)$ 在 $x=0$ 处连续，且 $\lim\limits_{x \to 0}\dfrac{f(x^2)}{x^2} = 1$，则（   ）.（06 数三、数四）

   A. $f(0) = 0$ 且 $f'_-(0)$ 存在　　　　　B. $f(0) = 1$ 且 $f'_-(0)$ 存在

   C. $f(0) = 0$ 且 $f'_+(0)$ 存在　　　　　D. $f(0) = 1$ 且 $f'_+(0)$ 存在

6. 设函数 $f(x), g(x)$ 具有二阶导数，且 $g''(x) < 0$，$g(x_0) = a$ 是 $g(x)$ 的极值，则 $f(g(x))$ 在点 x_0 处是极大值的一个充分条件是（   ）.（10 数三）

   A. $f'(a) < 0$　　　B. $f'(a) > 0$　　　C. $f''(a) < 0$　　　D. $f''(a) > 0$

7. 求极限 $\lim\limits_{x \to 0}\dfrac{1}{x^2}\ln\dfrac{\sin x}{x}$.（08 数三、数四）

8. 求极限 $\lim\limits_{x \to 0}\dfrac{\sqrt{1+2\sin x} - x - 1}{x\ln(1+x)}$.（11 数三）

9. 若曲线 $y = x^3 + ax^2 + bx + 1$ 有拐点 $(-1,0)$，则 $b = $ _____ . （10 数三）

10. 已知 $f(x)$ 在 $(-\infty, +\infty)$ 内可导，且 $\lim\limits_{x\to\infty} f'(x) = e$，$\lim\limits_{x\to\infty}\left(\dfrac{x+c}{x-c}\right)^x = \lim\limits_{x\to\infty}[f(x) - f(x-1)]$，则 $c = $ _____ . （01 数三、数四）

第 4 章 不定积分

一、知识梳理

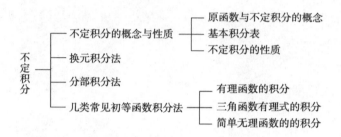

二、每节精选

习题 4-1　不定积分的概念与性质

1. 利用导数验证下列等式.

(1) $\int \dfrac{1}{\sqrt{x^2+1}} dx = \ln(x + \sqrt{x^2+1}) + C$;

(2) $\int \dfrac{2x}{(x^2+1)(x+1)} dx = \arctan x + \dfrac{1}{x+1} + C$;

(3) $\int e^x \sin x \, dx = \dfrac{1}{2} e^x (\sin x - \cos x) + C$.

2. 填空题.

(1) 已知 $\int f(x) dx = \sin 2x + C$, 则 $f(x) = $ _____, $f'(x) = $ _____;

(2) 已知 $[\ln f(x)]' = \cos x$, 则 $f(x) = $ _____;

(3) 若 $f'(\ln x) = 1 + x$, 且 $f(0) = 1$, 则 $f(x) = $ _____;

(4) 若 $\int f(x) dx = 3 e^{\frac{x}{3}} - x + C$, 则 $\lim\limits_{x \to 0} \dfrac{f(x)}{x} = $ _____;

(5) $d \int f(x) dx = $ _____;

(6) $\int F'(x)\,dx = $ _____ ;

(7) 若可微函数 $f(x)$ 的一个原函数是 $\ln x$, 则 $f'(x) = $ _____ .

3. 选择题.

(1) 设函数 $\ln(ax)$ 与 $\ln(bx)$, $a \neq b$, 则 (   );

A. $\ln(ax)$ 是 $\dfrac{1}{ax}$ 的原函数, $\ln(bx)$ 是 $\dfrac{1}{bx}$ 的原函数

B. $\ln(ax)$ 与 $\ln(bx)$ 是不同函数的原函数

C. $\ln(ax)$ 与 $\ln(bx)$ 都是 $\dfrac{1}{x}$ 的原函数

D. $\ln(ax)$ 与 $\ln(bx)$ 是同一函数但不是 $\dfrac{1}{x}$ 的原函数

(2) 设 $\int f(x)\,dx = 2\sin\dfrac{x}{2} + C$, 则 $f(x) = $ (   );

A. $\cos\dfrac{x}{2} + C$ B. $\cos\dfrac{x}{2}$ C. $2\cos\dfrac{x}{2} + C$ D. $2\sin\dfrac{x}{2}$

(3) 已知某函数的导数为 $y' = 2x$, 且 $x = 1$ 时, $y = 2$, 这个函数是 (   );

A. $y = x^2 + C$ B. $y = x^2 + 1$ C. $y = \dfrac{x^2}{2} + C$ D. $y = x + 1$

(4) $\int 5^x\,dx = $ (   );

A. $5^x + C$ B. $\dfrac{\ln 5}{5^x} + C$ C. $\dfrac{5^x}{\ln 5} + C$ D. $5^x \ln 5 + C$

(5) 原函数族 $f(x) + C$ 可写成 (   ) 形式;

A. $\int f'(x)\,dx$ B. $\left[\int f(x)\,dx\right]'$ C. $d\int f(x)\,dx$ D. $\int F'(x)\,dx$

(6) 若在区间 $[a,b]$ 上 $F'(x) = f(x)$, 则 $F(x)$ 称为 $f(x)$ 在 $[a,b]$ 上的 (   );

A. 导函数   B. 原函数   C. 不定积分   D. 被积函数

(7) 设 $f(x)$ 是连续函数, 下列等式中正确的是 (   );

A. $\int f'(x)\,dx = f(x)$ B. $\int dx = f(x)$

C. $\dfrac{d}{dx}\int f(x)\,dx = f(x)$ D. $d\int f(x)\,dx = f(x)$

(8) 在区间 (a,b) 内的任一点 x, 如果总有 $f'(x) = g'(x)$ 成立, 则下列各式中必定成立的是 (   );

A. $f(x) = g(x)$ B. $f(x) = g(x) + 1$

C. $f(x) = g(x) + C$ D. $\left[\int f(x)\,dx\right]' = \left[\int g(x)\,dx\right]'$

(9) 若 $\int f'(x^3)\,dx = x^3 + C$, 则 $f(x) = $ (　　);

A. $x + C$　　　　　　　　　　B. $x^3 + C$

C. $\dfrac{9}{5}x^{\frac{5}{3}} + C$　　　　　　　　D. $\dfrac{6}{5}x^{\frac{5}{3}} + C$

4. 求下列不定积分.

(1) $\int x\sqrt{x}\,dx$;　　　　(2) $\int \dfrac{1}{x^2\sqrt{x}}\,dx$;　　　　(3) $\int (x^2 - 2)^2\,dx$;

(4) $\int \dfrac{(1-x)^2}{\sqrt{x}}\,dx$;　　(5) $\int \dfrac{1+3x^2}{x^2(x^2+1)}\,dx$;　　(6) $\int \dfrac{1+\cos^2 x}{1+\cos 2x}\,dx$;

(7) $\int \cos^2 \dfrac{x}{2}\,dx$;　　(8) $\int \dfrac{\sqrt{1+x^2}}{\sqrt{1-x^4}}\,dx$;　　(9) $\int \left(\dfrac{1}{\sqrt{x}} - 2^x + 5\cos x\right)dx$;

(10) $\int \dfrac{\cos 2x}{\cos^2 x \sin^2 x}\,dx$;　　(11) $\int \sec x(\sec x - \tan x)\,dx$.

5. 曲线通过点 $(e^2, 3)$, 且在任一点处的切线斜率等于该点横坐标的倒数, 求该曲线的方程.

习题 4-2　换元积分法

1. 选择题.

(1) 设 $I = \int \dfrac{1}{3-4x}\,dx$, 则 $I = $ (　　);

A. $\ln|3-4x| + C$　　　　　　B. $\dfrac{1}{4}\ln|3-4x| + C$

C. $-\dfrac{1}{4}\ln|3-4x| + C$　　　　D. $\dfrac{1}{3}\ln|3-4x| + C$

(2) 若 $F(x)$ 是 $f(x)$ 的一个原函数, 则 $\int x^{-1}f(2\ln x)\,dx = $ (　　);

A. $\dfrac{1}{2}F(\ln x) + C$　　B. $\dfrac{1}{2}F(2\ln x) + C$　　C. $2F(\ln x) + C$　　D. $2F(2\ln x) + C$

(3) 设 $I = \int \dfrac{1}{\sqrt{9-x^2}}\,dx$, 则 $I = $ (　　);

A. $\dfrac{1}{3}\arcsin x + C$　　B. $\arcsin \dfrac{x}{3} + C$　　C. $\dfrac{1}{3}\arcsin \dfrac{x}{3} + C$　　D. $3\arcsin \dfrac{x}{3} + C$

(4) 已知 $f(x) = e^{-x}$, 则 $\int \dfrac{f'(\ln x)}{x}\,dx = $ (　　).

A. $-\dfrac{1}{x} + C$　　B. $\dfrac{1}{x} + C$　　C. $-\ln x + C$　　D. $\ln x + C$

2. 求下列不定积分.

(1) $\int \dfrac{1}{(2x+3)^9} dx$;

(2) $\int e^{2x^2+\ln x} dx$;

(3) $\int \sin^2(3t+1) dt$;

(4) $\int \dfrac{x}{\sqrt{x^2-2}} dx$;

(5) $\int (x-1) e^{x^2-2x} dx$;

(6) $\int e^{\cos x} \sin x dx$;

(7) $\int \dfrac{\ln(\ln x)}{x \ln x} dx$;

(8) $\int \dfrac{(\arctan x)^2}{1+x^2} dx$;

(9) $\int \sqrt{\dfrac{\arcsin x}{1-x^2}} dx$;

(10) $\int 2^{\tan x} \sec^2 x dx$;

(11) $\int \dfrac{dx}{\sqrt{x} \cdot \sqrt{1+\sqrt{x}}}$;

(12) $\int \dfrac{dx}{\sqrt{4-9x^2}}$;

(13) $\int \dfrac{dx}{x^2+2x+5}$;

(14) $\int \dfrac{dx}{x^2+4x+3}$;

(15) $\int \dfrac{1-\cos x}{(x-\sin x)^2} dx$;

(16) $\int \dfrac{\sin x - \cos x}{(\cos x + \sin x)^5} dx$;

(17) $\int \dfrac{x\cos x + \sin x}{(x\sin x)^2} dx$;

(18) $\int \dfrac{x + \cos x}{x^2 + 2\sin x} dx$;

(19) $\int \tan x \cdot \ln(\cos x) dx$;

(20) $\int \dfrac{x^2+1}{(x^3+3x+1)^5} dx$;

(21) $\int \dfrac{4\arctan x - x}{1+x^2} dx$;

(22) $\int \dfrac{1}{\sin^2 x + 2\cos^2 x} dx$;

(23) $\int \dfrac{dx}{1+\sqrt[3]{x+1}}$;

(24) $\int \dfrac{\sqrt{x+1}-1}{\sqrt{x+1}+1} dx$;

(25) $\int \dfrac{1}{x\sqrt{x^2-1}} dx$;

(26) $\int \dfrac{x^2}{\sqrt{4-x^2}} dx$;

(27) $\int \dfrac{1}{x^4 \sqrt{1+x^2}} dx$;

(28) $\int \dfrac{x}{\sqrt{5+x-x^2}} dx$;

(29) $\int \dfrac{1-\ln x}{(x-\ln x)^2} dx$;

(30) $\int \dfrac{x^2+2}{(x+1)^3} dx$.

3. 设 $f(x) = e^{-x^2}$, 求 $\int f'(x) f''(x) dx$.

习题 4-3 分部积分法

1. 计算下列不定积分.

(1) $\int x^2 e^{-3x} dx$;

(2) $\int x^2 \arctan x dx$;

(3) $\int \dfrac{x^2}{x^2+1} \arctan x dx$;

(4) $\int x\sin x \cos x dx$;

(5) $\int \dfrac{\ln x}{\sqrt[3]{x}} dx$;

(6) $\int \dfrac{\ln \sin x}{\sin^2 x} dx$;

(7) $\int \dfrac{\ln \ln x}{x} dx$;

(8) $\int x^2 \cos^2 \dfrac{x}{2} dx$;

(9) $\int \dfrac{x\arctan x}{\sqrt{1+x^2}} dx$;

(10) $\int x 3^x 2^{2x} dx$;

(11) $\int \dfrac{\sin x}{e^x} dx$;

(12) $\int \dfrac{x e^x}{(x+1)^2} dx$;

(13) $\int x^3 \cos(x^2)\,dx$;   (14) $\int e^{-\sqrt{3x-2}}\,dx$;   (15) $\int \dfrac{1+x}{x^3} e^{\frac{1}{x}}\,dx$;

(16) $\int \dfrac{\ln(1+x)}{(2-x)^2}\,dx$;   (17) $\int \ln(x+\sqrt{1+x^2})\,dx$;   (18) $\int (1-2x^2)e^{-x^2}\,dx$.

2. 已知 $f(x)$ 的一个原函数为 $\ln(1+x^2)$，求 $\int xf'(2x)\,dx$ 及 $\int xf''(x)\,dx$.

3. 设 $f(x)$ 满足 $\int xf(x)\,dx = x^2 e^x + C$，求 $\int f(x)\,dx$.

习题 4-4 有理函数的积分

求下列不定积分.

(1) $\int \dfrac{x+1}{(x-1)^3}\,dx$;   (2) $\int \dfrac{2x+3}{x^2+3x-10}\,dx$;   (3) $\int \dfrac{x^2+2x-1}{(x-1)(x^2-x+1)}\,dx$;

(4) $\int \dfrac{x^2+1}{x(x-1)^2}\,dx$;   (5) $\int \dfrac{x^5+x^4-8}{x^3-x}\,dx$;   (6) $\int \dfrac{x}{(x+1)(x+2)(x+3)}\,dx$;

(7) $\int \dfrac{1}{(x^2+1)(x^2+x)}\,dx$;   (8) $\int \dfrac{x^2+1}{x^4+1}\,dx$;   (9) $\int \dfrac{1}{3+\cos x}\,dx$;

(10) $\int \dfrac{1}{2+\sin x}\,dx$;   (11) $\int \dfrac{1}{1+\sin x+\cos x}\,dx$;   (12) $\int \dfrac{1}{3+\sin^2 x}\,dx$;

(13) $\int \dfrac{1}{(2+\cos x)\sin x}\,dx$;   (14) $\int \dfrac{1}{1+\sqrt[3]{x+2}}\,dx$;   (15) $\int \dfrac{1}{(1+\sqrt[3]{x})\sqrt{x}}\,dx$;

(16) $\int \dfrac{1}{\sqrt{x}+\sqrt[4]{x}}\,dx$;   (17) $\int \sqrt{\dfrac{1-x}{1+x}}\cdot\dfrac{1}{x}\,dx$;   (18) $\int \dfrac{1}{\sqrt{x-x^2}}\,dx$.

三、总习题

1. 选择题.

(1) $\int f'(3x)\,dx = (\quad)$;

A. $\dfrac{1}{3}f(x)+C$ B. $\dfrac{1}{3}f(3x)+C$ C. $3f(x)+C$ D. $3f(3x)+C$

(2) $F(x)$ 和 $G(x)$ 是函数 $f(x)$ 的任意两个原函数，且 $f(x)\neq 0$，则下列关系成立的是 (　　);

A. $F(x)=CG(x)$ B. $F(x)=G(x)+C$

C. $F(x)+G(x)=C$ D. $F(x)\cdot G(x)=C$

(3) 函数 $f(x)$ 在 $(-\infty, +\infty)$ 内连续，则 $d\left[\int f(x)dx\right] = ($ $)$;

A. $f(x)$
B. $f(x) + C$
C. $f(x)dx$
D. $f'(x)dx$

(4) $\int xf''(x)dx = ($ $)$;

A. $xf'(x) - \int f(x)dx$
B. $xf'(x) - f'(x) + C$
C. $xf'(x) - f(x) + C$
D. $f(x) - xf'(x) + C$

(5) $\int \sqrt{\dfrac{1+x}{1-x}}dx = ($ $)$;

A. $x - \cos x + C$
B. $\arcsin x - \sqrt{1-x^2} + C$
C. $\arcsin x + \sqrt{1-x^2} + C$
D. $\arccos x - \sqrt{1-x^2} + C$

(6) 设不定积分 $I_1 = \int \dfrac{1+x}{x(1+xe^x)}dx$, $I_2 = \int \dfrac{du}{u(1+u)}$, 则有 ($\quad$).

A. $I_1 = I_2 + x$
B. $I_1 = I_2 - x$
C. $I_1 = -I_2$
D. $I_1 = I_2$

2. 求下列不定积分.

(1) $\int \dfrac{x}{(1-x)^3}dx$;
(2) $\int (a^{\frac{2}{3}} - x^{\frac{2}{3}})^3 dx$;
(3) $\int \dfrac{\sin 2x}{1+\sin^2 x}dx$;

(4) $\int \dfrac{1}{(2-x)\sqrt{1-x^2}}dx$;
(5) $\int \dfrac{\cot x}{1+\sin x}dx$;
(6) $\int \dfrac{1+\cos x}{x+\sin x}dx$;

(7) $\int \dfrac{x}{\sqrt{a^2-x^2}}dx$;
(8) $\int \dfrac{1}{\sqrt{x(1+x)}}dx$;
(9) $\int \sqrt{\dfrac{x}{1-x\sqrt{x}}}dx$;

(10) $\int \dfrac{x\arccos x}{\sqrt{1-x^2}}dx$;
(11) $\int \sqrt{x}\sin\sqrt{x}dx$;
(12) $\int \dfrac{\ln(e^x+1)}{e^x}dx$;

(13) $\int \dfrac{\sqrt{1+\cos x}}{\sin x}dx$;
(14) $\int \arctan\sqrt{x}dx$;
(15) $\int \dfrac{1}{\sin^3 x \cos x}dx$;

(16) $\int \dfrac{e^{3x} + e^x}{e^{4x} - e^{2x} + 1}dx$;
(17) $\int \dfrac{x+1}{x^2+4x+13}dx$;
(18) $\int \dfrac{1}{x\sqrt{x^2+x-1}}dx$.

3. 设 $f(x^2-1) = \ln\dfrac{x^2}{x^2-2}$, 且 $f[\varphi(x)] = \ln x$, 求 $\int \varphi(x)dx$.

四、同步测试

(一) 填空题（每题 4 分，共 20 分）.

1. 曲线 $y = f(x)$ 在点 (x,y) 处的切线斜率为 $-x+2$, 且曲线过点 $(2,5)$, 则该曲线方

程为_____.

2. 设 $f(x)$ 有原函数 $x\ln x$，则 $\int xf(x)dx = $ _____.

3. 设 $f'(x)$ 存在且连续，则 $\left(\int df(x)\right)' = $ _____，$\int d\sin(1-2x) = $ _____.

4. $\int 3x\sqrt{1-x^2}dx = $ _____.

5. 设 $f''(x)$ 连续，则 $\int xf''(x)dx = $ _____.

（二）选择题（每题4分，共24分）.

1. 在可积函数 $f(x)$ 的积分曲线族中，每一条曲线在横坐标相同的点上的切线（　　）.
   A. 平行于 x 轴　　B. 平行于 y 轴　　C. 相互平行　　D. 相互垂直

2. 若 $f(x)$ 是 $g(x)$ 的一个原函数，则（　　）.
   A. $\int f(x)dx = g(x) + C$　　　　B. $\int g(x)dx = f(x) + C$
   C. $\int g'(x)dx = f(x) + C$　　　　D. $\int f'(x)dx = g(x) + C$

3. 若 $\int f(x)dx = x^2 + C$，则 $\int xf(1-x^2)dx = $（　　）.
   A. $2(1-x^2)^2 + C$　　　　B. $-2(1-x^2)^2 + C$
   C. $\dfrac{1}{2}(1-x^2)^2 + C$　　　　D. $-\dfrac{1}{2}(1-x^2)^2 + C$

4. 求 $\int \dfrac{dx}{\sqrt{x^2+9}}$ 时，为使被积函数有理化，可作变换（　　）.
   A. $x = 3\sin t$　　B. $x = 3\tan t$　　C. $x = 3\sec t$　　D. $t = \sqrt{x^2+9}$

5. 若 $f(x) = f'(x)$，且 $f(x) > 0$，$f(0) = 1$，则 $f(x) = $（　　）.
   A. x　　B. $\ln x$　　C. 1　　D. e^x

6. $\int \dfrac{f'(x)}{1+[f(x)]^2}dx = $（　　）.
   A. $\ln|1+f(x)| + C$　　　　B. $\dfrac{1}{2}\ln|1+[f(x)]^2| + C$
   C. $\arctan f(x) + C$　　　　D. $\dfrac{1}{2}\arctan f(x) + C$

（三）计算题（每题6分，共24分）.

1. 求 $\int e^{\sqrt{2x-1}}dx$.

2. 求 $\int \dfrac{e^x-1}{e^x+1}dx$.

3. 求 $\int \dfrac{x}{\sqrt{1+x^2}+\sqrt{(1+x^2)^3}}\,dx$.

4. 求 $\int \dfrac{2x}{x^2+4x+5}\,dx$.

（四）综合题（每题 8 分，共 24 分）．

1. 设 $\int xf(x)\,dx = \arcsin x + C$，则求 $\int \dfrac{dx}{f(x)}$．

2. 求不定积分 $\int \left[\dfrac{f(x)}{f'(x)} - \dfrac{f^2(x)f''(x)}{f'^3(x)}\right]dx$．

3. 设 $F(x)$ 为 $f(x)$ 的原函数，当 $x \geqslant 0$ 时，有 $f(x)F(x) = \sin^2 2x$，且 $F(0) = 1$，$F(x) \geqslant 0$，试求 $f(x)$．

（五）证明题（8 分）．

设 $f(x)$ 为连续可导的单调函数，$\varphi(x)$ 是它的反函数，且具有连续的导数，又 $F'(x) = f(x)$．证明：$\int \varphi(x)\,dx = x\varphi(x) - F(\varphi(x)) + C$．

五、能力提升（考研真题）

1. 设 $f'(\ln x) = 1 + x$，则 $f(x) =$ _____．（95 数三、数四）

2. 求不定积分 $\int (\arcsin x)^2\,dx =$ _____．（95 数四）

3. 计算 $\int \dfrac{\ln x - 1}{x^2}\,dx =$ _____．（98 数三、数四）

4. 计算 $\int \dfrac{\arcsin \sqrt{x}}{\sqrt{x}}\,dx =$ _____．（00 数四）

5. 设 $f(\sin^2 x) = \dfrac{x}{\sin x}$，则 $\int \dfrac{\sqrt{x}}{\sqrt{1-x}}f(x)\,dx =$ _____．（02 数三、数四）

6. 计算 $\int \dfrac{\arcsin \sqrt{x} + \ln x}{\sqrt{x}}\,dx =$ _____．（11 数三）

7. 设 $F(x)$ 为 $f(x)$ 的原函数，当 $x \geqslant 0$ 时，有 $f(x)F(x) = \dfrac{xe^x}{2(1+x)^2}$，且 $F(0) = 1$，$F(x) > 0$，试求 $f(x)$．（08 数四）

第 5 章　定积分及其应用

一、知识梳理

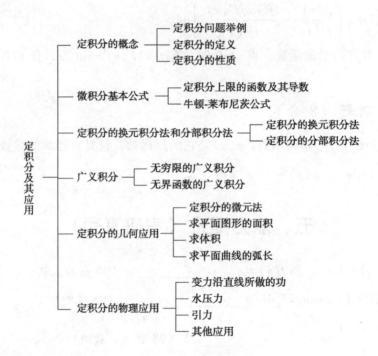

二、每节精选

习题 5−1　定积分的概念

1. 利用定积分的定义计算 $\int_a^b x\,\mathrm{d}x\ (a<b)$.

2. 利用定积分的定义计算 $\int_1^3 x^2\,\mathrm{d}x$.

3. 利用定积分的几何意义，说明下列等式.

   (1) $\int_0^1 2x\,\mathrm{d}x = 1$；　　　　　　　(2) $\int_{-\pi}^{\pi} \sin x\,\mathrm{d}x = 0$.

4. 估计下列各积分的值.

(1) $\int_{\frac{1}{\sqrt{3}}}^{\sqrt{3}} x\arctan x \, dx$; (2) $\int_2^0 e^{x^2-x} dx$.

5. 比较下列两个积分的大小.

(1) $\int_1^2 \ln x \, dx$ 与 $\int_1^2 (\ln x)^2 dx$; (2) $\int_0^1 e^x dx$ 与 $\int_0^1 (1+x) dx$.

6. 设 $f(x)$ 在 $[a,b]$ 上连续，$g(x)$ 在 $[a,b]$ 上非负且连续，试证明：$\exists \xi \in [a,b]$，使得 $\int_a^b f(x)g(x) dx = f(\xi) \int_a^b g(x) dx$.

习题 5-2 微积分基本公式

1. 设 $y = \int_0^x \sin t \, dt$，求 $y'(0), y'\left(\dfrac{\pi}{4}\right)$.

2. 计算下列各导数.

(1) $\dfrac{d}{dx} \int_1^x \sin e^t dt$; (2) $\dfrac{d}{dx} \int_{x^2}^{x^3} \dfrac{1}{\sqrt{1+t^4}} dt$; (3) $\dfrac{d}{dx} \int_{\sin x}^{\cos x} \cos(\pi t^2) dt$.

3. 设 $g(x) = \int_0^{x^2} \dfrac{dx}{1+x^3}$，求 $g''(1)$.

4. 设函数 $y = y(x)$ 由方程 $\int_0^y e^t dt + \int_0^x \cos t \, dt = 0$ 所确定，求 $\dfrac{dy}{dx}$.

5. 设 $x = \int_0^t \sin u \, du$，$y = \int_0^t \cos u \, du$，求 $\dfrac{dy}{dx}$.

6. 求下列极限.

(1) $\lim\limits_{x \to 0} \dfrac{\int_0^x \cos t^2 dt}{x}$; (2) $\lim\limits_{x \to 0} \dfrac{\int_0^x \arctan t \, dt}{x^2}$; (3) $\lim\limits_{x \to 0} \dfrac{\int_0^{x^2} \sqrt{1+t^2} dt}{x^2}$.

7. 当 x 取何值时，函数 $g(x) = \int_0^x t e^{-t^2} dt$ 有极值.

8. 计算下列积分.

(1) $\int_1^2 \left(x^2 + \dfrac{1}{x^4}\right) dx$; (2) $\int_0^2 |x-1| dx$;

(3) $\int_0^{\sqrt{3}a} \dfrac{1}{a^2+x^2} dx$; (4) $\int_0^{\frac{\pi}{4}} \tan^2 \theta \, d\theta$.

9. 设 $f(x) = \dfrac{1}{1+x^2} + x^3 \int_0^1 f(x) dx$，求 $\int_0^1 f(x) dx$.

10. 设 $f(x) = \begin{cases} \dfrac{1}{2} \sin x, & 0 \leq x \leq \pi \\ 0, & x < 0 \text{ 或 } x > \pi \end{cases}$，求 $\varphi(x) = \int_0^x f(t) dt$ 在 $(-\infty, +\infty)$ 上的表达式.

习题 5-3　定积分的换元积分法和分部积分法

1. 用换元积分法计算下列积分.

(1) $\int_0^1 (e^x - 1)^4 e^x dx$;

(2) $\int_1^e \frac{1+\ln x}{x} dx$;

(3) $\int_1^2 \frac{e^{\frac{1}{x}}}{x^2} dx$;

(4) $\int_1^2 \frac{1}{(3x-1)^2} dx$;

(5) $\int_0^{3\sqrt{3}} \frac{1}{9+x^2} dx$;

(6) $\int_{-\frac{\pi}{2}}^{\frac{\pi}{2}} \cos x \cos 2x dx$;

(7) $\int_0^5 \frac{x^3}{x^2+1} dx$;

(8) $\int_0^5 \frac{2x^2+3x-5}{x+3} dx$;

(9) $\int_{\frac{3}{4}}^1 \frac{1}{\sqrt{1-x}-1} dx$;

(10) $\int_{\frac{\pi}{6}}^{\frac{\pi}{2}} \cos^2 u du$;

(11) $\int_0^{\sqrt{2}} \sqrt{2-x^2} dx$;

(12) $\int_{\frac{1}{\sqrt{2}}}^1 \frac{\sqrt{1-x^2}}{x^2} dx$;

(13) $\int_{-1}^1 \frac{x dx}{\sqrt{5-4x}}$;

(14) $\int_1^{\sqrt{3}} \frac{dx}{x^2 \sqrt{1+x^2}}$;

(15) $\int_0^1 \frac{\sqrt{e^{-x}}}{\sqrt{e^x+e^{-x}}} dx$;

(16) $\int_{-\pi}^{\pi} x^4 \sin x dx$;

(17) $\int_{-\frac{\pi}{2}}^{\frac{\pi}{2}} 4\cos^4 \theta d\theta$;

(18) $\int_{-5}^5 \frac{x^3 \sin^2 x}{x^4+2x^2+1} dx$.

2. 用分部积分法计算下列积分.

(1) $\int_0^1 x e^{-x} dx$;

(2) $\int_1^e x \ln x dx$;

(3) $\int_0^1 x \arctan x dx$;

(4) $\int_1^e \sin(\ln x) dx$;

(5) $\int_0^{\frac{\pi}{2}} x \sin 2x dx$;

(6) $\int_0^{2\pi} x \cos^2 x dx$;

(7) $\int_1^2 x \log_2 x dx$;

(8) $\int_1^4 \frac{\ln x}{\sqrt{x}} dx$;

(9) $\int_{\frac{\pi}{4}}^{\frac{\pi}{3}} \frac{x}{\sin^2 x} dx$;

(10) $\int_0^{\sqrt{\ln 2}} x^3 e^{x^2} dx$;

(11) $\int_0^{\frac{\pi}{4}} \frac{x \sec^2 x}{(1+\tan x)^2} dx$;

(12) $\int_0^{\frac{\pi}{2}} e^{2x} \cos x dx$;

(13) $\int_{\frac{1}{2}}^1 e^{\sqrt{2x-1}} dx$;

(14) $\int_0^2 \ln(x+\sqrt{x^2+1}) dx$.

3. 已知 $2\int_{-1}^1 \sqrt{1-x^2} dx = \pi$, 试利用此结果求下列积分.

(1) $\int_{-3}^3 \sqrt{9-x^2} dx$;

(2) $\int_0^2 \sqrt{1-\frac{1}{4}x^2} dx$.

4. 设 $f(x) = \int_1^{x^2} \frac{\sin t}{t} dt$, 求 $\int_0^1 x f(x) dx$.

习题 5-4　广义积分

判断下列广义积分的收敛性, 如果收敛, 计算广义积分的值.

(1) $\int_1^{+\infty} \dfrac{1}{x^4} dx$；

(2) $\int_1^{+\infty} \dfrac{1}{\sqrt{x}} dx$；

(3) $\int_0^{+\infty} e^{-ax} dx \, (a > 0)$；

(4) $\int_0^{+\infty} \dfrac{1}{(1+x)(1+x^2)} dx$；

(5) $\int_{-\infty}^{+\infty} \dfrac{1}{x^2 + 2x + 2} dx$；

(6) $\int_e^{+\infty} \dfrac{\ln x}{x} dx$；

(7) $\int_0^1 \dfrac{x}{\sqrt{1-x^2}} dx$；

(8) $\int_0^2 \dfrac{1}{(1-x)^2} dx$；

(9) $\int_1^2 \dfrac{x}{\sqrt{x-1}} dx$；

(10) $\int_1^e \dfrac{1}{x\sqrt{1-(\ln x)^2}} dx$.

习题 5-5　定积分的几何应用

1. 求由曲线 $y = \sqrt{x}$ 与直线 $y = x$ 所围图形的面积.

2. 求由曲线 $y = e^x$ 与直线 $y = e$ 所围图形的面积.

3. 求由曲线 $y^2 = x$ 与 $y^2 = -x + 4$ 所围图形的面积.

4. 求由曲线 $y = \dfrac{1}{x}$ 与直线 $y = x$ 及 $x = 2$ 所围图形的面积.

5. 抛物线 $y^2 = 2x$ 分圆 $x^2 + y^2 = 8$ 的面积为两部分, 求这两部分的面积.

6. 求由曲线 $y = \ln x$ 与直线 $y = \ln a$ 及 $y = \ln b$ 所围图形的面积 ($b > a > 0$).

7. 求在区间 $\left[0, \dfrac{\pi}{2}\right]$ 上，曲线 $y = \sin x$ 与直线 $x = 0, y = 1$ 所围图形的面积.

8. 求曲线 $y = x^2, 4y = x^2$ 及直线 $y = 1$ 所围图形的面积.

9. 求下列平面图形分别绕 x 轴，y 轴旋转产生的立体的体积:

(1) 曲线 $y = \sqrt{x}$ 与直线 $x = 1, x = 4, y = 0$ 所围成的图形；

(2) 曲线 $y = x^3$ 与直线 $x = 2, y = 0$ 所围成的图形.

三、总习题

1. 选择题.

(1) $\varphi(x)$ 在 $[a,b]$ 上连续，$f(x) = (x-b)\int_a^x \varphi(t) dt$，由罗尔定理，必有 $\xi \in (a,b)$，使 $f'(\xi) = (\quad)$；

A. 1　　　B. -1　　　C. 0　　　D. $\varphi(\xi)$

(2) 已知 $\int_0^x [2f(t) - 1] dt = f(x) - 1$，则 $f'(0) = (\quad)$；

A. 2　　　B. $2e - 1$　　　C. 1　　　D. $e - 1$

(3) 设定积分 $I_1 = \int_1^e \ln x \, dx$, $I_2 = \int_1^e \ln^2 x \, dx$, 则（　　）.

A. $I_2 - I_1^2 = 0$ 　　B. $I_2 - 2I_1 = 0$ 　　C. $I_2 + 2I_1 = e$ 　　D. $I_2 - 2I_1 = e$

2. 估计积分 $\int_0^1 \dfrac{dx}{\sqrt{4 - x^2 + x^3}}$ 的值.

3. 若 $f(x) = \begin{cases} \dfrac{\int_0^x (e^{t^2} - 1) dt}{x^2}, & x \neq 0 \\ 0, & x = 0 \end{cases}$, 求 $f'(0)$.

4. 设函数 $y = y(x)$ 由方程 $\int_0^{y^2} e^{-t} dt + \int_x^0 \cos t^2 \, dt = 0$ 所确定, 求 $\dfrac{dy}{dx}$.

5. 求极限 $\lim\limits_{x \to 0} \dfrac{\left(\int_0^x e^{t^2} dt \right)^2}{\int_0^x t e^{2t^2} dt}$.

6. 设 $f(t)$ 在 $0 \leq t < +\infty$ 上连续, 若 $\int_0^{x^2} f(t) dt = x^2(1 + x)$, 求 $f(2)$.

7. 计算下列定积分.

(1) $\int_0^\pi (1 - \sin^3 \theta) dx$; 　　(2) $\int_0^3 \dfrac{dx}{(1+x)\sqrt{x}}$; 　　(3) $\int_{-\sqrt{2}}^{\sqrt{2}} \sqrt{8 - 2y^2} \, dy$;

(4) $\int_0^a x^2 \sqrt{a^2 - x^2} \, dx$; 　　(5) $\int_0^1 \dfrac{\sqrt{x}}{2 - \sqrt{x}} dx$; 　　(6) $\int_0^2 \dfrac{dx}{\sqrt{x+1} + \sqrt{(x+1)^3}}$;

(7) $\int_{-3}^2 \min(2, x^2) dx$; 　　(8) $\int_0^1 x^5 \ln^3 x \, dx$; 　　(9) $\int_0^1 \dfrac{\ln(1+x)}{(2-x)^2} dx$;

(10) $\int_{-\pi}^\pi (\sqrt{1 + \cos 2x} + |x| \sin x) dx$; 　　(11) $\int_1^{+\infty} \dfrac{dx}{e^{x+1} + e^{3-x}}$.

8. 已知 $f(x) = \tan^2 x$, 求 $\int_0^{\frac{\pi}{4}} f'(x) f''(x) dx$.

四、同步测试

（一）填空题（每题4分, 共20分）.

1. $\int_{-\frac{\pi}{2}}^{\frac{\pi}{2}} (x \sqrt{\pi - x^2} + \cos x + x^3) dx = $ ＿＿＿＿＿＿.

2. $\int_0^1 \dfrac{1}{\sqrt{x}(1+x)} dx = $ ＿＿＿＿＿＿.

3. 设 $F(x) = \int_{\varphi(x)}^{3} \sin^2 t \, dt$，其中 $\varphi(x)$ 可导，则 $F'(x) = $ _____.

4. $\int_{0}^{1} e^{\sqrt{x}} \, dx = $ _____.

5. 广义积分 $\int_{0}^{+\infty} \sin x \, dx$ 是 _____. （填收敛或发散）

（二）选择题（每题4分，共24分）.

1. 函数 $f(x)$ 在 $[a,b]$ 上有界是函数 $f(x)$ 在 $[a,b]$ 上可积的（　　）.
A. 充要条件　　　　　　　　B. 充分非必要条件
C. 必要非充分条件　　　　　D. 无关条件

2. $\dfrac{d}{dx} \int_{0}^{x} \ln(t^2+1) \, dt = $（　　）.
A. $\ln(x^2+1)$　　B. $\ln(t^2+1)$　　C. $2x\ln(x^2+1)$　　D. $2t\ln(t^2+1)$

3. 定积分 $I = \int_{\frac{\pi}{4}}^{\frac{\pi}{2}} \dfrac{\sin x}{x} \, dx$ 的值满足（　　）.
A. $0 \leqslant I \leqslant \dfrac{1}{2}$　　B. $\dfrac{1}{2} \leqslant I \leqslant \dfrac{\sqrt{2}}{2}$　　C. $\dfrac{\sqrt{2}}{2} \leqslant I \leqslant 1$　　D. $1 \leqslant I \leqslant 2$

4. 设 $f(x)$ 可导，且 $f(x) = 1 + \dfrac{1}{x}\int_{1}^{x} f(t) \, dt$，则 $f'(x) = $（　　）.
A. $-\dfrac{1}{x^2}\int_{1}^{x} f(t) \, dt$　　　　B. $\dfrac{1}{x} f(x)$
C. $\dfrac{1}{x}$　　　　　　　　　　　　　　D. $\dfrac{f(x)}{x} - \int_{1}^{x} \dfrac{1}{t^2} f(t) \, dt$

5. 设 $f(x)$ 在区间 $[0,4]$ 上连续，且 $\int_{1}^{2x-2} f(t) \, dt = x - \sqrt{3}$，则 $f(2) = $（　　）.
A. 2　　B. -2　　C. $\dfrac{1}{2}$　　D. $-\dfrac{1}{4}$

6. 已知 $f(0) = 2, f(2) = 4, f'(2) = 6$，则 $\int_{0}^{2} x f''(x) \, dx = $（　　）.
A. 10　　B. 8　　C. 6　　D. 4

（三）计算题（每题6分，共24分）.

1. 计算 $\int_{0}^{\pi} \sqrt{\sin^3 x - \sin^5 x} \, dx$.

2. 计算 $\int_{0}^{4} \dfrac{x+2}{\sqrt{2x+1}} \, dx$.

3. 计算 $\int_{1}^{+\infty} \dfrac{\sqrt{x}}{(1+x)^2} \, dx$.

4. 设 $f(x) = \begin{cases} e^{-x}, & x \geq 0 \\ 1+x^2, & x < 0 \end{cases}$,求 $\int_{\frac{1}{2}}^{2} f(x-1)dx$.

（四）综合题（每题8分，共24分）.

1. 求 $\lim\limits_{x \to 0} \dfrac{\int_0^x (e^t - t - 1)^2 dt}{x(\sin x)\ln(1+x^3)}$.

2. 设 $f(x) = \sin^2 x + \dfrac{1}{2}\int_0^1 f(x)dx$,求 $f(x)$.

3. 求由曲线 $y = e^x, y = e^{-x}$ 及直线 $x = 1$ 所围图形的面积.

（五）证明题（8分）.

设 $f(t)$ 为连续函数,证明：

(1) 当 $f(t)$ 是偶函数时,$\phi(x) = \int_0^x f(t)dt$ 为奇函数；

(2) 当 $f(t)$ 是奇函数时,$\phi(x) = \int_0^x f(t)dt$ 为偶函数.

五、能力提升（考研真题）

1. $\int_1^{+\infty} \dfrac{dx}{e^x + e^{2-x}} = $ _____. (00 数三)

2. $\int_{-1}^{1} (|x| + x)e^{-|x|}dx = $ _____. (03 数四)

3. 设 $f(x) = \begin{cases} xe^{x^2}, & -\dfrac{1}{2} \leq x < \dfrac{1}{2} \\ -1, & x \geq \dfrac{1}{2} \end{cases}$,则 $\int_{\frac{1}{2}}^{2} f(x-1)dx = $ _____. (04 数三、数四)

4. 函数 $f\left(x + \dfrac{1}{x}\right) = \dfrac{x + x^3}{1 + x^4}$,求积分 $\int_2^{2\sqrt{2}} f(x)dx = $ _____. (08 数三)

5. 设可导函数 $y = y(x)$ 由方程 $\int_0^{x+y} e^{-x^2}dx = \int_0^x \sin^2 t\, dx$ 确定,则 $\dfrac{dy}{dx}\bigg|_{x=0} = $ _____. (10 数三)

6. 由曲线 $y = \sqrt{x^2 - 1}$,直线 $x = 2$ 及 x 轴所围成的平面图形绕 x 轴旋转所成的旋转体的体积为 _____. (11 数三)

7. 使不等式 $\int_1^x \frac{\sin t}{t} dt > \ln x$ 成立的 x 的范围是（　　）. (09 数三)

A. $(0,1)$　　　　B. $\left(1, \frac{\pi}{2}\right)$　　　　C. $\left(\frac{\pi}{2}, \pi\right)$　　　　D. $(\pi, +\infty)$

8. 设 $g(x) = \int_0^x f(u) du$, 其中 $f(x) = \begin{cases} \frac{1}{2}(x^2+1), & 0 \leq x < 1 \\ \frac{1}{3}(x-1), & 1 \leq x \leq 2 \end{cases}$, 则 $g(x)$ 在区间 $(0,2)$ 内
（　　）. (01 数三)

A. 无界　　　　B. 递减　　　　C. 不连续　　　　D. 连续

9. 设函数 $f(x)$ 与 $g(x)$ 在 $[0,1]$ 上连续, 且 $f(x) \leq g(x)$, 则对任何 $c \in (0,1)$
（　　）. (06 数四)

A. $\int_{\frac{1}{2}}^c f(t) dt \geq \int_{\frac{1}{2}}^c g(t) dt$　　　　B. $\int_{\frac{1}{2}}^c f(t) dt \leq \int_{\frac{1}{2}}^c g(t) dt$

C. $\int_c^1 f(t) dt \geq \int_c^1 g(t) dt$　　　　D. $\int_c^1 f(t) dt \leq \int_c^1 g(t) dt$

10. 设 $f(x)$ 在区间 $[0,1]$ 上连续, 在 $(0,1)$ 内可导, 且满足 $f(1) = 3\int_0^{\frac{1}{3}} e^{1-x^2} f(x) dx$, 证明: 存在 $\xi \in (0,1)$, 使得 $f'(\xi) = 2\xi f(\xi)$. (01 数四)

第6章 微分方程

一、知识梳理

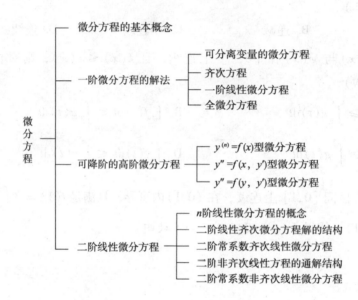

二、每节精选

习题 6-1　微分方程的基本概念

1. 试求下列微分方程的阶数.

   (1) $x(y')^2 - 2yy' + x = 0$；

   (2) $x^2 y'' - xy' + y = 0$；

   (3) $xy''' + 2y'' + x^2 y = 0$；

   (4) $y'' - 2y' + y = 0$；

   (5) $L\dfrac{\mathrm{d}^2 Q}{\mathrm{d}t^2} + R\dfrac{\mathrm{d}Q}{\mathrm{d}t} + \dfrac{Q}{C} = 0$；

   (6) $\dfrac{\mathrm{d}\rho}{\mathrm{d}\theta} + \rho = \sin^2 \theta$.

2. 判断下列微分方程的类型.

   (1) $y' + xy = 0$；

   (2) $y'' + 2y' + 3y = 0$；

   (3) $\dfrac{\mathrm{d}^2 y}{\mathrm{d}t^2} + 3t\dfrac{\mathrm{d}y}{\mathrm{d}t} + 2ty = \sin \omega t$；

   (4) $\left(\dfrac{\mathrm{d}y}{\mathrm{d}x}\right)^2 + 5y = \mathrm{e}^x$；

   (5) $y'' + \cos xy = 0$；

   (6) $y'' + ty' + 2ty = f(t)$.

3. 写出由下列条件所确定的曲线所满足的微分方程.

(1) 曲线在点 (x,y) 处的切线的斜率等于该点横坐标的平方;

(2) 曲线上点 $P(x,y)$ 处的法线与 x 轴的交点为 Q, 且线段 PQ 被 y 轴平分.

习题 6-2 可分离变量的微分方程、齐次方程

1. 求下列可分离变量的微分方程的通解.

(1) $xy' - y\ln y = 0$;

(2) $\dfrac{\mathrm{d}y}{\mathrm{d}x} = 10^{x+y}$;

(3) $\cos x \sin y \,\mathrm{d}x + \sin x \cos y \,\mathrm{d}y = 0$;

(4) $\sec^2 x \tan y \,\mathrm{d}x + \sec^2 y \tan x \,\mathrm{d}y = 0$.

2. 求下列微分方程的初值解.

(1) $y' = \mathrm{e}^{2x-y}$, $y|_{x=0} = 0$;

(2) $\cos x \sin y \,\mathrm{d}y = \cos y \sin x \,\mathrm{d}x$, $y|_{x=0} = \dfrac{\pi}{4}$;

(3) $y' \sin x = y \ln y$, $y|_{x=\frac{\pi}{2}} = \mathrm{e}$;

(4) $x\mathrm{d}y + 2y\mathrm{d}x = 0$, $y|_{x=2} = 1$.

3. 求下列齐次方程的通解.

(1) $x\dfrac{\mathrm{d}y}{\mathrm{d}x} = y\ln\dfrac{y}{x}$;

(2) $y' = \dfrac{x}{y} + \dfrac{y}{x}$;

(3) $(x^2 + y^2)\mathrm{d}x = xy\mathrm{d}y$;

(4) $\left(1 + 2\mathrm{e}^{\frac{x}{y}}\right)\mathrm{d}x + 2\mathrm{e}^{\frac{x}{y}}\left(1 - \dfrac{x}{y}\right)\mathrm{d}y = 0$.

4. 求齐次微分方程 $\left(2x\sin\dfrac{y}{x} + 3y\cos\dfrac{y}{x}\right)\mathrm{d}x = 3x\cos\dfrac{y}{x}\mathrm{d}y$ 的通解.

习题 6-3 一阶线性微分方程

1. 求下列一阶线性微分方程的通解.

(1) $\dfrac{\mathrm{d}y}{\mathrm{d}x} + y = \mathrm{e}^{-x}$;

(2) $y' + y\cos x = \mathrm{e}^{-\sin x}$;

(3) $y' + y\tan x = \sin 2x$;

(4) $\dfrac{\mathrm{d}\rho}{\mathrm{d}\theta} + 3\rho = 2$.

2. 求下列一阶线性微分方程的特解.

(1) $\dfrac{\mathrm{d}y}{\mathrm{d}x} - y\tan x = \sec x$, $y|_{x=0} = 0$;

(2) $\dfrac{\mathrm{d}y}{\mathrm{d}x} + \dfrac{y}{x} = \dfrac{\sin x}{x}$, $y|_{x=\pi} = 1$;

(3) $\dfrac{dy}{dx} + y\cot x = 5e^{\cos x}$, $y|_{x=\frac{\pi}{2}} = -4$;

(4) $\dfrac{dy}{dx} + 3y = 8$, $y|_{x=0} = 2$.

3. 求一曲线方程 $y = f(x)$，该曲线过原点，并且在点 (x, y) 处的切线斜率等于 $2x + y$.

习题 6-4 二阶常系数齐次线性微分方程

1. 求下列二阶常系数齐次线性微分方程的通解.

(1) $y'' + y' - 2y = 0$;

(2) $y'' - 4y' = 0$;

(3) $y'' + y = 0$;

(4) $y'' + 6y' + 13y = 0$.

2. 求下列二阶常系数齐次线性微分方程的特解.

(1) $y'' - 4y' + 3y = 0$, $y|_{x=0} = 6$, $y'|_{x=0} = 10$;

(2) $4y'' + 4y' + y = 0$, $y|_{x=0} = 2$, $y'|_{x=0} = 0$;

(3) $y'' - 3y' - 4y = 0$, $y|_{x=0} = 0$, $y'|_{x=0} = -5$;

(4) $y'' + 25y = 0$, $y|_{x=0} = 2$, $y'|_{x=0} = 5$.

习题 6-5 二阶常系数非齐次线性微分方程

1. 求下列二阶常系数非齐次线性微分方程的通解.

(1) $2y'' + y' - y = 2e^x$;

(2) $y'' + 3y' + 2y = 3xe^{-x}$;

(3) $y'' - 6y' + 9y = (x+1)e^{3x}$;

(4) $y'' + 5y' + 4y = 3 - 2x$.

2. 求下列二阶常系数非齐次线性微分方程的特解.

(1) $y'' - 3y' + 2y = 5$, $y|_{x=0} = 1$, $y'|_{x=0} = 2$;

(2) $y'' - 10y' + 9y = e^{2x}$, $y|_{x=0} = \dfrac{6}{7}$, $y'|_{x=0} = \dfrac{33}{7}$;

(3) $y'' - y = 4xe^x$, $y|_{x=0} = 0$, $y'|_{x=0} = 1$;

(4) $y'' - 4y' = 5$, $y|_{x=0} = 1$, $y'|_{x=0} = 0$.

三、总习题

1. 选择题.

(1) 设非齐次线性微分方程 $y' + P(x)y = Q(x)$ 有两个不同的解：$y_1(x)$ 与 $y_2(x)$，C 为

任意常数, 则该方程的通解为（   ）;

  A. $C[y_1(x) - y_2(x)]$ B. $y_1(x) + C[y_1(x) - y_2(x)]$
  C. $C[y_1(x) + y_2(x)]$ D. $y_1(x) + C[y_1(x) + y_2(x)]$

(2) 微分方程 $x^4(y'')^2 + y' - x^2 y = 0$ 的阶数是（   ）;

  A. 1   B. 2   C. 3   D. 4

(3) 微分方程 $(y'')^5 + 2(y')^3 + xy^6 = 0$ 的阶数是（   ）;

  A. 1   B. 2   C. 3   D. 4

(4) 下列哪一个是一阶线性微分方程？（   ）

  A. $(y')^2 + y' + y = x^2$

  B. $5y' - 2xy = e^{2x}$

  C. $y' + \cos xy + 7x = 0$

  D. $\left(\dfrac{dy}{dt}\right)^3 + 5\left(\dfrac{dy}{dt}\right)^2 - 3\left(\dfrac{dy}{dt}\right) = \sin \omega t$

(5) 微分方程 $y'' + 4xy + 7x = 0$ 是（   ）.

  A. 二阶线性齐次微分方程   B. 二阶非齐次线性方程
  C. 齐次微分方程   D. 一阶线性微分方程

2. 求下列可分离变量的微分方程的通解.

(1) $\dfrac{dx}{y} = -\dfrac{dy}{x}$; (2) $\dfrac{dy}{dx} = y^2 \sin x$;

(3) $\dfrac{dy}{dx} = \dfrac{\sin x \cos x}{y}$; (4) $\dfrac{dy}{dx} = 2xy$.

3. 求一阶线性微分方程 $\dfrac{dy}{dx} + 2xy = 2x e^{-x^2}$ 的通解.

4. 求一阶线性微分方程 $\dfrac{dy}{dx} + 3y = e^{2x}$ 的通解.

5. 求二阶线性微分方程 $y'' - 6y' + 5y = 0$ 的通解.

6. 求二阶线性微分方程 $y'' + 2y' - 8y = 0$ 的通解.

四、同步测试

（一）填空题（每题 5 分，共 30 分）.

1. 一阶线性微分方程 $y' + \dfrac{2}{x} y = \ln x$ 的通解为_____.

2. 一阶线性微分方程 $y' + y = e^x$ 的通解为_____.

3. 微分方程 $\dfrac{dy}{dx} = \dfrac{y}{x}$ 的通解为_____.

4. 微分方程 $\dfrac{\mathrm{d}y}{\mathrm{d}x} = \mathrm{e}^{x-y}$ 的通解为 _____.

5. 微分方程 $\dfrac{\mathrm{d}y}{\mathrm{d}x} = \mathrm{e}^{x+y}$ 的通解为 _____.

6. 微分方程 $\dfrac{\mathrm{d}y}{\mathrm{d}x} = -\dfrac{2y}{x}$ 的通解为 _____.

（二）选择题（每题 5 分，共 30 分）.

1. 微分方程 $\dfrac{\mathrm{d}y}{\mathrm{d}x} = \dfrac{\sin x}{\cos y}$ 的通解是（　　）.

   A. $\sin y - \cos x = C$　　　　　B. $\cos y + \sin x = C$
   C. $\sin y + \cos x = C$　　　　　D. $\cos y - \sin x = C$

2. 微分方程 $\dfrac{\mathrm{d}y}{\mathrm{d}x} = \dfrac{x}{y}$ 的通解是（　　）.

   A. $x^2 + y^2 = C$　　　　　　　B. $x + y = C$
   C. $x^2 - y^2 = C$　　　　　　　D. $x - y = C$

3. 微分方程 $\dfrac{\mathrm{d}y}{\mathrm{d}x} = \mathrm{e}^{2x-3y}$ 的通解是（　　）.

   A. $\dfrac{1}{3}\mathrm{e}^{3y} - \dfrac{1}{2}\mathrm{e}^{2x} = C$　　　B. $\dfrac{1}{3}\mathrm{e}^{3y} + \dfrac{1}{2}\mathrm{e}^{2x} = C$
   C. $\dfrac{1}{2}\mathrm{e}^{3y} + \dfrac{1}{3}\mathrm{e}^{2x} = C$　　　D. $\dfrac{1}{2}\mathrm{e}^{3y} - \dfrac{1}{3}\mathrm{e}^{2x} = C$

4. 微分方程 $x\mathrm{d}y + y\mathrm{d}x = 0$ 的通解是（　　）.

   A. $x^2 y = C$　　　　　　　　　B. $xy = C$
   C. $x^2 + y^2 = C$　　　　　　　D. $x + y = C$

5. 微分方程 $y' + y - x = 0$ 的通解是（　　）.

   A. $y = C\mathrm{e}^{-x}$　　　　　　　　B. $y = C\mathrm{e}^{-x} + \mathrm{e}^x$
   C. $y = x - 1 + C\mathrm{e}^{-x}$　　　　D. $y = Cx\mathrm{e}^{-x}$

6. 微分方程 $y\ln x\mathrm{d}x + x\ln y\mathrm{d}y = 0$ 的通解是（　　）.

   A. $\ln^2 x - \ln^2 y = C$　　　　B. $\ln^2 x + \ln^2 y = C$
   C. $\ln x - \ln y = C$　　　　　　D. $\ln x + \ln y = C$

（三）计算下列微分方程（每题 10 分，共 40 分）.

1. 求解二阶线性微分方程 $y'' - y' - 2y = x\mathrm{e}^{-x}$ 的通解.
2. 求解二阶线性微分方程 $y'' - 3y' + 2y = 8$ 的通解.
3. 求解二阶线性微分方程 $y'' - 6y' + 8y = \mathrm{e}^{3x}$ 的通解.
4. 求解二阶线性微分方程 $y'' - y' - 2y = \mathrm{e}^x$ 的通解.

五、能力提升（考研真题）

1. 函数 $y = C_1 e^x + C_2 e^{-2x} + x e^x$ 满足的微分方程是（　　）. (06 数二)

   A. $y'' - y' - 2y = 3xe^x$　　　　　　B. $y'' - y' - 2y = 3e^x$

   C. $y'' + y' - 2y = 3xe^x$　　　　　　D. $y'' + y' - 2y = 3e^x$

2. 下列微分方程中，以 $y = C_1 e^x + C_2 \cos 2x + C_3 \sin 2x$ 为通解的是（　　）. (08 数二)

   A. $y''' + y'' - 4y' - 4y = 0$　　　　　B. $y''' + y'' + 4y' + 4y = 0$

   C. $y''' - y'' - 4y' + 4y = 0$　　　　　D. $y''' - y'' + 4y' - 4y = 0$

3. 微分方程 $y'' + y = x^2 + \sin x + 1$ 的特解形式为（　　）. (04 数二)

   A. $y^* = ax^2 + bx + c + x(A \sin x + B \cos x)$

   B. $y^* = x(ax^2 + bx + c + A \sin x + B \cos x)$

   C. $y^* = ax^2 + bx + c + A \sin x$

   D. $y^* = ax^2 + bx + c + A \cos x$

4. 微分方程 $y'' - \lambda^2 y = e^{\lambda x} + e^{-\lambda x}$ $(\lambda > 0)$ 的特解形式为（　　）. (11 数二)

   A. $a(e^{\lambda x} + e^{-\lambda x})$　　　　　　　B. $ax(e^{\lambda x} + e^{-\lambda x})$

   C. $x(ae^{\lambda x} + be^{-\lambda x})$　　　　　　D. $x^2(ae^{\lambda x} + be^{-\lambda x})$

5. 微分方程 $y'' - 4y' + 8y = e^{2x}(1 + \cos 2x)$ 的特解形式为（　　）. (17 数二)

   A. $Ae^{2x} + e^{2x}(B \cos 2x + C \sin 2x)$　　　B. $Axe^{2x} + e^{2x}(B \cos 2x + C \sin 2x)$

   C. $Ae^{2x} + xe^{2x}(B \cos 2x + C \sin 2x)$　　　D. $Axe^{2x} + xe^{2x}(B \cos 2x + C \sin 2x)$

6. 具有特解 $y_1 = e^{-x}, y_2 = 2xe^{-x}, y_3 = 3e^x$ 的三阶微分方程为（　　）. (00 数二)

   A. $y''' - y'' - y' + y = 0$　　　　　　B. $y''' + y'' - y' - y = 0$

   C. $y''' - 6y'' + 11y' - 6y = 0$　　　　D. $y''' - 2y'' - y' + 2y = 0$

7. 设线性无关的函数 y_1, y_2, y_3 都是二阶非齐次线性方程 $y'' + p(x)y' + q(x)y = f(x)$ 的解，c_1, c_2 都是任意常数，则该非齐次方程的通解是（　　）. (89 数一)

   A. $c_1 y_1 + c_2 y_2 + y_3$　　　　　　B. $c_1 y_1 + c_2 y_2 - (c_1 + c_2) y_3$

   C. $c_1 y_1 + c_2 y_2 - (1 - c_1 - c_2) y_3$　　D. $c_1 y_1 + c_2 y_2 + (1 - c_1 - c_2) y_3$

8. 设特解 $y = \dfrac{1}{2} e^{2x} + \left(x - \dfrac{1}{3}\right) e^x$ 是二阶常系数非齐次线性微分方程 $y'' + ay' + by = ce^x$ 的一个特解，则（　　）. (15 数一)

   A. $a = -3, b = 2, c = -1$　　　　　　B. $a = 3, b = 2, c = -1$

   C. $a = -3, b = 2, c = 1$　　　　　　　D. $a = 3, b = 2, c = 1$

9. 已知函数 $y = y(x)$ 在任意点 x 处的增量 $\Delta y = \dfrac{y \Delta x}{1 + x^2} + o(\Delta x)$，$o(\Delta x)$ 是高阶无穷小量，$y(0) = \pi$，则 $y(1)$ 等于（　　）. (98 数一)

   A. 2π　　　　B. π　　　　C. $e^{\frac{\pi}{4}}$　　　　D. $\pi e^{\frac{\pi}{4}}$

10. 若连续函数 $f(x)$ 满足关系式 $f(x) = \int_0^{2x} f\left(\dfrac{t}{2}\right) dt + \ln 2$,则 $f(x)$ 等于（　　）.
(91 数一)

A. $e^x \ln 2$ B. $e^{2x} \ln 2$ C. $e^x + \ln 2$ D. $e^{2x} + \ln 2$

第7章 向量代数与空间解析几何

一、知识梳理

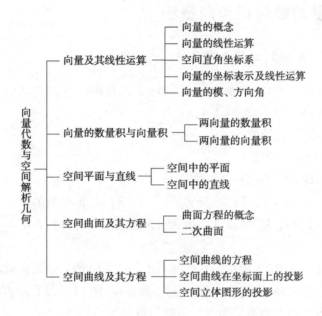

二、每节精选

习题 7-1 向量及其线性运算

1. 在空间直角坐标系中，指出下列各点在哪个卦限.
   $A(-1,-2,3)$； $B(2,3,-4)$； $C(2,-3,-4)$； $D(1,-2,3)$.

2. 指出下列各点所在的位置.
   $A(3,1,0)$； $B(0,5,1)$； $C(0,-2,0)$； $D(0,0,-5)$.

3. 求点 $M(5,-3,4)$ 到各坐标轴的距离.

4. 已知两点 $M_1(0,1,2)$ 和 $M_2(1,-1,0)$.
   （1）写出向量 $\overrightarrow{M_1M_2}$ 及 $-2\overrightarrow{M_1M_2}$ 的坐标表示；
   （2）求 $|\overrightarrow{M_1M_2}|$.

5. 求平行于向量 $\boldsymbol{a}=(6,7,-6)$ 的单位向量.

6. 已知两点 $M_1(4,\sqrt{2},1)$ 和 $M_2(3,0,2)$，计算向量 $\overrightarrow{M_1M_2}$ 的单位向量、方向余弦和方向角.

7. 已知向量 $\boldsymbol{a}$ 的模为 3，方向角 $\alpha=\gamma=60°$，$\beta=45°$，求向量 $\boldsymbol{a}$.

8. 已知 $|\boldsymbol{\gamma}|=4$，与轴 μ 的夹角为 $120°$，求 $\text{Prj}_\mu\boldsymbol{\gamma}$.

9. 设 $\boldsymbol{n}=2\boldsymbol{i}-4\boldsymbol{j}-7\boldsymbol{k}$，求 $\boldsymbol{n}$ 在各坐标轴上的投影.

10. 一向量的终点为 $B(2,-1,7)$，它在 x 轴、y 轴和 z 轴上的投影依次为 4、-4 和 7，求向量的起点 A 的坐标.

习题 7-2　向量的数量积和向量积

1. 已知 $|\boldsymbol{a}|=3$、$|\boldsymbol{b}|=5$，$\boldsymbol{a}$ 与 $\boldsymbol{b}$ 夹角 $\theta=\dfrac{\pi}{3}$，求 $\boldsymbol{a}\cdot\boldsymbol{b}$.

2. 求向量 $\boldsymbol{a}=(4,-3,4)$ 在向量 $\boldsymbol{b}=(2,2,1)$ 上的投影.

3. 已知向量 $\boldsymbol{a}=(3,m,5)$，$\boldsymbol{b}=(2,4,n)$.
（1）若 $\boldsymbol{a}/\!/\boldsymbol{b}$，求 m,n 的值；
（2）若 $\boldsymbol{a}\perp\boldsymbol{b}$，求 m,n 的值.

4. 设 $\boldsymbol{a}=3\boldsymbol{i}-\boldsymbol{j}-2\boldsymbol{k}$，$\boldsymbol{b}=\boldsymbol{i}+2\boldsymbol{j}-\boldsymbol{k}$，求：
（1）$\boldsymbol{a}\times\boldsymbol{b}$；　　（2）$(-2\boldsymbol{a})\cdot 3\boldsymbol{b}$；　　（3）$\boldsymbol{a}$、$\boldsymbol{b}$ 夹角的余弦.

5. 已知 $M_1(1,-1,2)$，$M_2(3,3,1)$ 和 $M_3(3,1,3)$. 求同时与 $\overrightarrow{M_1M_2}$，$\overrightarrow{M_2M_3}$ 垂直的单位向量.

6. 求顶点为 $A(1,-1,2)$，$B(5,-6,2)$ 和 $C(1,3,-1)$ 的三角形区域的面积.

7. 设力 $\boldsymbol{F}=2\boldsymbol{i}-3\boldsymbol{j}+5\boldsymbol{k}$ 作用在一质点上，质点由 $M_1(1,1,2)$ 沿直线移动到 $M_2(3,4,5)$，求此力所做的功（设力的单位为 N，位移的单位为 m）.

8. 向量 $\boldsymbol{d}$ 垂直于向量 $\boldsymbol{a}=(2,3,-1)$ 和 $\boldsymbol{b}=(1,-2,3)$ 且与 $\boldsymbol{c}=(2,-1,1)$ 的数量积为 -6，求向量 $\boldsymbol{d}$.

9. 设 $\boldsymbol{a}=(3,5,-2)$，$\boldsymbol{b}=(2,1,4)$，问 λ 与 μ 有怎样的关系，才能使 $\lambda\boldsymbol{a}+\mu\boldsymbol{b}$ 与 z 轴垂直.

习题 7-3　空间曲面及其方程

1. 求以点 $O(1,-2,2)$ 为球心，且通过坐标原点的球面方程.

2. 方程 $x^2+y^2+z^2-2x+4y-4z-7=0$ 表示什么曲面？

3. 将坐标面 xOz 上的圆 $x^2+z^2=9$ 绕 z 轴旋转一周，求所生成的旋转曲面方程.

4. 将坐标面 yOz 上的抛物线 $z=5y^2$ 绕 z 轴旋转一周，求生成的旋转曲面方程，并说明是什么曲面.

5. 将坐标面 xOy 上的直线 $y=2x$ 绕 x 轴旋转一周，求生成的旋转曲面方程，并说明是什么曲面.

6. 指出下列方程在平面解析几何和空间解析几何中分别表示的图形.

(1) $x=2$；　　(2) $y=x+1$；　　(3) $x^2+y^2=4$；　　(4) $x^2-y^2=1$；　　(5) $y=x^2$.

7. 指出下列各方程表示的曲面.

(1) $x^2+y^2-2z=0$；(2) $x^2+z^2=1$；　　(3) $y-\sqrt{3}z=0$；　　(4) $\dfrac{x^2}{9}+\dfrac{y^2}{16}=1$；

(5) $x^2=4y$；　　　　(6) $y^2-4y+3=0$；　(7) $z^2-x^2-y^2=0$.

习题 7-4　空间曲线及其方程

1. 画出下列曲线在第 I 卦限内的图形.

(1) $\begin{cases} x=2 \\ y=4 \end{cases}$；　　　　(2) $\begin{cases} z=\sqrt{9-x^2-y^2} \\ y-x=0 \end{cases}$；　　(3) $\begin{cases} x^2+y^2=R^2 \\ x^2+z^2=R^2 \end{cases}$

2. 方程组 $\begin{cases} \dfrac{x^2}{4}+\dfrac{y^2}{9}=1 \\ x=2 \end{cases}$ 在平面解析几何与空间解析几何中各表示什么？

3. 求旋转抛物面 $z=x^2+y^2\,(0\leqslant z\leqslant 4)$ 在三坐标面上的投影.

4. 求球面 $x^2+y^2+z^2=1$ 及 $x^2+y^2+z^2=2z$ 的交线在坐标面 xOy 上的投影方程.

5. 求出空间曲线 $\begin{cases} x^2+y^2=a^2 \\ z=x^2-y^2 \end{cases}$ 的参数方程.

6. 指出下列各方程组表示的曲线.

(1) $\begin{cases} x^2+y^2+z^2=20 \\ z-2=0 \end{cases}$；　　(2) $\begin{cases} x^2-4y^2=8z \\ z=8 \end{cases}$；　　(3) $\begin{cases} z=\sqrt{9-x^2-y^2} \\ z=\sqrt{x^2+y^2} \end{cases}$.

习题 7-5　空间平面及其方程

1. 过点 $(2,4,-3)$ 且与平面 $2x+3y-5z=5$ 平行的平面方程.

2. 求通过 x 轴和点 $(4,-3,-1)$ 的平面方程.

3. 求过点 $M_1(1,1,2)$，$M_2(3,2,3)$，$M_3(2,0,3)$ 三点的平面方程.

4. 平面过原点 O，且垂直于平面 $\Pi_1:x+2y+3z-2=0$ 和 $\Pi_2:6x-y+5z+2=0$，求此平面方程.

5. 求平面 $2x+y+2z-9=0$ 与各坐标面夹角的余弦.

6. 指出下列各平面的特殊位置.

(1) $x=1$；　　(2) $3y-2=0$；　　(3) $2x-3y-6=0$；　　(4) $y+z=2$；

(5) $x+2y-z=0$.

7. 讨论下列各组中两平面的位置关系.

(1) $-x+2y-z+1=0$，$y+3z-1=0$；

(2) $2x-y+z-1=0$，$-4x+2y-2z-1=0$；

(3) $2x - y - z + 1 = 0$, $-4x + 2y + 2z - 2 = 0$.

8. 确定 k 的值，使平面 $x + ky - 2z = 9$ 满足下列条件之一：
(1) 经过点 $(5, -4, -6)$；(2) 与 $2x + 4y + 3z = 3$ 垂直；(3) 与 $3x - 7y - 6z - 1 = 0$ 平行.

9. 求点 $(2, 3, -2)$ 到平面 $2x - 3y + 5z - 8 = 0$ 的距离.

习题 7-6 空间直线及其方程

1. 过点 $(-3, 2, 5)$ 且与平面 $2x - y - 5z = 1$ 垂直的直线方程.

2. 求过两点 $M_1(2, -1, 5)$ 和 $M_2(-1, 0, 6)$ 的直线方程.

3. 用对称式方程及参数方程表示直线 $\begin{cases} 2x - y - 3z + 2 = 0 \\ x + 2y - z - 6 = 0 \end{cases}$.

4. 求过点 $(0, 2, 4)$ 且与两平面 $x + 2z = 1$ 和 $y - 3z = 2$ 平行的直线方程.

5. 证明两直线 $\begin{cases} x + 2y - z = 7 \\ -2x + y + z = 0 \end{cases}$ 与 $\begin{cases} 3x + 6y - 3z = 8 \\ 2x - y - z = 0 \end{cases}$ 平行.

6. 求直线 $L_1: \dfrac{x-1}{1} = \dfrac{y}{-4} = \dfrac{z+3}{1}$ 与 $L_2: \dfrac{x}{2} = \dfrac{y+2}{-2} = \dfrac{z}{-1}$ 的夹角.

7. 求过点 $(3, 1, -2)$ 且通过直线 $\dfrac{x-4}{5} = \dfrac{y+3}{2} = \dfrac{z}{1}$ 的平面方程.

8. 求过点 $(2, 0, -3)$ 且与直线 $\begin{cases} x - 2y + 4z - 7 = 0 \\ 3x + 5y - 2z + 1 = 0 \end{cases}$ 垂直的平面方程.

三、总习题

1. 填空题.
(1) 向量 $\boldsymbol{a} = (2, -3, 1)$ 的模为_____，方向余弦为 $\cos \alpha =$ _____，$\cos \beta =$ _____，$\cos r =$ _____，与向量 $\boldsymbol{a}$ 方向相同的单位向量 $\boldsymbol{e}_a =$ _____；
(2) $\boldsymbol{a} \perp \boldsymbol{b}$，则 $\boldsymbol{a} \cdot \boldsymbol{b} =$ _____，$|\boldsymbol{a} \times \boldsymbol{b}| =$ _____；
(3) 设 $\boldsymbol{a} = \alpha \boldsymbol{i} + 5\boldsymbol{j} - \boldsymbol{k}$，$\boldsymbol{b} = 3\boldsymbol{i} + \boldsymbol{j} + \beta \boldsymbol{k}$，且 $\boldsymbol{a} // \boldsymbol{b}$，则 $\alpha =$ _____，$\beta =$ _____；
(4) 设 $\boldsymbol{a} = (2, 1, 2)$，$\boldsymbol{b} = (4, -1, 10)$，$\boldsymbol{c} = \boldsymbol{b} - \lambda \boldsymbol{a}$，且 $\boldsymbol{a} \perp \boldsymbol{c}$，则 $\lambda =$ _____；
(5) 椭圆 $\begin{cases} \dfrac{y^2}{b^2} + \dfrac{z^2}{c^2} = 1 \\ x = 0 \end{cases}$ 绕 y 轴旋转一周而成的旋转曲面方程是_____.

2. 在 y 轴上求与点 $A(1, -3, 7)$ 和点 $B(5, 7, -5)$ 等距离的点.

3. 设 $\boldsymbol{a} = (2, -1, -2)$，$\boldsymbol{b} = (1, 1, z)$，问 z 为何值时 $(\widehat{\boldsymbol{a}, \boldsymbol{b}})$ 最小？并求出此最小值.

4. 已知点 $A(1, 0, 0)$ 及点 $B(0, 2, 1)$，试在 z 轴上求一点 C，使 $\triangle ABC$ 的面积最小.

5. 求通过点 $(1, -1, 1)$，且垂直于平面 $x - y + z - 1 = 0$ 和 $2x + y + z + 1 = 0$ 平面的平面方程.

6. 求通过点 $A(3,0,0)$ 和 $B(0,0,1)$ 且与坐标面 xOy 成 $\dfrac{\pi}{3}$ 角的平面方程.

7. 求下列直线方程.

(1) 过点 $(4,-1,3)$ 且平行于向量 $s=(2,1,5)$ 的直线方程;

(2) 过点 $(-1,0,2)$ 且垂直于平面 $2x-y+3z-6=0$ 的直线方程;

(3) 过点 $(4,-1,3)$ 且平行于直线 $\dfrac{x-3}{2}=\dfrac{y}{1}=\dfrac{z-1}{5}$ 的直线方程.

8. 判断两直线 $\begin{cases} x+2y-z=7 \\ -2x+y+z=7 \end{cases}$ 与 $\begin{cases} 3x+6y-3z=8 \\ 2x-y-z=0 \end{cases}$ 的位置关系.

9. 求与两直线 $\dfrac{x-1}{2}=y+2=z$ 及 $\begin{cases} x=1+t \\ y=-1-t \\ z=0 \end{cases}$ 都平行且过点 $(1,0,-1)$ 的平面方程.

10. 求直线 $\dfrac{x+1}{2}=\dfrac{y-2}{-1}=\dfrac{z+1}{3}$ 与平面 $x+2y-z+2=0$ 的交点坐标.

11. 求过点 $(-1,0,4)$,且平行于平面 $3x-4y+z-10=0$,又与直线 $x+1=y-3=\dfrac{z}{2}$ 相交的直线方程.

12. 指出下列旋转曲面的一条母线和旋转轴.

(1) $z=2(x^2+y^2)$; (2) $\dfrac{x^2}{36}+\dfrac{y^2}{9}+\dfrac{z^2}{36}=1$;

(3) $z^2=3(x^2+y^2)$; (4) $x^2-\dfrac{y^2}{4}-\dfrac{z^2}{4}=1$.

四、同步测试

(一) 填空题(每题4分,共20分).

1. 已知向量 $a=(1,-1,2), b=(-1,-2,1)$,则 $a \cdot b=$ _____, a 与 b 的夹角的余弦为 _____, $a \times b=$ _____.

2. 已知 $M_1(1,-1,2), M_2(3,3,1), M_3(3,1,3)$. 则与 $\overrightarrow{M_1M_2}, \overrightarrow{M_2M_3}$ 同时垂直的单位向量为 _____.

3. 方程 $z=3-x^2-y^2$ 表示的曲面是 _____.

4. 平行于坐标面 xOz 且经过点 $(2,-5,3)$ 的平面方程为 _____.

5. 准线为 $\begin{cases} 4x^2-y^2=1 \\ z=0 \end{cases}$,母线平行于 z 轴的柱面方程为 _____.

(二) 选择题(每题4分,共20分).

1. 方程 $z^2=x^2+y^2$ 所代表的图形是( ).

A. 圆锥面 B. 半球面 C. 抛物面 D. 椭球面

2. 两个平面 $2x+3y+4z+4=0$ 与 $2x-3y+4z-4=0$ 之间的关系为（　　）.
   A. 相交且垂直　　B. 相交但不重合　　C. 平行　　D. 重合

3. 设直线 $\dfrac{x}{3}=\dfrac{y}{k}=\dfrac{z}{4}$ 与平面 $2x-9y+3z-10=0$ 平行，则 $k=$（　　）.
   A. 2　　B. 4　　C. 6　　D. 5

4. 过点 $(2,1,-1)$，且在 x 轴、y 轴上的截距分别为 2 和 1 的平面方程为（　　）.
   A. $x-2y=0$
   B. $2x+y-z-6=0$
   C. $-2x+y-3z=0$
   D. $x+2y+2z-2=0$

5. 直线的参数式方程为 $\begin{cases} x=2t \\ y=3-t \\ z=-2+3t \end{cases}$，则该直线的对称式方程为（　　）.
   A. $\dfrac{x}{2}=\dfrac{y+3}{-1}=\dfrac{z+2}{3}$
   B. $\dfrac{x-2}{2}=\dfrac{y-2}{-1}=\dfrac{z-1}{3}$
   C. $\dfrac{x}{2}=\dfrac{y-3}{-1}=\dfrac{z+2}{3}$
   D. $\dfrac{x}{2}=\dfrac{y-3}{3}=\dfrac{z+2}{-2}$

（三）计算题（每题 10 分，共 60 分）.

1. 已知 $|a|=2$，$|b|=5$，$(a,b)=\dfrac{2\pi}{3}$，问：系数 λ 为何值时，向量 $\lambda a+17b$ 与 $3a-b$ 垂直？

2. 求过点 $(1,1,-1)$，$(-2,-2,2)$，$(1,-1,2)$ 三点的平面方程.

3. 求过点 $(2,0,-3)$ 且与直线 $\begin{cases} x-2y+4z-7=0 \\ 3x+5y-2z+1=0 \end{cases}$ 垂直的平面方程.

4. 求与两直线 $\dfrac{x-1}{2}=y+2=z$ 及 $\begin{cases} x=1+t \\ y=-1-t \\ z=0 \end{cases}$ 都平行且过点 $(1,0,-1)$ 的平面方程.

5. 求过点 $(0,2,4)$ 且与两平面 $x+2z=1$ 和 $y-3z=2$ 平行的直线方程.

6. 求过点 $(2,1,3)$ 且与直线 $\dfrac{x+1}{3}=\dfrac{y-1}{2}=\dfrac{z}{-1}$ 垂直相交的直线方程.

第 8 章　多元函数的微分法及其应用

一、知识梳理

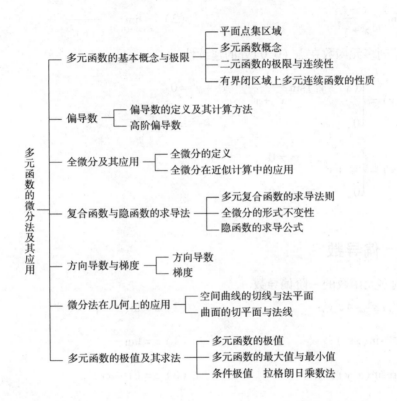

二、每节精选

习题 8-1　多元函数的基本概念与极限

1. 已知函数 $f(x,y) = x^y + 2xy$，试求 $f(2,-1)$，$f(u+2v, uv)$.
2. 求下列多元函数的定义域.

   (1) $z = \ln(x+y)$;

   (2) $z = \sqrt{1-x^2-y^2}$;

   (3) $z = \dfrac{1}{\sqrt{y-x^2}}$;

   (4) $u = \arccos(x^2+y^2+z^2)$.

3. 求下列多元函数的极限.

(1) $\lim\limits_{(x,y)\to(0,0)} \dfrac{x^2 y^2}{x^2+y^2}$;

(2) $\lim\limits_{(x,y)\to(0,0)} \dfrac{1-\cos(x^2+y^2)}{(x^2+y^2)^2 e^{xy}}$;

(3) $\lim\limits_{(x,y)\to(0,0)} (x+y)\sin\dfrac{1}{x}\cos\dfrac{1}{y}$;

(4) $\lim\limits_{(x,y)\to(0,1)} \dfrac{1-xy}{x^2+y^2}$;

(5) $\lim\limits_{(x,y)\to(1,0)} \dfrac{\ln(x+e^y)}{\sqrt{x^2+y^2}}$;

(6) $\lim\limits_{(x,y)\to(0,0)} \dfrac{xy}{\sqrt{2-e^{xy}}-1}$.

4. 证明下列极限不存在.

(1) $\lim\limits_{(x,y)\to(0,0)} \dfrac{x-y}{x+y}$;

(2) $\lim\limits_{(x,y)\to(0,0)} \dfrac{xy}{x^2+y^2}$.

5. 讨论下列多元函数在点 $(0,0)$ 处的连续性.

(1) $f(x,y) = \begin{cases} (x^2+y^2)\sin\dfrac{1}{x^2+y^2}, & x^2+y^2 \neq 0 \\ 0, & x^2+y^2 = 0 \end{cases}$;

(2) $f(x,y) = \begin{cases} \dfrac{x^2 y}{x^4+y^2}, & xy \neq 0 \\ 0, & xy = 0 \end{cases}$.

习题 8-2 偏导数

1. 求下列多元函数的一阶偏导数.

(1) $z = x^4 + y^4 - 4x^2 y^2$;

(2) $z = \ln(xy)$;

(3) $z = e^{2xy}\sin(xy^2)$;

(4) $z = \tan\dfrac{x}{y}$;

(5) $z = \arcsin(x^2 y)$;

(6) $z = (1+xy)^y$.

2. 设 $f(x,y) = x + (y-1)\arcsin\sqrt{\dfrac{x}{y}}$, 求 $f_x(0,1)$.

3. 求下列多元函数的一阶偏导数.

(1) $z = \arctan xy$;

(2) $z = \ln\dfrac{y}{x}$;

(3) $z = y^x$;

(4) $z = \sin\sqrt{x^2+y^2}$.

4. 设 $f(x,y,z) = xy^2 + yz^2 + zx^2$, 求 $f_{xx}(0,0,1)$, $f_{xz}(1,0,2)$, $f_{yz}(0,-1,0)$, $f_{zzx}(2,0,1)$.

习题 8-3 全微分及其应用

1. 求下列多元函数的全微分.

(1) $z = \sqrt{x^2 + y^2}$; (2) $z = e^{\frac{y}{x}}$;

(3) $z = e^x \cos y$; (4) $u = x^{yz}$;

(5) $z = \arcsin(xy)$; (6) $u = \cos(xyz)$.

2. 求多元函数 $z = e^{xy}$ 当 $x = 1, y = 1, \Delta x = 0.15, \Delta y = 0.1$ 时的全微分.

3. 求多元函数 $z = \ln(1 + x^2 + y^2)$ 的全微分 $dz|_{(1,2)}$.

4. 判断二元函数 $f(x,y) = \begin{cases} \dfrac{xy}{x^2 + y^2}, & xy \neq 0 \\ 0, & xy = 0 \end{cases}$ 在点 $(0,0)$ 处是否可微.

习题 8-4 多元复合函数的求导法则

1. 计算下列多元复合函数的全导数.

(1) 设二元函数 $z = u^2 + v^2, u = \cos t, v = \sin t$，计算全导数 $\dfrac{dz}{dt}$;

(2) 设二元函数 $z = u + v, u = e^t, v = \sin t$，计算全导数 $\dfrac{dz}{dt}$;

(3) 设二元函数 $z = e^{u-2v}, u = \sin t, v = t^2$，计算全导数 $\dfrac{dz}{dt}$.

2. 计算下列多元复合函数的偏导数.

(1) 设二元函数 $z = u^2 + v^2, u = x + y, v = x - y$，计算偏导数 $\dfrac{\partial z}{\partial x}, \dfrac{\partial z}{\partial y}$;

(2) 设二元函数 $z = e^{uv}, u = x^2 y, v = 2y$，计算偏导数 $\dfrac{\partial z}{\partial x}, \dfrac{\partial z}{\partial y}$;

(3) 设二元函数 $z = \arcsin(uv), u = e^x, v = \cos(xy)$，计算偏导数 $\dfrac{\partial z}{\partial x}, \dfrac{\partial z}{\partial y}$.

3. 计算下列多元复合函数的偏导数.

(1) 设二元函数 $z = f(x^2 - y^2, e^{xy})$，计算偏导数 $\dfrac{\partial z}{\partial x}, \dfrac{\partial z}{\partial y}$;

(2) 设二元函数 $z = f\left(\dfrac{x}{y}, 3x - 2y\right)$，计算偏导数 $\dfrac{\partial z}{\partial x}, \dfrac{\partial z}{\partial y}$;

(3) 设二元函数 $z = f(x \ln x, y^3)$，计算偏导数 $\dfrac{\partial z}{\partial x}, \dfrac{\partial z}{\partial y}$.

4. 计算下列多元复合函数的二阶偏导数.

(1) 设二元函数 $z = f(e^{xy}, x + 2y)$，计算偏导数 $\dfrac{\partial^2 z}{\partial x^2}, \dfrac{\partial^2 z}{\partial y^2}$;

(2) 设二元函数 $z = f(\sin x, 3xy)$，计算偏导数 $\dfrac{\partial^2 z}{\partial x^2}, \dfrac{\partial^2 z}{\partial x \partial y}$；

(3) 设二元函数 $z = f(y\ln y, x^2 y)$，计算偏导数 $\dfrac{\partial^2 z}{\partial y \partial x}, \dfrac{\partial^2 z}{\partial y^2}$.

习题 8-5 隐函数的求导公式

1. 设隐函数 $\sin y + e^x - xy^2 = 0$，求 $\dfrac{dy}{dx}$.

2. 设隐函数 $\ln z + e^{z-1} = xy$，求 $\dfrac{\partial z}{\partial x}$.

3. 设隐函数 $x^3 + y^3 + z^3 = 2xyz - 1$，求 $\dfrac{\partial z}{\partial x}, \dfrac{\partial z}{\partial y}$.

4. 设隐函数 $\dfrac{x}{z} = \ln \dfrac{z}{y}$，求 $\dfrac{\partial z}{\partial x}, \dfrac{\partial z}{\partial y}$.

5. 设隐函数 $x^2 + y^2 + z^2 - 4z = 0$，求 $\dfrac{\partial z}{\partial x}, \dfrac{\partial z}{\partial y}$.

习题 8-6 微分法在几何上的应用

1. 求曲线 $x = t, y = t^2, z = t^3$ 在点 $(1,1,1)$ 处的法平面及切线方程.
2. 求曲面 $z = x^2 + y^2 - 1$ 在点 $(2,1,4)$ 处的切平面及法线方程.
3. 求曲线 $x = \dfrac{1}{1+t}, y = \dfrac{1}{t}, z = t^2$ 在 $t = 1$ 处的法平面及切线方程.
4. 求曲面 $e^z - z + xy = 3$ 在点 $(2,1,0)$ 处的切平面及法线方程.
5. 求曲线 $x = \displaystyle\int_0^t e^u \cos u\, du, y = 2\sin t + \cos t, z = e^{3t} + 1$ 在 $t = 0$ 处的法平面及切线方程.

习题 8-7 方向导数与梯度

1. 计算多元函数 $u = x^2 + y + 2z^3$ 在点 $(1, -1, 0)$ 处的梯度 $\text{grad } u$.
2. 计算多元函数 $u = xy^2 + yz^2 + zx^2$ 在点 $(1,1,0)$ 处的梯度 $\text{grad } u$.
3. 计算梯度 $\text{grad}[\ln(x^2 + y^2)]$.
4. 设函数 $u = xy^2 z$，计算梯度 $\text{grad } u|_{(1,-1,2)}$.
5. 计算函数 $u = xyz$ 在点 $(5,1,2)$ 处沿着 $(5,1,2)$ 到 $(9,4,14)$ 的方向导数.
6. 计算函数 $u = xy^2 + z^3 - xyz$ 在点 $(1,1,2)$ 处沿着方向角为 $\alpha = \dfrac{\pi}{3}, \beta = \dfrac{\pi}{4}, \gamma = \dfrac{\pi}{3}$ 的方向导数.

习题 8-8 多元函数的极值及最值

1. 求函数 $z = x^3 - y^3 - 3xy$ 的极值和极值点.
2. 求函数 $f(x,y) = 4(x-y) - x^2 - y^2$ 的极值和极值点.
3. 求函数 $f(x,y) = e^{2x}(x + y^2 + 2y)$ 的极值和极值点.
4. 求函数 $z = xy$ 在附加条件 $x + y = 1$ 下的条件极值.
5. 求表面积为 a^2 而体积最大的长方体的体积.
6. 求函数 $z = x^4 + y^4 - x^2 - y^2 - 2xy$ 的极值.

三、总习题

1. 选择题.

(1) 函数 $z = \ln(y-x) + \dfrac{\sqrt{x}}{\sqrt{1-x^2-y^2}}$ 的定义域为（　　）；

A. $D = \{(x,y) \mid 0 \leq x < y, x^2 + y^2 < 1\}$
B. $D = \{(x,y) \mid 0 \leq x \leq y, x^2 + y^2 \leq 1\}$
C. $D = \{(x,y) \mid 0 \leq y < x, x^2 + y^2 < 1\}$
D. $D = \{(x,y) \mid 0 \leq y \leq x, x^2 + y^2 \leq 1\}$

(2) 二元函数 $z = f(x,y)$ 的偏导数 $\dfrac{\partial z}{\partial x}, \dfrac{\partial z}{\partial y}$ 存在是二元函数可微的（　　）条件；

A. 充分　　B. 必要　　C. 充要　　D. 无关系

(3) 二重极限 $\lim\limits_{(x,y) \to (2,0)} \dfrac{\tan xy}{y}$ 的值等于（　　）；

A. 0　　B. 1　　C. 2　　D. ∞

(4) 二元函数 $z = x^2 + 3xy - e^{y^2}$ 的偏导数 $\dfrac{\partial z}{\partial y}$ 为（　　）；

A. $3x - e^{y^2}$
B. $3xy - e^{2y}$
C. $3x - 2ye^{y^2}$
D. $3x - 2ye^{2y}$

(5) 二元函数 $z = x^2 + 3xy + y^2$ 在点 $(1,2)$ 处的全微分 dz 为（　　）.

A. $7dx + 8dy$
B. $8dx + 7dy$
C. $8dx - 7dy$
D. $7dx - 8dy$

2. 求下列函数的极限.

(1) $\lim\limits_{(x,y) \to (0,0)} \dfrac{\ln(1 + 3x^2 y^2)}{1 - \cos 3xy}$;

(2) $\lim\limits_{(x,y) \to (0,0)} \dfrac{\sqrt{1 + \tan xy} - \sqrt{1 - \tan xy}}{\sin 2xy}$;

(3) $\lim\limits_{(x,y) \to (0,0)} \dfrac{e^{(x^2+y^2)^3} - 1}{(x^2+y^2) - \sin(x^2+y^2)}$;

(4) $\lim\limits_{(x,y) \to (0,0)} \dfrac{\sin x^3 y}{x^2 \ln(1+xy)}$.

3. 计算二元函数 $z = \ln\sqrt{x^2 + y^2}$ 的全微分 dz.

4. 计算二元函数 $z = e^{xy} \sin xy$ 的偏导数 $\dfrac{\partial z}{\partial x}, \dfrac{\partial z}{\partial y}$.

5. 计算二元复合函数 $z=f(u,v)$, $u=xy$, $v=x+y$ 的偏导数 $\dfrac{\partial z}{\partial x}$, $\dfrac{\partial^2 z}{\partial y \partial x}$.

6. 计算二元函数 $z=e^{u+2v}$, $u=\sin t$, $v=\cos t$ 的全导数 $\dfrac{dz}{dt}$.

7. 求曲面 $x^2+y^2+z^2=14$ 在点 $(1,2,3)$ 处的切平面及法线方程.

8. 计算函数 $z=xe^{2y}$ 在点 $(1,0)$ 处沿着 $(1,0)$ 到 $(2,-1)$ 的方向导数与该点处的梯度.

9. 求函数 $f(x,y)=x^2+y^2+2y-2x$ 的极值.

四、同步测试

(一) 填空题（每题4分，共20分）.

1. 二元函数 $z=\arctan\dfrac{y}{x}$ 的 $\dfrac{\partial^2 z}{\partial x \partial y}$ 等于 _____.

2. 二元函数 $z=\arcsin xy$ 的 $\dfrac{\partial z}{\partial y}\bigg|_{\substack{x=1\\y=0}}$ 等于 _____.

3. 二元函数 $z=\cos(x^2+y^2)$ 的全微分 dz 等于 _____.

4. 二元函数 $z=\ln\tan\dfrac{x}{y}$ 的 $\dfrac{\partial z}{\partial x}$ 等于 _____.

5. 二元函数 $z=\sin x^2 y$ 的全微分 $dz\bigg|_{\substack{x=1\\y=\pi}}=$ _____.

(二) 选择题（每题4分，共20分）.

1. 函数 $z=\ln(x^2+y^2-4)+\sqrt{9-x^2-y^2}$ 的定义域为（   ）;
  A. $D=\{(x,y)\,|\,4<x^2+y^2<9\}$ B. $D=\{(x,y)\,|\,4\leq x^2+y^2\leq 9\}$
  C. $D=\{(x,y)\,|\,4<x^2+y^2\leq 9\}$ D. $D=\{(x,y)\,|\,4\leq x^2+y^2<9\}$

2. 函数 $u=x^2+y^2+z^2$ 在 $(1,1,0)$ 处的梯度 $\operatorname{grad} u$ 为（   ）;
  A. $2i+2j+k$ B. $2i+2j$
  C. $2j+k$ D. $2i+k$

3. 二重极限 $\lim\limits_{(x,y)\to(0,2)}\dfrac{\sin xy}{x}$ 的值等于（   ）;
  A. 0   B. 1   C. 2   D. ∞

4. 二元函数 $z=x^3 y-xy^3-e^{xy}$ 的偏导数 $\dfrac{\partial z}{\partial x}$ 为（   ）;
  A. $x^3-y^3-e^{xy}$ B. $x^3-3xy^2-xe^{xy}$
  C. $3x^2 y-y^3-ye^{xy}$ D. $3x^2 y-3xy^2-xe^{xy}$

5. 二元函数 $z=\ln(x^2+y^2)$ 在点 $(1,2)$ 处的全微分 dz 为（　　）.

A. $\dfrac{2}{5}dx+\dfrac{1}{5}dy$ 　　　　　　　　B. $\dfrac{1}{5}dx+\dfrac{1}{5}dy$

C. $\dfrac{1}{5}dx+\dfrac{4}{5}dy$ 　　　　　　　　D. $\dfrac{2}{5}dx+\dfrac{4}{5}dy$

（三）计算极限题（每题5分，共20分）.

1. $\lim\limits_{(x,y)\to(0,0)}(1-2xy)^{\frac{1}{xy}}$；

2. $\lim\limits_{(x,y)\to(0,0)}\dfrac{\sqrt{1+y\sin xy}-1}{(e^{2x}-1)\tan 3y^2}$；

3. $\lim\limits_{(x,y)\to(0,0)}\dfrac{\sqrt{x^2+y^2}-\sin\sqrt{x^2+y^2}}{(x^2+y^2)^{\frac{3}{2}}}$；

4. $\lim\limits_{(x,y)\to\left(\frac{1}{2},\frac{1}{2}\right)}\dfrac{\tan(x^2+2xy+y^2-1)}{x+y-1}$.

（四）计算题（每题8分，共40分）.

1. 计算二元函数 $z=5x^4y+10x^2y^3$ 的偏导数 $\dfrac{\partial z}{\partial x},\dfrac{\partial z}{\partial y},\dfrac{\partial^2 z}{\partial x^2},\dfrac{\partial^2 z}{\partial y^2}$.

2. 计算二元复合函数 $z=f(u,v)$，$u=e^{xy}$，$v=x^2-y^2$ 的一阶偏导数 $\dfrac{\partial z}{\partial x},\dfrac{\partial z}{\partial y}$.

3. 计算多元函数 $u=xy^2z^2$ 在点 $(1,-1,0)$ 处沿向量 $\boldsymbol{l}=(1,1,1)$ 的方向导数 $\dfrac{\partial u}{\partial l}$.

4. 计算多元函数 $u=x^2+y+2z^3$ 在点 $(1,-1,0)$ 处的梯度 $\mathrm{grad}\,u$.

5. 计算曲面 $x^2+2y^2+3z^2=36$ 在点 $(1,2,3)$ 处的法线方程.

五、能力提升（考研真题）

1. 函数 $f(x,y)=\arctan\dfrac{x}{y}$ 在点 $(0,1)$ 处的梯度 $\mathrm{grad}\,u$ 为（　　）.（08 数一）

A. $\boldsymbol{i}$ 　　　　B. $-\boldsymbol{i}$ 　　　　C. $\boldsymbol{j}$ 　　　　D. $-\boldsymbol{j}$

2. 已知 $f(x,y)=\dfrac{e^x}{x-y}$，则满足（　　）.（16 数二）

A. $f'_x-f'_y=0$ 　　B. $f'_x+f'_y=0$ 　　C. $f'_x-f'_y=f$ 　　D. $f'_x+f'_y=f$

3. 设 $z=\dfrac{y}{x}f(xy)$，其中函数 f 可微，则 $\dfrac{x}{y}\dfrac{\partial z}{\partial x}+\dfrac{\partial z}{\partial y}$ 等于（　　）.（13 数二）

A. $2yf'(xy)$ 　　B. $-2yf'(xy)$ 　　C. $\dfrac{2}{x}f(xy)$ 　　D. $-\dfrac{2}{x}f(xy)$

4. 已知 $\dfrac{(x+ay)\mathrm{d}x + y\mathrm{d}y}{(x+y)^2}$ 为某函数的全微分，则 a 等于（　　）. (96 数一)

　　A. -1　　　　B. 0　　　　C. 1　　　　D. 2

5. 函数 $f(x,y,z) = x^2 y + z^2$ 在点 $(1,2,0)$ 处沿向量 $\boldsymbol{n} = (1,2,2)$ 的方向导数为（　　）. (17 数一)

　　A. 12　　　　B. 6　　　　C. 4　　　　D. 2

6. 函数 $u = \ln(x^2 + y^2 + z^2)$ 在点 $M(1,2,-2)$ 处的梯度 $\mathrm{grad}\, u$ 为 _____ . (92 数一)

7. 曲面 $z - \mathrm{e}^z + 2xy = 3$ 在点 $(1,2,0)$ 处的切平面方程为 _____ . (94 数一)

8. 曲面 $x^2 + 2y^2 + 3z^2 = 21$ 在点 $(1,-2,2)$ 处的法线方程为 _____ . (00 数一)

9. 设隐函数由方程 $\ln z + \mathrm{e}^{z-1} = xy$ 确定，则 $\left.\dfrac{\partial z}{\partial x}\right|_{(2,\frac{1}{2})}$ 等于 _____ . (18 数二)

10. 设隐函数由方程 $\mathrm{e}^{x+2y+3z} + xyz = 1$ 确定，则 $\left.\mathrm{d}z\right|_{(0,0)}$ 等于 _____ . (15 数二)

第 9 章　重积分

一、知识梳理

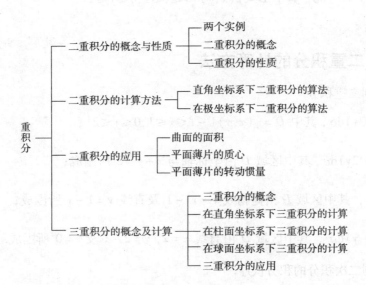

二、每节精选

习题 9-1　二重积分的概念与性质

1. 试用二重积分表示锥面 $z = \sqrt{x^2 + y^2}$，圆柱 $x^2 + y^2 = 1$ 及平面 $z = 0$ 所围立体的体积.

2. 判断 $\iint\limits_{\frac{1}{2} \leqslant x^2 + y^2 \leqslant 1} \ln(x^2 + y^2) \mathrm{d}x \mathrm{d}y$ 的符号.

3. 试确定积分区域 D，使二重积分 $\iint\limits_{D}(1 - 2x^2 - y^2) \mathrm{d}x \mathrm{d}y$ 达到最大值.

4. 根据二重积分的性质，比较下列二重积分的大小：

(1) $\iint\limits_{D}(x+y)^2 \mathrm{d}\sigma$ 与 $\iint\limits_{D}(x+y)^3 \mathrm{d}\sigma$，其中积分域 D 是由 x 轴，y 轴与直线 $x + y = 1$ 所围成的；

(2) $\iint\limits_{D} \ln(x+y) \mathrm{d}\sigma$ 与 $\iint\limits_{D} [\ln(x+y)]^2 \mathrm{d}\sigma$，其中 D 是三角形区域，三角形区域的三个顶点

分别为 $(1,0), (1,1), (2,0)$.

5. 判断下列积分值的大小.

$I_1 = \iint_D [\ln(x+y)]^3 d\sigma$, $I_2 = \iint_D (x+y)^3 d\sigma$, $I_3 = \iint_D [\sin(x+y)]^3 d\sigma$, 其中 D 由 $x=0$, $y=0$, $x+y=\dfrac{1}{2}$, $x+y=1$ 围成, 则 I_1, I_2, I_3 之间的大小顺序为 (　　).

A. $I_1 < I_2 < I_3$ 　　B. $I_3 < I_2 < I_1$ 　　C. $I_1 < I_3 < I_2$ 　　D. $I_3 < I_1 < I_2$

6. 估计下列二重积分的值.

$I = \iint_D (x+y+1) d\sigma$, 其中 $D = \{(x,y) | 0 \leq x \leq 1, 0 \leq y \leq 2\}$.

习题 9-2　二重积分的计算方法

1. 计算下列二重积分.

(1) $\iint_D (x+2y) d\sigma$, 其中 $D = \{(x,y) | -1 \leq x \leq 1, 0 \leq y \leq 2\}$;

(2) $\iint_D (3x+2y) d\sigma$, 其中区域 D 由坐标轴与 $x+y=2$ 所围成;

(3) $\iint_D xy d\sigma$, 其中区域 D 由抛物线 $y=x^2-1$ 及直线 $y=1-x$ 所围成;

(4) $\iint_D (2x+y) d\sigma$, 其中区域 D 由直线 $y=x$, $y=2-x$ 及 $y=0$ 所围成.

2. 改变下列二次积分的积分次序.

(1) $\int_0^1 dy \int_0^y f(x,y) dx$;　　　　　(2) $\int_1^e dx \int_0^{\ln x} f(x,y) dy$;

(3) $\int_0^1 dx \int_{1-x}^{\sqrt{1-x^2}} f(x,y) dy$;　　　(4) $\int_0^1 dy \int_{1-y}^{1+y^2} f(x,y) dx$.

3. 化二重积分 $\iint_D f(x,y) dxdy$ 为极坐标形式的二次积分, 其中积分区域 D 为:

(1) $x^2+y^2 \leq 9$;　　　　　　　(2) $1 \leq x^2+y^2 \leq 4$;

(3) $x^2+y^2 \leq 2x$;　　　　　　　(4) $x^2+y^2 \leq 2y$.

4. 利用极坐标计算下列二重积分.

(1) $\iint_D \sin(x^2+y^2) dxdy$, 其中 D 是由 $x^2+y^2=1$ 所围成的闭区域;

(2) $\iint_D (1-x^2-y^2) dxdy$, 其中 D 是由圆周 $x^2+y^2=1$ 及直线 $y=0$, $y=x$ 所围成的在第一象限内的闭区域;

(3) $\iint_D e^{x^2+y^2} dxdy$, 其中 D 是由 $x^2+y^2=9$ 所围成的闭区域;

(4) $\iint_D \sqrt{x^2+y^2} dxdy$, 其中 D 是由 $x^2+y^2=2ax$ 与 x 轴所围成的上半部分的闭区域.

5. 画出积分区域，计算下列各题.

(1) $\iint\limits_{D} \cos(x+y)\,dxdy$，其中 D 是由直线 $x=0$，$y=\pi$ 及 $y=x$ 所围成的闭区域；

(2) $\iint\limits_{D} (x+y^2)\,dxdy$，其中 D 是由 $|x|+|y|\leq 1$ 所确定的闭区域；

(3) $\iint\limits_{D} \arctan\dfrac{y}{x}\,dxdy$，其中 D 是由圆周 $x^2+y^2=1$，$x^2+y^2=4$ 及直线 $y=0$，$y=x$ 所围成的第一象限内的闭区域；

(4) $\iint\limits_{D} \sin\sqrt{x^2+y^2}\,dxdy$，其中 D 是圆环形区域：$\pi^2 \leq x^2+y^2 \leq 4\pi^2$.

6. 求锥面 $z=\sqrt{x^2+y^2}$，圆柱面 $x^2+y^2=1$ 及平面 $z=0$ 所围立体的体积.

7. 求抛物面 $z=6-x^2-y^2$ 含在圆柱面 $x^2+y^2=2$ 内部的那一部分曲面的面积.

8. 设薄片所占的闭区域 D 是由 $y=\sqrt{2px}\,(p>0)$，$x=x_0$，$y=0$ 所围成的，求均匀薄片的质心.

习题 9–3 三重积分的概念及计算

1. 化三重积分 $I=\iiint\limits_{\Omega} f(x,y,z)\,dxdydz$ 为三次积分，其中积分区域 Ω 分别是：

(1) 由双曲抛物面 $xy=z$ 及平面 $x+y-1=0$，$x=0$，$y=0$，$z=0$ 所围成的闭区域；

(2) 由曲面 $z=x^2+y^2$ 及平面 $z=1$ 所围成的闭区域.

2. 计算 $\iiint\limits_{\Omega}(x+y+z)\,dxdydz$，其中 Ω：$0\leq x\leq 1$，$0\leq y\leq 1$，$0\leq z\leq 1$.

3. 计算 $\iiint\limits_{\Omega} xy^2z^3\,dxdydz$，其中 Ω 是由曲面 $z=xy$ 与平面 $y=x$，$x=1$ 和 $z=0$ 所围成的闭区域.

4. 利用柱面坐标计算下列三重积分：

(1) $\iiint\limits_{\Omega} xy\,dv$，其中 Ω 是由柱面 $x^2+y^2=1$ 与平面 $z=0$，$z=1$，$x=0$，$y=0$ 所围成的第 I 卦限内的闭区域；

(2) $\iiint\limits_{\Omega} z\,dv$，其中 Ω 是由曲面 $z=\sqrt{2-x^2-y^2}$ 及 $z=x^2+y^2$ 所围成的闭区域；

(3) $\iiint\limits_{\Omega}(x^2+y^2)\,dv$，其中 Ω 是由曲面 $x^2+y^2=2z$ 及 $z=2$ 所围成的闭区域.

5. 计算 $\iiint\limits_{\Omega} xyz\,dxdydz$，其中 Ω 是由球面 $x^2+y^2+z^2=1$ 及三个坐标面所围成的第 I 卦限内的闭区域.

6. 设有一物体，占有空间区域 Ω：$0\leq x\leq 1$，$0\leq y\leq 1$，$0\leq z\leq 1$，在点 (x,y,z) 处的密度

为 $\mu(x,y,z) = x+y+2z$，计算物体的质量.

7. 利用三重积分计算下列由曲面所围成的立体的体积.

(1) $z = 6 - x^2 - y^2$ 及 $z = \sqrt{x^2 + y^2}$；

(2) $z = \sqrt{5 - x^2 - y^2}$ 及 $x^2 + y^2 = 4z$.

8. 利用三重积分计算由曲面 $z^2 = x^2 + y^2$，$z = 1$ 所围立体的重心（设密度 $\rho = 1$）.

三、总习题

1. 选择题.

(1) 设 D 为 $1 \leqslant x^2 + y^2 \leqslant 4$，则 $\iint\limits_{D} (x^2 + y^2)^{\frac{3}{2}} dxdy = （   ）$；

A. $\int_0^{2\pi} d\theta \int_1^2 r^3 dr$ 　　　　　　　B. $\int_0^{2\pi} d\theta \int_1^4 r^4 dr$

C. $\int_0^{2\pi} d\theta \int_1^2 r^4 dr$ 　　　　　　　D. $\int_0^{2\pi} d\theta \int_1^4 r^3 dr$

(2) 设 D 由 $y = x$，$y = x^2$ 所围成，则 $\iint\limits_{D} \dfrac{\sin x}{x} dxdy = （   ）$；

A. $\int_0^1 dx \int_x^1 \dfrac{\sin x}{x} dy$ 　　　　　　　B. $\int_0^1 dy \int_y^{\sqrt{y}} \dfrac{\sin x}{x} dx$

C. $\int_0^1 dx \int_x^{\sqrt{x}} \dfrac{\sin x}{x} dy$ 　　　　　　　D. $\int_0^1 dy \int_y^{\sqrt{x}} \dfrac{\sin x}{x} dx$

(3) 交换积分 $\int_1^e dx \int_0^{\ln x} f(x,y) dy$ 的次序得（   ）；

A. $\int_0^e dy \int_0^{\ln x} f(x,y) dx$ 　　　　　　　B. $\int_{e^y}^e dy \int_0^1 f(x,y) dx$

C. $\int_0^{\ln x} dy \int_1^e f(x,y) dx$ 　　　　　　　D. $\int_0^1 dy \int_{e^y}^e f(x,y) dx$

(4) 设 $D: |x| + |y| \leqslant 1$，则 $\iint\limits_{D} (|x| + y) dxdy = （   ）$；

A. 0 　　　　B. $\dfrac{1}{3}$ 　　　　C. $\dfrac{2}{3}$ 　　　　D. 1

(5) 设 $I = \iint\limits_{D} xy \, dxdy$，其中 D 由曲线 $y = \sqrt{1-x^2}$，$y \geqslant x$ 和 $y = 0$ 所围成，则 I 的值为（   ）.

A. $\dfrac{1}{6}$ 　　　　B. $\dfrac{1}{16}$ 　　　　C. $\dfrac{1}{24}$ 　　　　D. $\dfrac{1}{48}$

2. 填空题.

(1) 二次积分 $\int_0^2 dx \int_x^2 e^{-y^2} dy = $ ＿＿＿＿＿；

(2) 设 $f(x,y)$ 连续，且 $f(x,y) = xy + \iint\limits_{D} f(u,v) \mathrm{d}u\mathrm{d}v$，其中 D 由 $y=0$，$y=x^2$，$x=1$ 所围成，则 $f(x,y) =$ _____；

(3) 将 $I = \iiint\limits_{x^2+y^2+z^2 \leqslant 2az} f(\sqrt{x^2+y^2}) \mathrm{d}v$ 表示成柱坐标下的三重积分（先积 z 次积 r 后积 θ），即 $I =$ _____；

(4) 曲面 $z = \sqrt{x^2+y^2}$ 夹在柱面 $x^2+y^2=y$ 和 $x^2+y^2=2y$ 之间的部分的面积为 _____；

(5) 交换积分次序后，$\int_0^{\sqrt{2}} \mathrm{d}x \int_0^{x^2} f(x,y) \mathrm{d}y + \int_{\sqrt{2}}^{\sqrt{6}} \mathrm{d}x \int_0^{\sqrt{6-x^2}} f(x,y) \mathrm{d}y =$ _____．

3. 计算下列各积分．

(1) 求 $I = \iint\limits_{D} (|x| + |y|) \mathrm{d}x\mathrm{d}y$，其中 D 为 $|x|+|y| \leqslant 1$；

(2) 求 $I = \iint\limits_{D} |x^2+y^2-4| \mathrm{d}x\mathrm{d}y$，其中 $D: x^2+y^2 \leqslant 9$ 且 $y \geqslant 0$．

4. 计算下列二重积分．

(1) $\iint\limits_{D} (1+x)\sin y \mathrm{d}\sigma$，其中 D 是顶点分别为 $(0,0)$，$(1,0)$，$(1,2)$ 和 $(0,1)$ 的梯形区域；

(2) $\iint\limits_{D} (x^2-y^2) \mathrm{d}\sigma$，其中 D 是闭区域：$0 \leqslant y \leqslant \sin x$，$0 \leqslant x \leqslant \pi$；

(3) $\iint\limits_{D} (y^2+3x-6y+9) \mathrm{d}\sigma$，其中 D 是闭区域：$x^2+y^2 \leqslant R^2$．

5. 计算下列三重积分．

(1) 计算 $I = \iiint\limits_{\Omega} xyz \mathrm{d}v$，其中 Ω 是由旋转面 $z = 6-x^2-y^2$ 及锥面 $z = \sqrt{x^2+y^2}$ 所围成的区域；

(2) $\iiint\limits_{\Omega} (y^2+z^2) \mathrm{d}v$，其中 Ω 是由坐标面 xOy 上曲线 $y^2=2x$ 绕 x 轴旋转而成的曲面与平面 $x=5$ 所围成的闭区域．

6. 设 Ω 是由 $z=16(x^2+y^2)$，$z=4(x^2+y^2)$ 和 $z=64$ 所围成的闭区域．求 $I = \iiint\limits_{D} (x^2+y^2) \mathrm{d}v$．

7. 求平面 $\dfrac{x}{a} + \dfrac{y}{b} + \dfrac{z}{c} = 1$ 被三坐标面所割出的有限部分的面积．

8. 求由 $y = \ln x$，x 轴及 $x = e$ 围成的均匀薄片（密度 $u=1$）绕 $x=t$ 旋转的转动惯量 $I(t)$，并问 t 为何值时，$I(t)$ 最小？

9. 设 $f(x)$ 是 $[a,b]$ 上的正值连续函数，试证明：$\iint\limits_{D} \dfrac{f(x)}{f(y)} \mathrm{d}x\mathrm{d}y \geqslant (b-a)^2$．其中 D 是闭

区域：$a \leq y \leq b, a \leq x \leq b$.

四、同步测试

（一）填空题（每题 3 分，共 12 分）.

1. 设 $D: |x| \leq 3, |y| \leq 1$，则 $\iint\limits_{D} x(x+y) \mathrm{d}\sigma = $ _____.

2. 设 $f(x,y)$ 连续，$I = \int_{0}^{1} \mathrm{d}y \int_{\sqrt{y}}^{3-2y} f(x,y) \mathrm{d}x$，改变积分次序，$I = $ _____.

3. 设 f 连续，$I = \int_{0}^{2a} \mathrm{d}x \int_{0}^{\sqrt{2ax-x^2}} f(x^2+y^2) \mathrm{d}y$，将 I 写成极坐标系下的累次积分，则 $I = $ _____.

4. $\iint\limits_{x^2+y^2 \leq 1} (x+y)^2 \mathrm{d}\sigma = $ _____.

（二）选择题（每题 4 分，共 12 分）.

1. 设 D 是由直线 $x=0$, $y=0$, $x+y=\dfrac{1}{2}$, $x+y=1$ 所围成的闭区域，记

$I_1 = \iint\limits_{D} [\ln(x+y)]^7 \mathrm{d}\sigma$，$I_2 = \iint\limits_{D} (x+y)^7 \mathrm{d}\sigma$，$I_3 = \iint\limits_{D} [\sin(x+y)]^7 \mathrm{d}\sigma$，

则它们之间的关系是（　　）.

A. $I_1 < I_2 < I_3$　　B. $I_3 < I_2 < I_1$　　C. $I_1 < I_3 < I_2$　　D. $I_3 < I_1 < I_2$

2. $\iint\limits_{D} f(x,y) \mathrm{d}\sigma$ 存在的充分条件是（　　）.

A. $f(x,y)$ 在有界闭区域 D 上连续　　B. $f(x,y)$ 在平面区域 D 内连续

C. $f(x,y)$ 在有界闭区域 D 上有界　　D. $f(x,y)$ 在平面区域 D 内有界

3. 当 D 是由（　　）所围成的区域时，$\iint\limits_{D} \mathrm{d}x\mathrm{d}y = 2$.

A. x 轴，y 轴及 $2x+y-2=0$　　B. $x=1$, $x=2$, $y=3$ 及 $y=4$

C. $|x|=\dfrac{1}{2}$, $|y|=\dfrac{1}{2}$　　D. $|x+y|=1$, $|x-y|=1$

（三）计算题（每题 8 分，共 48 分）.

1. 求 $\iint\limits_{D} (x^2+y^2) \mathrm{d}\sigma$，其中 D 是由直线 $y=2x$, $y=6-x$ 和 $y=1$ 所围成的闭区域.

2. 求 $\int_{0}^{1} \mathrm{d}x \int_{x^2}^{1} \dfrac{xy}{\sqrt{1+y^3}} \mathrm{d}y$.

3. 求 $\iint\limits_{D} \sqrt{x^2+y^2}\,\mathrm{d}\sigma$，其中 $D = \{(x,y) \mid 0 \leqslant y \leqslant x, x^2+y^2 \leqslant 2x\}$.

4. 求 $\iint\limits_{D} |x-y|\,\mathrm{d}\sigma$，其中 D 为 $x^2+y^2 \leqslant 1$ 在第一象限中的部分.

5. 求 $\iint\limits_{x^2+y^2 \leqslant 4} (x^2+4y^2+9)\,\mathrm{d}\sigma$.

6. 求 $\int_0^1 \mathrm{d}y \int_{-\sqrt{1-y^2}}^0 \ln(1+x^2+y^2)\,\mathrm{d}x$.

（四）综合题（每题10分，共20分）.

1. 求由曲线 $y = x^2$ 与 $y = x+2$ 所围成的图形的面积.

2. 计算由 $z = 1+x+y$，$z = 0$，$x+y = 1$，$x = 0$，$y = 0$ 所围立体的体积.

（五）证明题（8分）.

设 $f(x)$ 在 $[0,1]$ 上连续，试证明：$\int_0^1 e^{f(x)}\,\mathrm{d}x \int_0^1 e^{-f(y)}\,\mathrm{d}y \geqslant 1$.

五、能力提升（考研真题）

1. 设 Ω 是锥面 $x^2+(y-z)^2 = (1-z)^2$（$0 \leqslant z \leqslant 1$）与平面 $z = 0$ 所围成的锥体，求 Ω 的形心坐标.（19 数一）

2. 曲线 $(x^2+y^2)^2 = x^2-y^2$（$x \geqslant 0, y \geqslant 0$）与 x 轴围成的区域为 D，计算二重积分 $I = \iint\limits_{D} xy\,\mathrm{d}x\mathrm{d}y$.（21 数二）

3. 计算二重积分 $\iint\limits_{D} \dfrac{\sqrt{x^2+y^2}}{x}\,\mathrm{d}\sigma$，其中区域 D 由 $x = 1$，$x = 2$，$y = x$ 及 x 轴围成.（20 数二）

4. 已知积分区域 $D = \left\{(x,y) \mid |x|+|y| \leqslant \dfrac{\pi}{2}\right\}$，记

$$I_1 = \iint\limits_{D} \sqrt{x^2+y^2}\,\mathrm{d}x\mathrm{d}y$$

$$I_2 = \iint\limits_{D} \sin\sqrt{x^2+y^2}\,\mathrm{d}x\mathrm{d}y$$

$$I_3 = \iint\limits_{D} (1-\cos\sqrt{x^2+y^2})\,\mathrm{d}x\mathrm{d}y$$

比较 I_1, I_2, I_3 的大小.（19 数二）

5. 已知平面区域 $D = \{(x,y) \mid |x| \leqslant y, (x^2+y^2)^3 \leqslant y^4\}$，求 $\iint\limits_{D} \dfrac{x+y}{\sqrt{x^2+y^2}}\,\mathrm{d}x\mathrm{d}y$.（19 数二）

6. 设平面区域 D 由曲线 $\begin{cases} x = t - \sin t \\ y = 1 - \cos t \end{cases}$ $(0 \leq t \leq 2\pi)$ 与 x 轴所围成，计算二重积分 $\iint\limits_{D} (x + 2y) dx dy$. (18 数二)

7. 已知平面区域 $D = \{(x,y) | x^2 + y^2 \leq 2y\}$，计算二重积分 $\iint\limits_{D} (x + 1)^2 dx dy$. (17 数二)

8. 设有界区域 D 是 $x^2 + y^2 = 1$ 和直线 $y = x$ 及 x 轴在第一象限围成的部分，计算二重积分，$I = \iint\limits_{D} e^{(x+y)^2}(x^2 - y^2) dx dy$. (21 数三)

9. 设区域 $D = \{(x,y) | x^2 + y^2 \leq 1, y \geq 0\}$，连续函数 $f(x,y)$ 满足 $f(x,y) = y\sqrt{1-x^2} + x\iint\limits_{D} f(x,y) dx dy$，计算 $\iint\limits_{D} xf(x,y) dx dy$. (20 数三)

10. 已知 $y(x)$ 满足微分方程 $y' - xy = \dfrac{1}{2\sqrt{x}} e^{\frac{x^2}{2}}$，且有 $y(1) = \sqrt{e}$. (19 数三)

(1) 求 $y(x)$；

(2) $D = \{(x,y) | 1 \leq x \leq 2, 0 \leq y \leq y(x)\}$，求平面区域 D 绕 x 轴所围成的旋转体的体积.

11. 计算积分 $\iint\limits_{D} x^2 dx dy$，其中 D 由 $y = \sqrt{3(1-x^2)}$ 与 $y = \sqrt{3} x$ 和 y 轴所围成. (18 数三)

12. 计算积分 $\iint\limits_{D} \dfrac{y^3}{(1 + x^2 + y^4)^2} dx dy$，其中 D 是第一象限中曲线 $y = \sqrt{x}$ 与 x 轴围成的无界区域. (17 数三)

第10章 曲线积分与曲面积分

一、知识梳理

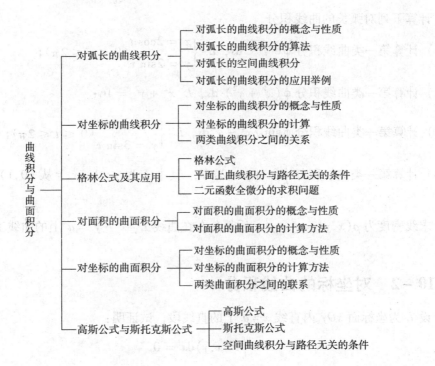

二、每节精选

习题 10-1 对弧长的曲线积分

1. 用对弧长的曲线积分表示下列物理量.

(1) 坐标面 xOy 内质量分布在曲线 L 上，线密度为 $\rho(x,y)$ 的曲线工件的质量 m；

(2) 这个曲线工件的质心坐标 $\bar{x},\bar{y}$.

2. 计算半圆形均匀铁丝的质量，铁丝的形状满足曲线 $x=a\cos t, y=a\sin t, 0\leq t\leq \pi$，线密度为 1.

3. 计算下列对弧长的曲线积分.

(1) 设 L 为 $x^2+y^2=4$，计算对弧长的曲线积分 $\oint_L \sqrt{x^2+y^2}\,\mathrm{d}s$ 的值；

(2) 设 L 为从 $(-1,0) \to (0,1)$ 的直线段，计算对弧长的曲线积分 $\int_L (y-x) ds$ 的值；

(3) 设 L 为 $x^2+y^2=8$，计算对弧长的曲线积分 $\oint_L e^{\sqrt{x^2+y^2}} ds$ 的值；

(4) 设 L 为 $x^2+y^2=16$，计算对弧长的曲线积分 $\oint_L (x^2+y^2-6) ds$ 的值；

(5) 设 L 为 $\begin{cases} x=3\cos t \\ y=3\sin t \end{cases} (0 \leqslant t \leqslant 2\pi)$，计算对弧长的曲线积分 $\oint_L (x^2+y^2)^2 ds$ 的值；

(6) 设 L 为 $y=x^2 (0 \leqslant x \leqslant \sqrt{2})$，计算第一类曲线积分 $\int_L x ds$ 的值.

4. 计算下列对弧长的曲线积分.

(1) 计算第一类曲线积分 $\oint_L e^{\sqrt{x^2+y^2}} ds$，$L: \begin{cases} x=2\cos t \\ y=2\sin t \end{cases} (0 \leqslant t \leqslant 2\pi)$；

(2) 计算第一类曲线积分 $\oint_L (x^2+y^2)^2 ds$，$L: x^2+y^2=16$；

(3) 计算第一类曲线积分 $\oint_L \sin\sqrt{x^2+y^2} ds$，$L: \begin{cases} x=3\cos t \\ y=3\sin t \end{cases} (0 \leqslant t \leqslant 2\pi)$；

(4) 计算第一类曲线积分 $\int_L (x+y+2) ds$，其中 L 为 $y=1-x$ 上从 $(0,1) \to (1,0)$ 的直线段.

5. 求线密度为 $\rho(x,y) = x^2+y^2$，质量分布在曲线 $L: x^2+y^2=a^2$ 上的曲线工件质量.

习题 10-2　对坐标的曲线积分

1. 设 L 为坐标面 xOy 内直线 $x=a$ 上的直线段，试证明：
$$\int_L P(x,y) dx = 0$$

2. 设 L 为坐标面 xOy 内 x 轴上从 $(a,0) \to (b,0)$ 的直线段，试证明：
$$\int_L P(x,y) dx = \int_a^b P(x,0) dx$$

3. 计算下列对坐标的曲线积分.

(1) 设 L 是曲线 $x=y^2$ 上从 $(0,0) \to (1,1)$ 的一段弧，则计算对坐标的曲线积分 $\int_L 2xy dx + x^2 dy$ 的值；

(2) 计算对坐标的曲线积分 $\int_L (x^2-y^2) dx$ 的值，其中 L 是曲线 $y=x^2$ 上从 $(0,0) \to (2,4)$ 的一段弧；

(3) 计算对坐标的曲线积分 $\int_L (2x^3+y) dx + (x^3+2y) dy$ 的值，其中 L 是曲线 $y=x^3$ 上从 $(0,0) \to (1,1)$ 的一段弧；

(4) 计算变力 $\boldsymbol{F} = x^2 \boldsymbol{i} - xy \boldsymbol{j}$ 在坐标面 xOy 上从 $(1,0) \to (0,1)$ 所做的功 W；

(5) 计算对坐标的曲线积分 $\int_L (2x+y^2)dx + (x^2+2y^2)dy$ 的值，其中 L 是曲线 $x=y^2$ 上从 $(0,0) \to (1,1)$ 的一段弧；

(6) 计算对坐标的曲线积分 $\int_L (x^2-2xy)dx + (y^2-2xy)dy$，其中 L 为坐标面 xOy 上从 $(-1,1) \to (1,1)$ 的一线段.

4. 计算对坐标的曲线积分 $\int_L (2x+y)dx + (x+2y)dy$，其中：

(1) 设 L 为曲线 $y=x^2$ 上从 $(0,0) \to (1,1)$ 的一段弧；

(2) 设 L 为曲线 $x=y^2$ 上从 $(0,0) \to (1,1)$ 的一段弧.

5. 求质点在变力 $\boldsymbol{F} = x^2 y \boldsymbol{i} + xy^2 \boldsymbol{j}$ 的作用下，沿着曲线 $L: y=x^2$ 从 $(1,0) \to (0,1)$ 过程中所做的功.

习题 10-3 格林公式及其应用

1. 利用格林公式计算下列曲线积分.

(1) $\oint_L (2x-y+4)dx + (5y+3x-6)dy$，其中 L 为顶点在 $A(0,0), B(3,0), C(3,2)$ 的三角形区域的正向边界；

(2) $\oint_L (3x-y)dx + (x-2y)dy$，其中 L 为顶点在 $A(-1,0), B(-3,2), C(3,0)$ 的三角形区域的正向边界；

(3) $\oint_L (\sin x + y - 3)dx + (\cos y + 6x - 7)dy$，其中 L 为顶点在 $A(0,0), B(2,0), C(2,2), D(0,2)$ 的正方形区域的正向边界；

(4) $\oint_L (2e^x - \cos y)dx + (x\sin y + 4x)dy$，其中 L 为圆形区域 $x^2+y^2=4$ 的正向边界.

2. 利用格林公式计算下列曲线积分.

(1) $\oint_L (2xy-x^2)dx + (x+y^2)dy$，其中 L 是由 $y=x^2$ 和 $y^2=x$ 所围成的区域的正向边界；

(2) $\oint_L (x^2-xy^3)dx + (y^2-2xy)dy$，其中 L 是顶点在 $A(0,0), B(2,0), C(2,2), D(0,2)$ 的正方形区域的正向边界.

3. 证明下列积分在相应区域内与路径无关，并计算积分值.

(1) $\int_{(1,1)}^{(2,3)} (x+y)dx + (x-y)dy$；

(2) $\int_{(1,2)}^{(3,4)} (6xy^2 - y^3)dx + (6x^2y - 3xy^2)dy$；

(3) $\int_{(1,0)}^{(2,1)} (2xy - y^4 + 3)dx + (x^2 - 4xy^3)dy$；

(4) $\int_{(-2,-1)}^{(3,0)} (x^4 + 4xy^3)dx + (6x^2y^2 - 5y^4)dy$.

4. 计算下列曲线积分.

(1) $\oint_L \dfrac{(x+y)dx-(x-y)dy}{x^2+y^2}$,其中 L 为 $x^2+y^2=a^2(a>0)$ 的圆形区域的正向边界;

(2) $\oint_L \dfrac{(x+4y)dx+(x-y)dy}{x^2+4y^2}$,其中 L 为 $x^2+y^2=a^2(a>0)$ 的圆形区域的正向边界.

三、总习题

1. 填空题.

(1) 用第二类曲线积分表示区域 D 的面积公式 _____;

(2) 用第二类曲线积分表示变力 $\boldsymbol{F}=P(x,y)\boldsymbol{i}+Q(x,y)\boldsymbol{j}$ 在位移 $d\boldsymbol{r}=dx\boldsymbol{i}+dy\boldsymbol{j}$ 上所做的功 W _____;

(3) 将对坐标的曲线积分 $\int_L P(x,y)dx+Q(x,y)dy$ 化成对弧长的曲线积分为 _____;

(4) 用第一类曲线积分表示线密度为 $\rho(x,y)$,质量分布在曲线 L 上的曲线工件的质量 m 等于 _____.

2. 选择题.

(1) 设 L 为 $y=x^2$ 上从 $(0,0) \to (\sqrt{2},2)$ 的一段弧,则 $\int_L \sqrt{y}ds$ 等于(   );

A. $\dfrac{13}{6}$ B. $-\dfrac{13}{6}$ C. $-\dfrac{6}{13}$ D. $\dfrac{6}{13}$

(2) 设 L 为从 $(0,0) \to (1,\sqrt{3})$ 的直线段,则 $\int_L y^2 ds$ 等于(   );

A. 1 B. 2 C. 3 D. $\sqrt{3}$

(3) 第一类曲线积分 $\int_L f(x,y)ds$ 的物理意义是(   );

A. 曲边梯形的面积
B. 弧线长度
C. 曲顶柱体的体积
D. 曲线工件的质量

(4) 设 L 为从 $(1,0) \to (0,1)$ 的直线段,则 $\int_L (x+y)ds$ 等于(   );

A. 2 B. $\sqrt{2}$ C. 1 D. 0

(5) 设 L 为 $y=x^2$ 上从 $(1,1) \to (-1,-1)$ 的一段弧,则 $\int_L (e^y+y-2)dx+(xe^y+x-3y)dy$ 等于(   ).

A. $e^{-1}+e-4$ B. $-e^{-1}-e-4$
C. $-e^{-1}-e+4$ D. 0

3. 计算下列曲线积分.

(1) 设 L 为 $x^2+y^2=\dfrac{\pi^2}{4}$,计算曲线积分 $\oint_L \sin\sqrt{x^2+y^2}ds$ 的值;

(2) 设 L 为 $\begin{cases} x = 2\cos t \\ y = 3\sin t \end{cases} (0 \leqslant t \leqslant 2\pi)$，周长为 l，计算第一类曲线积分 $\oint_L (9x^2 + 4y^2)^3 ds$ 的值；

(3) 计算曲线积分 $\oint_L (x^2 + y^2 + 1)^2 ds$，其中 $L: x^2 + y^2 = 16$；

(4) 设 L 为 $x^2 + y^2 = \dfrac{\pi^2}{16}$，则计算曲线积分 $\oint_L \cos\sqrt{x^2 + y^2}\, ds$ 的值.

4. 试计算曲线积分 $\int_L x^2 dy - y^2 dx$，其中 L 为曲线 $y = x^2$ 上从 $(0,0) \to (2,4)$ 的一段弧.

5. 试计算曲线积分 $\int_L y dx + x dy$，其中 L 为圆周 $x = 4\cos t, y = 4\sin t$ 上从 0 到 $\dfrac{\pi}{2}$ 的一段弧.

四、同步测试

（一）填空题（每题 5 分，共 20 分）.

1. 设 L 为直线 $3x + 4y - 12 = 0$ 在第一象限的部分，则 $\int_L \ln(12x + 16y + 1) ds$ 等于 _____.

2. 设 L 为直线 $y = 2 - x$ 上从 $(0,0) \to (2,0)$ 的一段，则 $\int_L xy dy$ 等于 _____.

3. 曲线积分 $\int_L z ds$ 等于 _____，其中 L 为曲线 $x = -\cos t, y = \sin t, z = t\left(0 \leqslant t \leqslant \dfrac{\pi}{2}\right)$.

4. 若 $\dfrac{(x + ay) dx + y dy}{(x + y)^2}$ 为某函数的全微分，则 a 等于 _____.

（二）选择题（每题 4 分，共 20 分）.

1. 设 L 为 $x^2 + y^2 = 4$，则曲线积分 $\oint_L \left(\sqrt{x^2 + y^2} + 1\right) ds$ 等于（　　）.

 A. 8π B. 10π C. 12π D. 14π

2. 设 L 为 $x^2 + y^2 = 9$，则曲线积分 $\oint_L e^{x^2+y^2} ds$ 等于（　　）.

 A. $3\pi e^9$ B. $-3\pi e^9$ C. $-6\pi e^9$ D. $6\pi e^9$

3. 设 L 为连接 $(0,0) \to (0,1) \to (1,1)$ 的折线段，则曲线积分 $\int_L y dx + x^2 dy$ 等于（　　）.

 A. 2   B. -1 C. 1   D. 0

4. 设 L 是 $x = y^2$ 上从 $(0,0) \to (1,1)$ 的一段弧，则曲线积分 $\int_L 2xy dx + x^2 dy$ 等于（　　）.

 A. 0   B. 1   C. 2   D. 4

5. 若曲线积分 $\int_L (3x^2y + axy^2)dx + (x^3 + 8x^2y + 12ye^y)dy$ 与路径无关，则 a 等于（　　）.

A. 0　　　　B. 1　　　　C. 2　　　　D. 8

（三）计算题（每题 5 分，共 20 分）.

1. 计算曲线积分 $\oint_L xdy - ydx$，其中 $L: x^2 + y^2 = 4$，正向曲线.

2. 计算曲线积分 $\oint_L (x^2 + y^2 - 10)ds$，其中 $L: x^2 + y^2 = 12$.

3. 计算曲线积分 $\int_L (x^2 + y)dx + (x + \sqrt{y})dy$，其中 $L: y = x^2, 0 \leq x \leq 1$.

4. 计算曲线积分 $\oint_L (\sin x + y)dx + (3x + \cos y)dy$，其中 $L: (x-1)^2 + y^2 = 9$，正向曲线.

（四）综合题（每题 20 分）.

设曲线积分 $\oint_L \dfrac{xdy - ydx}{x^2 + 4y^2}$，其中 L 为任意包含原点的正向闭曲线，则积分值等于多少？

（五）应用题（每题 20 分）.

设有物质沿曲线 $C: \begin{cases} x = t \\ y = \dfrac{t^2}{2} \\ z = \dfrac{t^3}{3} \end{cases}$ $(0 \leq t \leq 1)$ 分布，其线密度为 $\rho = \sqrt{2y}$，则物质的质量 m 为多少？

五、能力提升（考研真题）

1. 设 L 为曲线 $x^2 + y^2 = 9$ 的正向边界，计算曲线积分 $\oint_L (2xy - 2y)dx + (x^2 - 4x)dy$ 的值.（87 数一）

2. 设平面曲线 L 为下半圆 $y = -\sqrt{1-x^2}$ 的正向边界，计算曲线积分 $\int_L (x^2 + y^2)ds$ 的值.（89 数一）

3. 设 L 为曲线 $\dfrac{x^2}{4} + \dfrac{y^2}{3} = 1$，其周长为 l，计算曲线积分 $\oint_L (2xy + 3x^2 + 4y^2)ds$ 的值.（98 数一）

4. 计算曲线积分 $I = \oint_L \dfrac{xdy - ydx}{4x^2 + y^2}$ 的值，其中 L 为 $(x-1)^2 + y^2 = r^2 (r > 1)$ 的正向边界.（00 数一）

5. 设 L 为正向圆周 $x^2+y^2=2$ 在第一象限的部分，计算曲线积分 $\int_L x\mathrm{d}y - 2y\mathrm{d}x$ 的值. （04 数一）

6. 计算曲线积分 $\int_L \sin 2x\mathrm{d}x + 2(x^2-1)y\mathrm{d}y$ 的值，其中 L 是曲线 $y=\sin x$ 上从 $(0,0) \to (\pi,0)$ 的一段弧. （08 数一）

7. 已知曲线 $L: y=x^2 \left(0 \leqslant x \leqslant \sqrt{2}\right)$，计算曲线积分 $\int_L x\mathrm{d}s$ 的值. （09 数一）

8. 已知曲线 L 为 $y=1-|x|(x \in [-1,1])$ 上从 $(-1,0) \to (1,0)$ 的一段，计算曲线积分 $\int_L xy\mathrm{d}x + x^2\mathrm{d}y$ 的值. （10 数一）

第11章 无穷级数

一、知识梳理

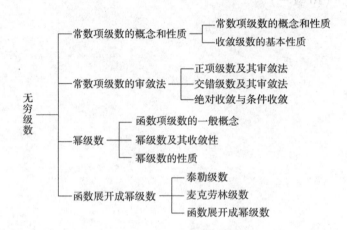

二、每节精选

习题 11-1 常数项级数的概念和性质

1. 请写出下列级数的前五项.

(1) $\sum_{n=1}^{\infty} \dfrac{1+n}{1+n^2}$;

(2) $\sum_{n=1}^{\infty} (\sqrt{n+1} - \sqrt{n})$;

(3) $\sum_{n=1}^{\infty} \dfrac{n!}{n^n}$;

(4) $\sum_{n=1}^{\infty} \dfrac{(-1)^{n-1}}{5^n}$.

2. 判断级数 $\sum_{n=1}^{\infty} n\sin\dfrac{1}{n}$ 的敛散性.

3. 若级数 $\sum_{n=1}^{\infty} u_n$ 收敛,则 $\lim\limits_{n\to\infty} u_n$ 等于多少.

4. 判断下列级数的敛散性.

(1) $\sum_{n=1}^{\infty} \ln\left(1 + \frac{1}{n}\right)$;

(2) $\sum_{n=1}^{\infty} \frac{1}{(3n-2)(3n+1)}$;

(3) $\sum_{n=1}^{\infty} n^2\left(1 - \cos\frac{1}{n}\right)$;

(4) $\sum_{n=1}^{\infty} \frac{1}{4n}$.

5. $\lim_{n \to \infty} u_n = 0$ 是级数 $\sum_{n=1}^{\infty} u_n$ 收敛的什么条件.

6. 判断级数 $\sum_{n=1}^{\infty} \left(\frac{1}{2^n} + \frac{1}{\sqrt{n}}\right)$ 的敛散性.

习题 11-2 常数项级数的审敛法

1. 判断下列级数的敛散性.

(1) $\sum_{n=1}^{\infty} \frac{1}{(n+3)(n+6)}$;

(2) $\sum_{n=1}^{\infty} \frac{1}{\ln(n+3)}$;

(3) $\sum_{n=1}^{\infty} \ln\left(1 + \frac{1}{\sqrt{n^3}}\right)$;

(4) $\sum_{n=1}^{\infty} 2^n \sin\frac{\pi}{3^n}$.

2. 判断下列级数的敛散性.

(1) $\sum_{n=1}^{\infty} \frac{3^n}{n2^n}$;

(2) $\sum_{n=1}^{\infty} \frac{n^2}{3^n}$;

(3) $\sum_{n=1}^{\infty} \frac{2^n n!}{n^n}$;

(4) $\sum_{n=1}^{\infty} n \tan\frac{\pi}{2^{n+1}}$.

习题 11-3 幂级数

1. 计算下列幂级数的收敛域.

(1) $x + 2x^2 + 3x^3 + \cdots + nx^n + \cdots$;

(2) $\frac{x}{2} + \frac{x^2}{2 \cdot 4} + \frac{x^3}{2 \cdot 4 \cdot 6} + \cdots + \frac{x^n}{2 \cdot 4 \cdot 6 \cdots 2n} + \cdots$;

(3) $\frac{x}{1 \cdot 3} + \frac{x^2}{2 \cdot 3^2} + \frac{x^3}{3 \cdot 3^3} + \cdots + \frac{x^n}{n \cdot 3^n} + \cdots$;

(4) $x + \frac{2^2}{5}x^2 + \frac{2^3}{10}x^3 + \cdots + \frac{2^n}{n^2+1}x^n + \cdots$.

2. 计算幂级数 $\sum_{n=1}^{\infty} \frac{x^{4n+1}}{4n+1}$ 的和函数.

3. 计算幂级数 $\sum_{n=1}^{\infty} nx^{n-1}$ 的和函数.

4. 计算幂级数 $\sum_{n=1}^{\infty} \frac{x^{2n-1}}{2n-1}$ 的和函数.

习题 11-4　函数展开成幂级数

1. 将下列函数展开为 x 的幂级数.

(1) $f(x) = \dfrac{1}{3-x}$;

(2) $f(x) = \ln(4-x)$;

(3) $f(x) = \arctan x$;

(4) $f(x) = \sin x^2$;

(5) $f(x) = e^{x^2}$;

(6) $f(x) = \dfrac{1}{1+x^2}$.

2. 将函数 $f(x) = \dfrac{1}{x^2}$ 展开为 $x-2$ 的幂级数.

3. 将函数 $f(x) = \dfrac{1}{x^2-2x-3}$ 展开为 $x+2$ 的幂级数.

4. 将函数 $f(x) = \ln\sqrt{1+x-2x^2}$ 展开为 x 的幂级数.

5. 将函数 $f(x) = \dfrac{1}{4-x}$ 展开为 $x-2$ 的幂级数.

习题 11-5　傅里叶级数

1. 填空题.

(1) 设 $f(x)$ 以 2π 为周期, 在 $[-\pi,\pi]$ 上 $f(x) = x^2$, 则 $f(x)$ 的傅里叶级数在 $x = 4\pi$ 处收敛于 _____;

(2) 设 $f(x)$ 以 2π 为周期, 在 $[-\pi,\pi]$ 上 $f(x) = \begin{cases} 0, & -\pi \leq x < 0 \\ x, & 0 \leq x < \pi \end{cases}$, 则 $f(x)$ 的傅里叶级数的和函数为 _____.

2. 将下列周期函数展开为傅里叶级数.

(1) $f(x) = 3x^2, -\pi \leq x < \pi$;

(2) $f(x) = \begin{cases} 2, & -\pi \leq x < 0 \\ 0, & 0 \leq x < \pi \end{cases}$;

(3) $f(x) = 2\sin\dfrac{x}{3}, -\pi \leq x \leq \pi$.

3. 将函数 $f(x) = \cos\dfrac{x}{2}\,(-\pi \leq x \leq \pi)$ 展开为傅里叶级数.

4. 将函数 $f(x) = e^{2x}\,(-\pi \leq x \leq \pi)$ 展开为傅里叶级数.

习题 11-6　一般周期函数的傅里叶级数

1. 将下列各周期函数展开为傅里叶级数.

(1) $f(x) = 1 - x^2 \left(-\dfrac{1}{2} \le x < \dfrac{1}{2}\right)$;

(2) $f(x) = \begin{cases} 2x+1, & -3 \le x < 0 \\ 1, & 0 \le x < 3 \end{cases}$;

(3) $f(x) = |x| \ (-1 < x < 1)$;

(4) $f(x) = x^2 - x \ (-2 \le x \le 2)$.

2. 设函数 $f(x)$ 是周期为 2 的周期函数, 在 $[-1,1)$ 上为 e^{-x}, 试将其展开为复数形式的傅里叶级数.

三、总习题

1. 判断级数 $\sum\limits_{n=1}^{\infty} \dfrac{(n!)^2}{2n^2}$ 的敛散性.

2. 判断级数 $\sum\limits_{n=1}^{\infty} \dfrac{n\cos^2 \dfrac{n\pi}{3}}{2^n}$ 的敛散性.

3. 判断级数 $\sum\limits_{n=1}^{\infty} (-1)^n \ln \dfrac{n+1}{n}$ 的敛散性.

4. 判断级数 $\sum\limits_{n=1}^{\infty} (-1)^n \dfrac{(n+1)!}{n^{n+1}}$ 的敛散性.

5. 求幂级数 $\sum\limits_{n=1}^{\infty} \dfrac{3^n + 5^n}{n} x^n$ 的收敛域.

6. 求幂级数 $\sum\limits_{n=1}^{\infty} \dfrac{(x-5)^n}{\sqrt{n}}$ 的收敛域.

7. 求幂级数 $x + \dfrac{x^3}{3} + \dfrac{x^5}{5} + \cdots + \dfrac{x^{2n-1}}{2n-1} + \cdots$ 的和函数 $(|x| < 1)$.

8. 将函数 $f(x) = \dfrac{1}{x^2 + 4x + 3}$ 展开成 $(x-1)$ 的幂级数.

四、同步测试

(一) 填空题 (每题 4 分, 共 16 分).

1. 已知 $\sum\limits_{n=1}^{\infty} (-1)^{n-1} u_n = 2$, $\sum\limits_{n=0}^{\infty} u_{2n+1} = 5$, 则 $\sum\limits_{n=1}^{\infty} u_n = $ _____.

2. 幂级数 $\sum\limits_{n=1}^{\infty} \dfrac{n! x^n}{n^n}$ 的收敛半径 $R = $ _____.

3. 已知级数 $\sum_{n=1}^{\infty} u_n$ 的前 n 项和 $s_n = \dfrac{n}{n+1}$，则该级数为_____.

4. 将 $f(x) = \dfrac{1}{1+x}$ 展开成 $x-1$ 的幂级数，其收敛域为_____.

（二）选择题（每题 4 分，共 16 分）.

1. 若级数 $\sum_{n=1}^{\infty} u_n$ 条件收敛，则级数 $\sum_{n=1}^{\infty} |u_n|$（　　）.

   A. 收敛　　　　B. 发散　　　　C. 绝对收敛　　　　D. 可能收敛也可能发散

2. 级数 $\sum_{n=1}^{\infty} u_n$ 与 $\sum_{n=1}^{\infty} v_n$ 都发散，则（　　）.

   A. $\sum_{n=1}^{\infty} (u_n - v_n)$ 收敛　　　　B. $\sum_{n=1}^{\infty} (u_n + v_n)$ 发散

   C. $\sum_{n=1}^{\infty} u_n v_n$ 收敛　　　　D. $\sum_{n=1}^{\infty} \max\{|u_n|, |v_n|\}$ 发散

3. 设 $\sum_{n=1}^{\infty} u_n$ 为常数项级数，则下列结论中正确的是（　　）.

   A. $\lim\limits_{n\to\infty} \dfrac{u_n+1}{u_n} = l$，$l < 1$，级数绝对收敛　　　　B. $\lim\limits_{n\to\infty} \dfrac{u_n+1}{u_n} = l$，$l = 1$，级数发散

   C. $\lim\limits_{n\to\infty} \left|\dfrac{u_n+1}{u_n}\right| = l$，$l < 1$，级数绝对收敛　　　　D. $\lim\limits_{n\to\infty} \left|\dfrac{u_n+1}{u_n}\right| = l$，$l < 1$，级数条件收敛

4. 若级数 $\sum_{n=1}^{\infty} u_n$ 收敛，则级数（　　）.

   A. $\sum_{n=1}^{\infty} |a_n|$ 收敛　　　　B. $\sum_{n=1}^{\infty} (-1)^n a_n$ 收敛

   C. $\sum_{n=1}^{\infty} a_n a_{n+1}$ 收敛　　　　D. $\sum_{n=1}^{\infty} \dfrac{a_n + a_{n+1}}{2}$ 收敛

（三）计算题（每题 7 分，共 42 分）.

1. 判断级数 $\sum_{n=1}^{\infty} (-1)^n \dfrac{n+2}{n+1} \cdot \dfrac{1}{\sqrt{n}}$ 的敛散性.

2. 求级数 $\sum_{n=1}^{\infty} (\sqrt{n+1} - \sqrt{n}) 2^n x^{2n}$ 的收敛域.

3. 求级数 $\sum_{n=1}^{\infty} \dfrac{x^n}{(2n-1)2n}$ 的收敛域.

4. 求幂级数 $\sum_{n=1}^{\infty} n(n+1)x^n$ 的收敛域及和函数.

5. 判断级数 $\sum_{n=1}^{\infty} \left(1 - \cos\dfrac{1}{n}\right)$ 的敛散性.

6. 求级数 $\sum_{n=1}^{\infty} \dfrac{1}{(3n-2)(3n+1)}$ 的和.

（四）综合题（每题8分，共16分）.

1. 将函数 $f(x) = \dfrac{1}{3+4x}$ 展开为 $x+2$ 的幂级数，并给出其收敛域.

2. 求级数 $\sum\limits_{n=2}^{\infty} \dfrac{2^n + n - 1}{n!}$ 的和.

（五）证明题（10分）

设级数 $\sum\limits_{n=1}^{\infty} a_n$ 绝对收敛，证明：级数 $\sum\limits_{n=1}^{\infty} \dfrac{n^2+1}{n^2} a_n$ 也绝对收敛.

五、能力提升（考研真题）

1. 若 $\sum\limits_{n=1}^{\infty} a_n (x-1)^n$ 在 $x = -1$ 处收敛，则级数在 $x=2$ 处（　　）. （88 数一）

  A. 条件收敛 　　　　　　　　　　　B. 绝对收敛
  C. 发散 　　　　　　　　　　　　　D. 敛散性不确定

2. 设 α 为常数，则级数 $\sum\limits_{n=1}^{\infty} \left(\dfrac{\sin n\alpha}{n^2} - \dfrac{1}{\sqrt{n}} \right)$（　　）. （90 数一）

  A. 绝对收敛 　　　　　　　　　　　B. 条件收敛
  C. 发散 　　　　　　　　　　　　　D. 敛散性与 α 有关

3. 已知级数 $\sum\limits_{n=1}^{\infty} (-1)^{n-1} a_n = 2, \sum\limits_{n=1}^{\infty} a_{2n-1} = 5$，则级数 $\sum\limits_{n=1}^{\infty} a_n$ 等于（　　）. （91 数一）

  A. 3　　　　B. 7　　　　C. 8　　　　D. 9

4. 级数 $\sum\limits_{n=1}^{\infty} (-1)^n \left(1 - \cos \dfrac{\alpha}{n} \right)$（常数 $\alpha > 0$）（　　）. （92 数一）

  A. 发散　　　B. 条件收敛　　　C. 绝对收敛　　　D. 敛散性与 α 有关

5. 设级数 $\sum\limits_{n=1}^{\infty} u_n$ 收敛，则下列必收敛的级数为（　　）. （00 数一）

  A. $\sum\limits_{n=1}^{\infty} (-1)^n \dfrac{u_n}{n}$　　B. $\sum\limits_{n=1}^{\infty} u_n^2$　　C. $\sum\limits_{n=1}^{\infty} (u_{2n-1} - u_{2n})$　　D. $\sum\limits_{n=1}^{\infty} (u_n + u_{n+1})$

6. 设 $f(x)$ 是周期为 2 的周期函数，它在区间 $(-1, 1]$ 上的定义为 $f(x) = \begin{cases} 2, & -1 < x \leq 0 \\ x^3, & 0 < x \leq 1 \end{cases}$，则 $f(x)$ 的傅里叶级数在 $x = 1$ 处收敛于 ＿＿＿＿＿＿．（88 数一）

7. 设 $f(x) = \begin{cases} -1, & -\pi < x \leq 0 \\ 1 + x^2, & 0 < x \leq \pi \end{cases}$，则以 2π 为周期的傅里叶级数在 $x = \pi$ 处收敛于 ＿＿＿＿＿＿．（92 数一）

8. 设函数 $f(x) = \pi x + x^2 (-\pi < x < \pi)$ 的傅里叶级数展开式为 $\dfrac{a_0}{2} + \sum\limits_{n=1}^{\infty} (a_n \cos nx +$

$b_n \sin nx)$,则 b_3 等于_____. (93 数一)

9. 设 $x^2 = \sum_{n=0}^{\infty} a_n \cos nx (-\pi \leq x \leq \pi)$,则 a_2 等于_____. (03 数一)

10. 已知幂级数 $\sum_{n=0}^{\infty} a_n (x+2)^n$ 在 $x=0$ 处收敛,在 $x=-4$ 处发散,则幂级数 $\sum_{n=0}^{\infty} a_n (x-3)^n$ 的收敛域为_____. (08 数一)

参 考 答 案

第一章 函数、极限与连续

二、每节精选

习题 1-1 参考答案

1. (1) $\{1,3,5,7,\cdots\}$; (2) $\{(x,y) \mid 4 \leqslant x^2+y^2 \leqslant 8\}$.

2. $A \cup B = \{x \mid -8 < x < 2\}$; $A \cap B = \{x \mid 1 < x < 1.5\}$.

3. $U\left(3, \dfrac{1}{3}\right) = \left\{x \mid |x-3| < \dfrac{1}{3}\right\}$; $\overset{\circ}{U}\left(3, \dfrac{1}{3}\right) = \left\{x \mid 0 < |x-3| < \dfrac{1}{3}\right\}$.

4. (1) $(-\infty, -1] \cup [3, +\infty)$; (2) $(-\infty, -1) \cup (-1, 3) \cup (3, +\infty)$;

(3) $[-1, 3]$; (4) $(0, 1) \cup (1, 5]$; (5) $[-3, 0) \cup (2, 3]$; (6) $[-5, 5]$.

5. $f(x) = \begin{cases} 1, & 0 \leqslant x \leqslant 1 \\ -2, & 1 < x \leqslant 2 \end{cases}$; $f(x+3) = \begin{cases} 1, & 0 \leqslant x+3 \leqslant 1 \\ -2, & 1 < x+3 \leqslant 2 \end{cases} = \begin{cases} 1, & -3 \leqslant x \leqslant -2 \\ -2, & -2 < x \leqslant -1 \end{cases}$.

6. (1) 不同;(2) 相同;(3) 不同;(4) 不同.

7. (1) 偶函数;(2) 奇函数;(3) 奇函数;(4) 奇函数;(5) 非奇函数、非偶函数;

(6) 偶函数.

8. (1) $y = 10^{x-2} - 1$,定义域:$(-\infty, +\infty)$,值域:$(-1, +\infty)$;

(2) $y = x^2 - 6x + 9$,定义域:$[3, +\infty)$,值域:$[0, +\infty)$;

(3) $y = \dfrac{1+x}{1-x}$,定义域:$(-\infty, 1) \cup (1, +\infty)$,值域:$(-\infty, -1) \cup (-1, +\infty)$.

9. $f(2) = \lg 2$.

10. $f(g(x)) = 2^{2x}$.

11. $f(\varphi(x)) = (\arcsin x)^2 - 1$,定义域:$[-1, 1]$;

$\varphi(f(x)) = \arcsin(x^2 - 1)$,定义域:$[-\sqrt{2}, \sqrt{2}]$.

12. (1)、(3) 是初等函数;(2)、(4) 不是初等函数.

13. 由 $f(x)$ 对称于 $x = a$ 及 $x = b$,则有

$$f(x) = f(2a - x) \quad (1)$$
$$f(x) = f(2b - x) \quad (2)$$

在式 (2) 中,把 x 换为 $2a - x$,得 $f(2a - x) = f[2b - (2a - x)] = f[x + 2(b - a)]$.

由式（1）知 $f(x) = f(2a-x) = f[x+2(b-a)]$，即 $f(x)$ 以 $T = 2(b-a)$ 为周期.

14. （1）因为 $(1-|x|)^2 \geq 0$，所以 $|1+x^2| \geq 2|x|$，故 $|f(x)| = \left|\dfrac{x}{x^2+1}\right| = \dfrac{2|x|}{2|1+x^2|} \leq \dfrac{1}{2}$ 对一切 $x \in (-\infty, +\infty)$ 都成立. 由上可知题设函数在 $(-\infty, +\infty)$ 内是有界的.

（2）对于 $M > 0$，总可在 $(0,1)$ 内找到相应的 x_0，例如取 $x_0 = \dfrac{1}{\sqrt{M+1}} \in (0,1)$，使得 $|f(x_0)| = \dfrac{1}{x_0^2} = \dfrac{1}{\left(\dfrac{1}{\sqrt{M+1}}\right)^2} = M+1 > M$，故题设函数在 $(0,1)$ 内是无界的.

习题1-2 参考答案

1. （1）收敛，0；（2）发散；（3）收敛，1；（4）发散；（5）收敛，0.

2. （1）1，其中 $x_n = 1 - \dfrac{1}{10^n}$；（2）$N \geq 3$.

3. 略.

4. 极限存在，且 $\lim\limits_{n \to \infty} x_n = 1$.

5. （1）必要条件；（2）一定发散；（3）不一定收敛，例如数列 $\{(-1)^n\}$ 有界，但发散.

习题1-3 参考答案

1. $f(9^-) = 3$，$f(9^+) = 3$，所以 $\lim\limits_{x \to 9} f(x)$ 存在，且 $\lim\limits_{x \to 9} f(x) = 3$.

2. $f(0^-) = -\dfrac{\pi}{2}$，$f(0^+) = \dfrac{\pi}{2}$，所以 $\lim\limits_{x \to 0} \arctan \dfrac{1}{x}$ 不存在.

3. $f(2^-) = -1$，$f(2^+) = 1$，所以 $\lim\limits_{x \to 2} f(x)$ 不存在. 图像略.

4. 取 $\delta = 2\varepsilon = 0.000\ 2$.

5. 提示：利用不等式 $||a| - |b|| \leq |a-b|$.

6. 因为 $\left|\dfrac{x^2-1}{x^2+3} - 1\right| = \dfrac{4}{x^2+3} < \dfrac{4}{x^2}$，要使 $\left|\dfrac{x^2-1}{x^2+3} - 1\right| < 0.01$，只要 $\dfrac{4}{x^2} < 0.01$，即 $|x| > 20$，取 $X = 20$，则当 $|x| > X$ 时，就有 $|y - 1| < 0.01$.

习题1-4 参考答案

1. （1）×；（2）√；（3）√；（4）×；（5）×.

2. （1）无穷小量；（2）无穷小量；（3）无穷小量；（4）都不是；（5）无穷大量；（6）无穷小量.

3. （1）当 $x \to 0$ 时，$\sqrt[3]{x}$ 与 $\tan x$ 均为无穷小量，它们之积也为无穷小量，同理，乘

积 $x\sin x$ 仍为无穷小量,又因两个无穷小量之和仍为无穷小量,所以 $\lim\limits_{x\to 0}(\sqrt[3]{x}\tan x + x\sin x) = 0$;

(2) 当 $n\to\infty$ 时,$\dfrac{1}{n}$ 为无穷小量,$\left|\cos\dfrac{n^2+1}{n+1}\right|\leqslant 1$,即 $\cos\dfrac{n^2+1}{n+1}$ 为有界函数,由定理知,$\lim\limits_{n\to\infty}\dfrac{1}{n}\cos\dfrac{n^2+1}{n+1} = 0$;

(3) 当 $x\to 2$ 时,$x^2-4\to 0$,即 x^2-4 是无穷小量,而 $|\cos(x-2)|\leqslant 1$,即 $\cos(x-2)$ 是有界函数,由定理知,$\lim\limits_{x\to 2}(x^2-4)\cos(x-2) = 0$;

(4) $\lim\limits_{x\to\infty}\dfrac{1}{x}\arctan x = 0$(理由与(2)、(3)中类似,略).

4. 因为 $\forall M > 0$,总有 $x_0 \in (M, +\infty)$,使 $\cos x_0 = 1$,从而 $y = x_0\cos x_0 = x_0 > M$,所以 $y = x\cos x$ 在 $(-\infty, +\infty)$ 内无界.

又因为 $\forall M > 0, X > 0$,总有 $x_0 \in (X, +\infty)$,使 $\cos x_0 = 0$,从而 $y = x_0\cos x_0 = 0 < M$,所以 $y = x\cos x$ 不是当 $x\to +\infty$ 时的无穷大量.

习题 1-5 参考答案

1. (1) 不正确,因为 $\lim\limits_{x\to +\infty}\sqrt{x+5}$ 与 $\lim\limits_{x\to +\infty}\sqrt{x}$ 均不存在,不可用差的极限法则,应当先有理化后再求极限,其结果为 0;

(2) 不正确,因为 $\lim(x^2-1)$ 和 $\lim(x^2+1)$ 均不存在,不可用商的极限法则,应对分子、分母同除以 x 的最高次幂 x^2 后再求极限,其结果为 1;

(3) 不正确,因为当 $n\to\infty$ 时,和的项数也无限增大,和的极限运算法则只适合有限项,可用公式 $1+2+\cdots+n = \dfrac{n(n+1)}{2}$,化为有限项和后,再求极限,极限为 $\dfrac{1}{2}$.

2. (1) $\dfrac{1}{83}$; (2) -1; (3) $\dfrac{1}{2}$.

3. (1) $\dfrac{3}{4}$; (2) $\dfrac{1}{2\beta}$; (3) 2; (4) $\dfrac{1}{6}$; (5) 0; (6) $\dfrac{1}{1-q}$; (7) $\dfrac{4}{3}$; (8) $\dfrac{n}{2}$.

4. $\lim\limits_{x\to 0}f(x) = 2$.

5. (1) 因为 $\lim\limits_{x\to 2}\dfrac{(x-2)^2}{x^3+2x^2} = 0$,所以 $\lim\limits_{x\to 2}\dfrac{x^3+2x^2}{(x-2)^2} = \infty$;

(2) 因为 $\lim\limits_{x\to\infty}\dfrac{2x+1}{x^2} = \lim\limits_{x\to\infty}\left(\dfrac{2}{x}+\dfrac{1}{x^2}\right) = 0$,所以 $\lim\limits_{x\to\infty}\dfrac{x^2}{2x+1} = \infty$;

(3) 因为 $\lim\limits_{x\to\infty}\dfrac{1}{2x^3-x+1} = \lim\limits_{x\to\infty}\dfrac{\dfrac{1}{x^3}}{2-\dfrac{1}{x^2}+\dfrac{1}{x^3}} = 0$,所以 $\lim\limits_{x\to\infty}(2x^3-x+1) = \infty$.

6. （1）因为 $x^2 \to 0$，$\left|\sin\dfrac{1}{x}\right| \leqslant 1$，所以 $\lim\limits_{x\to 0} x^2\sin\dfrac{1}{x} = 0$；

（2）因为 $\dfrac{1}{x} \to 0$，$|\arctan x| < \dfrac{\pi}{2}$，所以 $\lim\limits_{x\to\infty}\dfrac{\arctan x}{x} = 0$.

习题1-6参考答案

1. （1）$\dfrac{1}{2}$；（2）$\dfrac{\alpha}{\beta}$；（3）$\alpha - \beta$；（4）$\dfrac{x}{2}$；（5）3；（6）e^2；（7）e^3；（8）e^{-2}；（9）$e^{\frac{4}{3}}$；（10）$2\cos 1$.

2. （1）因为 $\dfrac{n}{\sqrt{n^2+n}} < \dfrac{1}{\sqrt{n^2+1}} + \cdots + \dfrac{1}{\sqrt{n^2+n}} < \dfrac{n}{\sqrt{n^2+1}}$，又 $\lim\limits_{n\to\infty}\dfrac{n}{\sqrt{n^2+n}} = \lim\limits_{n\to\infty}\dfrac{n}{\sqrt{n^2+1}} = 1$，所以由夹逼准则得

$$\lim_{n\to\infty}\left(\dfrac{1}{\sqrt{n^2+1}} + \dfrac{1}{\sqrt{n^2+2}} + \cdots + \dfrac{1}{\sqrt{n^2+n}}\right) = 1$$

（2）因为 $n \cdot \dfrac{n}{n^2+n\pi} \leqslant n\left(\dfrac{1}{n^2+\pi} + \dfrac{1}{n^2+2\pi} + \cdots + \dfrac{1}{n^2+n\pi}\right) \leqslant n \cdot \dfrac{n}{n^2+\pi}$，又 $\lim\limits_{n\to\infty}\dfrac{n^2}{n^2+n\pi} = \lim\limits_{n\to\infty}\dfrac{n^2}{n^2+\pi} = 1$，所以由夹逼准则得

$$\lim_{n\to\infty} n\left(\dfrac{1}{n^2+\pi} + \dfrac{1}{n^2+2\pi} + \cdots + \dfrac{1}{n^2+n\pi}\right) = 1$$

（3）因为 $\dfrac{1}{n^2+n+n} \leqslant \dfrac{1}{n^2+n+k} \leqslant \dfrac{1}{n^2+n+1}$（$1 < k < n$），则 $\dfrac{k}{n^2+n+n} \leqslant \dfrac{k}{n^2+n+k} \leqslant \dfrac{k}{n^2+n+1}$，所以

$$\sum_{k=1}^{n}\dfrac{k}{n^2+n+n} \leqslant \sum_{k=1}^{n}\dfrac{k}{n^2+n+k} \leqslant \sum_{k=1}^{n}\dfrac{k}{n^2+n+1}$$

又 $\lim\limits_{n\to\infty}\sum\limits_{k=1}^{n}\dfrac{k}{n^2+n+n} = \lim\limits_{n\to\infty}\sum\limits_{k=1}^{n}\dfrac{k}{n^2+n+1} = \dfrac{1}{2}$，所以由夹逼准则得

$$\lim_{n\to\infty}\left(\dfrac{1}{n^2+n+1} + \dfrac{2}{n^2+n+2} + \cdots + \dfrac{n}{n^2+n+n}\right) = \dfrac{1}{2}$$

3. $x_{n+1} = \sqrt{2+x_n}$（$n \in \mathbf{N}^*$），$x_1 = \sqrt{2}$.

（1）先证数列 $\{x_n\}$ 有界：当 $n=1$ 时，$x_1 = \sqrt{2} < 2$；假定 $n=k$ 时，$x_k < 2$. 当 $n=k+1$ 时，$x_{k+1} = \sqrt{2+x_k} < \sqrt{2+2} = 2$，故 $x_n < 2$（$n \in \mathbf{N}^*$）.

（2）再证数列 $\{x_n\}$ 单调增加：因为 $x_{n+1} - x_n = \sqrt{2+x_n} - x_n = \dfrac{2+x_n-x_n^2}{\sqrt{2+x_n}+x_n} = $

$-\dfrac{(x_n-2)(x_n+1)}{\sqrt{2+x_n}+x_n}$,由 $0<x_n<2$,得 $x_{n+1}-x_n>0$,即 $x_{n+1}>x_n(n\in \mathbf{N}^*)$.由单调有界准则,知 $\lim\limits_{n\to\infty}x_n$ 存在.

记 $\lim\limits_{n\to\infty}x_n=a$,由 $x_{n+1}=\sqrt{2+x_n}$,得 $x_{n+1}^2=2+x_n$,两端同时取极限:$\lim\limits_{n\to\infty}x_{n+1}^2=\lim\limits_{n\to\infty}(2+x_n)$,得 $a^2=2+a\Rightarrow a^2-a-2=0\Rightarrow a_1=2,a_2=-1$(舍去).即 $\lim\limits_{n\to\infty}x_n=2$.

习题 1-7 参考答案

1. (1) $\tan x-\sin x$ 比 x^2 高阶;(2) $\arcsin x$ 比 x^2 低阶;(3) 同阶;(4) 等价.

2. (1) 令 $x=\tan t$,即 $t=\arctan x$,当 $x\to 0$ 时,$t\to 0$,因为 $\lim\limits_{x\to 0}\dfrac{\arctan x}{x}=\lim\limits_{t\to 0}\dfrac{t}{\arctan t}=1$,所以 $\arctan x\sim x(x\to 0)$;

(2) $\lim\limits_{x\to 0}\dfrac{\ln(1+x)}{x}=\lim\limits_{x\to 0}\ln(1+x)^{\frac{1}{x}}=1$,即 $\ln(1+x)\sim x(x\to 0)$.

3. (1) $\dfrac{7}{5}$;(2) 当 $n>m$ 时,极限为 0;当 $n=m$ 时,极限为 1;当 $n<m$ 时,极限为 ∞(极限不存在);(3) 1;(4) $\dfrac{1}{2}$;(5) -3.

习题 1-8 参考答案

1. (1) $x=-2$ 为可去间断点,补充定义 $f(-2)=1$,则 $x=-2$ 为连续点,$x=-3$ 是无穷间断点;

(2) $x=0$ 为可去间断点,补充定义 $f(0)=0$,则 $x=0$ 为连续点;

(3) $x=0$ 为第二类间断点;

(4) $x=0$ 为第一类(跳跃)间断点;

(5) $x=0$ 为第二类间断点;

(6) $x=0$ 是可去间断点,若修改定义 $f(0)=2$ 为 $f(0)=1$,则 $x=0$ 为连续点.

2. $a=k=\dfrac{1}{\mathrm{e}}$.

3. 因为 $\lim\limits_{x\to 0^-}\dfrac{1}{1+\mathrm{e}^{1/x}}=1\neq f(0)$,所以函数在 $x=0$ 处不左连续,又因为 $\lim\limits_{x\to 0^+}\dfrac{1}{1+\mathrm{e}^{1/x}}=0=f(0)$,所以函数在 $x=0$ 处右连续.

习题 1-9 参考答案

1. $x_1=-3,x_2=2$ 这两个点为间断点,此外函数处处连续,连续区间为 $(-\infty,-3)$,$(-3,2)$,$(2,+\infty)$.

因为 $f(x)=\dfrac{x^3+3x^2-x-3}{x^2+x-6}=\dfrac{(x^2-1)(x+3)}{(x+3)(x-2)}=\dfrac{x^2-1}{x-2}$,所以 $\lim\limits_{x\to 0}f(x)=\dfrac{1}{2}$,$\lim\limits_{x\to -3}f(x)=-\dfrac{8}{5}$,

$\lim\limits_{x\to 2} f(x) = \infty$.

2. (1) $\dfrac{\pi}{4(e+1)}$；(2) 0；(3) $\sqrt{1+\sqrt{2}}$；(4) 1；(5) $\dfrac{1}{3}$；(6) $\dfrac{1}{4}$；(7) -1；(8) 3；(9) $\sqrt{2}$；(10) -2；(11) e^3.

注：本题及之后所涉及的求极限问题中，常采用以下的方法：

(1) 利用极限运算法则；

(2) 利用复合函数的连续性，将函数符号与极限号交换次序；

(3) 利用一些初等方法，如因式分解，分子或分母有理化，分子分母同乘或除以一个不为零的因子，消去分母中趋于零的因子等；

(4) 利用重要极限以及它们的变形；

(5) 利用等价无穷小量的替换.

3. $k=2$. 因为 $x<0$ 时，$f(x)=\dfrac{\sin 2x}{x}$ 是初等函数，所以 $\dfrac{\sin 2x}{x}$ 在 $(-\infty,0)$ 内连续；当 $x\geq 0$ 时 $f(x)=3x^2-2x+2$ 也是初等函数，它在 $[0,+\infty)$ 内连续，且 $\lim\limits_{x\to 0^-} f(x)=\lim\limits_{x\to 0^-}\dfrac{\sin 2x}{x}=\lim\limits_{x\to 0^+}(3x^2-2x+2)=\lim\limits_{x\to 0^+}f(x)=f(0)$，所以函数 $f(x)$ 在 $(-\infty,+\infty)$ 内连续.

习题 1-10 参考答案

1. 令 $f(x)=x^3-4x^2+1$，则 $f(x)$ 在 $[0,1]$ 上连续. 又 $f(0)=1>0$，$f(1)=-2<0$，由零点定理，$\exists\,\xi\in(0,1)$，使 $f(\xi)=0$，即 $\xi^3-4\xi^2+1=0$. 所以方程 $x^3-4x^2+1=0$ 在 $(0,1)$ 内至少有一个实根 ξ.

2. 令 $F(x)=f(x)-x$，则 $F(x)$ 在 $[a,b]$ 上连续. 且 $F(a)=f(a)-a<0$，$F(b)=f(b)-b>0$，由零点定理知，$\exists\,\xi\in(a,b)$ 使 $F(\xi)=0$. 即 $f(\xi)=\xi$.

3. 当 $x\neq 1,2,3$ 时，用 $(x-1)(x-2)(x-3)$ 乘方程两端，得 $(x-2)(x-3)+(x-1)(x-3)+(x-1)(x-2)=0$. 设 $f(x)=(x-2)(x-3)+(x-1)(x-3)+(x-1)(x-2)$，则 $f(1)=(-1)\cdot(-2)=2>0$，$f(2)=1\cdot(-1)=-1<0$，$f(3)=2\cdot 1=2>0$.

由零点定理知，$f(x)$ 在 $(1,2)$ 与 $(2,3)$ 内至少各有一个零点，即原方程在 $(1,2)$ 与 $(2,3)$ 内至少各有一个实根.

4. 设 $F(x)=f(x)-f(a+x)$，因为 $f(x)$ 在 $[0,2a]$ 上连续，所以 $F(x)$ 在 $[0,a]$ 上连续，且 $F(0)=f(0)-f(a)$，$F(a)=f(a)-f(2a)=f(a)-f(0)=-F(0)$.

若 $F(0)=0$，则 $\xi=0$ 或 $\xi=a$ 即为所求. 若 $F(0)\neq 0$，则由零点定理知，至少存在一点 $\xi\in(0,a)$，使 $F(\xi)=0$. 即有 $f(\xi)=f(a+\xi)$.

三、总习题参考答案

1. (1) D；(2) A；(3) B；(4) A；(5) C.

2. (1) 2；(2) $\dfrac{1}{2}$；(3) 0；(4) e；(5) 不存在（提示：讨论左、右极限）；(6) $\dfrac{1}{e}$；

(7) $\dfrac{1}{4}$; (8) 1; (9) $\dfrac{1}{3}$.

3. $f(0^-)=1$, $f(0^+)=2$. 故 $x=0$ 是第一类中的跳跃间断点.

4. $a=-2$.

5. 因为 $\lim\limits_{x\to 3}(x-3)=0$, $\lim\limits_{x\to 3}\dfrac{x^2-2x+k}{x-3}=4$. 根据同阶无穷小量的比较定义,得 $\lim\limits_{x\to 3}(x^2-2x+k)=9-6+k=0$, 即 $k=-3$.

6. 因为 $\dfrac{x^2+1}{x+1}-ax-b=\dfrac{(1-a)x^2-(a+b)x+(1-b)}{x+1}$, 要使极限为 0, 当且仅当 $1-a=0$, $a+b=0$, 即 $a=1, b=-1$.

7. 由题意设 $P(x)=x^3+2x^2+ax+b$, 由 $\lim\limits_{x\to 0}\dfrac{P(x)}{x}=1$ 可知 $\lim\limits_{x\to 0}(x^3+2x^2+ax+b)=0$, 故 $b=0$. 把 $b=0$ 代入 $\lim\limits_{x\to 0}\dfrac{P(x)}{x}=1$, 则 $\lim\limits_{x\to 0}\dfrac{x^3+2x^2+ax}{x}=1$. 解得 $a=1$. 故 $P(x)=x^3+2x^2+x$.

8. 设 $f(x)=x-\sin x-2$, 则 $f(x)$ 在 $[0,3]$ 上连续. 又因为 $f(0)f(3)<0$, 所以根据零点定理知, 在 $(0,3)$ 内至少存在一点 ξ, 使 $f(\xi)=0$. 即 $\xi-\sin\xi-2=0$. 故方程 $x=\sin x+2$ 至少有一个小于 3 的正根.

9. 因为 $f(x)$ 在 $[a,b]$ 上连续, 所以 $f(x)$ 在 $[x_1,x_n]$ 上也连续, 设 M,m 分别是 $f(x)$ 在 $[x_1,x_n]$ 上的最大值和最小值, 则
$$m\leqslant f(x_1)\leqslant M,\ m\leqslant f(x_2)\leqslant M,\ \cdots,\ m\leqslant f(x_n)\leqslant M$$
所以 $nm\leqslant f(x_1)+f(x_2)+\cdots+f(x_n)\leqslant nM$, 即 $m\leqslant\dfrac{f(x_1)+f(x_2)+\cdots+f(x_n)}{n}\leqslant M$.

由介值定理知至少存在一点 $\xi\in(x_1,x_n)$, 使 $f(\xi)=\dfrac{f(x_1)+f(x_2)+\cdots+f(x_n)}{n}$.

四、同步测试参考答案

(一) 1. $\left[-\dfrac{1}{3},0\right]$. 2. 9. 3. $[1,3)\cup(3,+\infty)$, $x=3$. 4. 1, 1. 5. 2.

(二) 1. D. 2. A. 3. C. 4. C. 5. C.

(三) 1. $-\dfrac{1}{3}$ (提示: 分子、分母同时有理化).

2. $\dfrac{1}{12}$ (提示: 当 $x\to 0$, $\sqrt{1+x\sin x}-1\sim\dfrac{1}{2}x\sin x, e^{2x}-1\sim 2x, \tan 3x\sim 3x$).

3. 原式 $=e^{\lim\limits_{x\to\infty}x^2\ln\left(\cos\frac{1}{x}\right)}=e^{\lim\limits_{x\to\infty}x^2\ln\left[1+\left(\cos\frac{1}{x}-1\right)\right]}=e^{\lim\limits_{x\to\infty}x^2\left(\cos\frac{1}{x}-1\right)}=e^{\lim\limits_{x\to\infty}x^2\cdot\left[-\frac{1}{2}\cdot\left(\frac{1}{x^2}\right)\right]}=e^{-\frac{1}{2}}$.

4. 原式 $=\lim\limits_{x\to\infty}\dfrac{x^2-\sin^2 x}{(x+\sin x)^2}=\lim\limits_{x\to\infty}\dfrac{x-\sin x}{x+\sin x}=\lim\limits_{x\to\infty}\dfrac{1-\dfrac{\sin x}{x}}{1+\dfrac{\sin x}{x}}=1$.

（四）1. $\lim\limits_{x\to 1^-}(-2\mathrm{e}^{x-1})=-2$，若使 $f(x)$ 在 $x=1$ 处连续，必须有 $\lim\limits_{x\to 1^+}\dfrac{a^2-x^2}{x-1}=-2$，于是 $\lim\limits_{x\to 1^+}(a^2-x^2)=0$，从而 $a=\pm 1$.

2. 由极限存在可得 $\lim\limits_{x\to -1}x^3-ax^2-x+4=0$，解得 $a=4$. 从而

$$b=\lim_{x\to -1}\dfrac{x^3-4x^2-x+4}{x+1}=\lim_{x\to -1}\dfrac{x^2(x-4)-(x-4)}{x+1}=\lim_{x\to -1}(x-4)(x-1)=10$$

故 $a=4, b=10$.

3. 先证明 x_n 存在. 因为 $x_0>0$，可得 $x_n>0$. 则

$$x_{n+1}=\dfrac{1}{2}\left(x_n+\dfrac{1}{x_n}\right)\geqslant \dfrac{1}{2}\cdot 2\sqrt{x_n\cdot \dfrac{1}{x_n}}=1, \quad x_{n+1}-x_n=\dfrac{1}{2}\left(x_n+\dfrac{1}{x_n}\right)-x_n=\dfrac{1-x_n^2}{2x_n}\leqslant 0$$

即 $x_{n+1}\leqslant x_n$，所以数列 $\{x_n\}$ 单调递减，且有下界，则极限存在.

设 $\lim\limits_{n\to\infty}x_n=A$，于是 $A=\dfrac{1}{2}\left(A+\dfrac{1}{A}\right)$，解得 $A=1$，从而 $\lim\limits_{n\to\infty}x_n=1$.

（五）1. 提示：设 $f(x)=\sin x+x+1$，对 $f(x)$ 用零点定理.

2. $f(x)$ 在 $[a,b]$ 上连续，则在 $[x_1,x_2]$ 上连续，存在最大值 M 和最小值 m，必有 $m\leqslant f(x_1)\leqslant M, m\leqslant f(x_2)\leqslant M$. 且 $f(x)>0$，则 $m>0, M>0$，故 $m\leqslant \sqrt{f(x_1)f(x_2)}\leqslant M$. 由介值定理知，$\exists\xi\in(x_1,x_2)$，使 $f(\xi)=\sqrt{f(x_1)f(x_2)}$.

五、能力提升（考研真题）参考答案

1. D. 2. D. 3. A. 4. D. 5. B. 6. B. 7. A. 8. C. 9. C. 10. C.

11. $(ab)^{\frac{3}{2}}$. 12. $\dfrac{1}{1-2a}$. 13. e^2. 14. $1, -4$. 15. 2.

16. 1. 17. $\dfrac{3}{2}\mathrm{e}$.

第二章 导数与微分

二、每节精选

习题 2-1 参考答案

1. $f'(1) = \lim\limits_{x \to 1} \dfrac{x^3 - 1^3}{x - 1} = \lim\limits_{x \to 1} \dfrac{(x-1)(x^2 + x + 1)}{x - 1} = \lim\limits_{x \to 1}(x^2 + x + 1) = 3.$

2. 设物体在 t 时刻的速度为 v,则 $v = \dfrac{\mathrm{d}s}{\mathrm{d}t} = 3t^2$,所以 $v\big|_{t=3} = 27.$

3. (1) $y' = \dfrac{1}{2\sqrt{x}}$;　　(2) $y' = -\dfrac{1}{x^2}$;　　(3) $y' = \dfrac{2}{3}x^{-\frac{1}{3}}$;

　(4) $y' = -\dfrac{1}{2}x^{-\frac{3}{2}}$;　(5) $y' = \dfrac{3}{4}x^{-\frac{1}{4}}$;　(6) $y' = \dfrac{16}{5}x^{\frac{11}{5}}.$

4. $y' = \cos x, k = y'\big|_{x=\pi} = -1.$ 所以在点 $(\pi, 0)$ 处的切线方程为 $x + y - \pi = 0$;法线方程为 $x - y - \pi = 0.$

5. $y'\big|_{x=0} = \mathrm{e}^x\big|_{x=0} = 1$,故曲线在点 $(0,1)$ 处的切线方程为 $x - y + 1 = 0.$

6. 割线的斜率 $k = \dfrac{3^2 - 1^2}{3 - 1} = 4$,假设该抛物线上点 (x_0, x_0^2) 处的切线平行于该割线,则有 $(x^2)'\big|_{x=x_0} = 4$,即 $2x_0 = 4$,故 $x_0 = 2$,由此得到所求点为 $(2, 4).$

7. (1) $\lim\limits_{x \to 0}|\sin x| = 0 = f(0)$,故 $y = |\sin x|$ 在 $x = 0$ 处连续,又 $f'_-(0) = \lim\limits_{x \to 0^-} \dfrac{f(x) - f(0)}{x - 0} = \lim\limits_{x \to 0^-}\dfrac{-\sin x}{x} = -1$, $f'_+(0) = \lim\limits_{x \to 0^+}\dfrac{f(x) - f(0)}{x - 0} = \lim\limits_{x \to 0^+}\dfrac{\sin x}{x} = 1$, $f'_-(0) \neq f'_+(0)$,故 $y = |\sin x|$ 在 $x = 0$ 处不可导;

(2) $\lim\limits_{x \to 0} x^2 \sin\dfrac{1}{x} = 0 = f(0)$,故函数在 $x = 0$ 处连续,又 $f'(0) = \lim\limits_{x \to 0}\dfrac{f(x) - f(0)}{x - 0} = \lim\limits_{x \to 0}\dfrac{x^2 \sin\dfrac{1}{x}}{x} = \lim\limits_{x \to 0} x\sin\dfrac{1}{x} = 0$,故函数在 $x = 0$ 处可导.

8. 要函数 $f(x)$ 在 $x = 1$ 处连续,应有 $\lim\limits_{x \to 1^-} f(x) = \lim\limits_{x \to 1^+} f(x) = f(1)$,即 $1 = a + b.$
要函数 $f(x)$ 在 $x = 1$ 处可导,应有 $f'_-(1) = f'_+(1).$ 而
$$f'_-(1) = \lim\limits_{x \to 1^-}\dfrac{f(x) - f(1)}{x - 1} = \lim\limits_{x \to 1^-}\dfrac{x^2 - 1}{x - 1} = 2$$

$$f'_+(1) = \lim_{x \to 1^+} \frac{f(x)-f(1)}{x-1} = \lim_{x \to 1^+} \frac{ax+b-1}{x-1} = \lim_{x \to 1^+} \frac{ax+1-a-1}{x-1} = \lim_{x \to 1^+} \frac{a(x-1)}{x-1} = a$$

故 $a=2, b=-1$.

9. $f'_-(0) = \lim\limits_{x \to 0^-} \dfrac{\sin x}{x} = 1$, $f'_+(0) = \lim\limits_{x \to 0^+} \dfrac{x}{x} = 1$, 由于 $f'_-(0) = f'_+(0) = 1$, 故 $f'(0) = 1$.

因此 $f'(x) = \begin{cases} \cos x, & x < 0 \\ 1, & x \geq 0 \end{cases}$.

10. (1) B; (2) A; (3) C; (4) C; (5) B.

提示: (4) $f(x)$ 在 $x = x_0$ 处可导, 则 $f(x)$ 在 $x = x_0$ 处连续, 即 $\lim\limits_{x \to x_0} f(x) = f(x_0)$. 所以 $\lim\limits_{x \to x_0} |f(x)| = |f(x_0)|$. 从而 $|f(x)|$ 在 $x = x_0$ 处连续. 但未必可导, 如: $y = x$ 在 $x = x_0$ 处可导, 但 $y = |x|$ 在 $x = x_0$ 处不可导.

习题 2-2 参考答案

1. (1) $y' = \cos x + \sin x$, $y'|_{x=\frac{\pi}{6}} = \dfrac{1}{2}(1+\sqrt{3})$, $y'|_{x=\frac{\pi}{4}} = \sqrt{2}$;

(2) $f'(x) = \dfrac{3}{(5-x)^2} + \dfrac{2}{5}x$, $f'(0) = \dfrac{3}{25}$, $f'(2) = \dfrac{17}{15}$.

2. (1) $-\dfrac{1}{x^2}(\sqrt{x}+1) + \left(\dfrac{1}{x}-1\right)\dfrac{1}{2\sqrt{x}}$; (2) $1 - \dfrac{1}{2x\sqrt{x}} - \dfrac{1}{x^2}$;

(3) $-\dfrac{1}{1+\sin x}$; (4) $\dfrac{x(\sec^2 x - \sin x)\ln x - \tan x - \cos x}{x \ln^2 x}$;

(5) $\dfrac{\tan x + x\sec^2 x(1+x)}{(1+x)^2}$; (6) $\dfrac{-2\csc x \cot x(1+x^2) - 4x\csc x}{(1+x^2)^2}$.

3. (1) $(\cot x)' = \left(\dfrac{\cos x}{\sin x}\right)' = \dfrac{-\sin x \sin x - \cos x \cos x}{\sin^2 x} = -\dfrac{1}{\sin^2 x} = -\csc^2 x$;

(2) $(\csc x)' = \left(\dfrac{1}{\sin x}\right)' = \dfrac{-\cos x}{\sin^2 x} = -\csc x \cot x$.

4. 具有水平切线的点, 即 $k=0$, 令 $y' = 2ax + b = 0$. 则 $x = -\dfrac{b}{2a}$. 代入抛物线中, 故 $y = -\dfrac{b^2-4ac}{4a}$. 所以点坐标为 $\left(-\dfrac{b}{2a}, -\dfrac{b^2-4ac}{4a}\right)$.

5. (1) $y' = \dfrac{3(\arcsin x)^2}{\sqrt{1-x^2}}$; (2) $y' = \dfrac{2}{1+x^2}$; (3) $y' = e^{\frac{x}{2}}\left(\dfrac{1}{2}\cos 3x - 3\sin 3x\right)$;

(4) $y' = \dfrac{2x}{1+x^2}$; (5) $y' = \dfrac{1}{x \ln x \cdot \ln \ln x}$; (6) $y' = \arcsin \dfrac{x}{2}$; (7) $y' = \dfrac{1}{\sqrt{a^2+x^2}}$;

(8) $y' = \sec x$; (9) $y' = \csc x$; (10) $y' = \dfrac{\ln x}{x\sqrt{1+\ln^2 x}}$; (11) 先分母有理化得:

$y = \dfrac{1-\sqrt{1-x^2}}{x}$，故 $y' = \dfrac{1-\sqrt{1-x^2}}{x^2\sqrt{1-x^2}}$；(12) $y' = -\dfrac{1}{x^2}\mathrm{e}^{\tan\frac{1}{x}}\sec^2\dfrac{1}{x}$.

6. (1) $y' = \mathrm{e}^{-x}(x^2-2x+3)$；(2) $y' = \dfrac{x^2}{(\cos x + x\sin x)^2}$；(3) $y' = \dfrac{4}{(\mathrm{e}^x+\mathrm{e}^{-x})^2}$；

(4) $y' = \dfrac{1-n\ln x}{x^{n+1}}$；(5) $y' = \dfrac{2\sqrt{x}+1}{4\sqrt{x}\cdot\sqrt{x+\sqrt{x}}}$；(6) $y' = n\sin^{n-1}x\cos(n+1)x$；

(7) 提示：原式先化为 $y = \ln(1+\sqrt{x}) - \ln(1-\sqrt{x})$，则 $y' = \dfrac{1}{(1-x)\sqrt{x}}$；

(8) $y' = 10^{x\tan 2x}\ln 10\cdot(\tan 2x + 2x\sec^2 2x)$；

(9) 提示：原式先化为 $y = \dfrac{1}{2}[\ln \mathrm{e}^{4x} - \ln(\mathrm{e}^{4x}+1)] = \dfrac{1}{2}[4x - \ln(\mathrm{e}^{4x}+1)]$，则
$y' = \dfrac{2}{\mathrm{e}^{4x}+1}$；

(10) $y' = a^a x^{a^a-1} + ax^{a-1}a^{x^a}\ln a$.

7. (1) $y' = 2xf'(x^2)$；(2) $y' = f'(\mathrm{e}^x)\mathrm{e}^x\mathrm{e}^{f(x)} + f(\mathrm{e}^x)\mathrm{e}^{f(x)}f'(x)$；

(3) $y' = \sin 2x[f'(\sin^2 x) - f'(\cos^2 x)]$.

8. 令 $x = \dfrac{1}{u}$，则 $f(u) = \dfrac{\dfrac{1}{u}}{1+\dfrac{1}{u}} = \dfrac{1}{1+u}$. 所以 $f(x) = \dfrac{1}{1+x}$，$f'(x) = -\dfrac{1}{(1+x)^2}$.

9. 因为 $F'(x) = 2xf'(x^2-1) - 2xf'(1-x^2)$，所以 $F'(1) = 2f'(0) - 2f'(0) = 0$，$F'(-1) = -2f'(0) + 2f'(0) = 0$，故 $F'(1) = F'(-1)$.

10. 由条件(2)知，$f(0) = 1$，故
$$f'(x) = \lim_{\Delta x\to 0}\dfrac{f(x+\Delta x)-f(x)}{\Delta x} = \lim_{\Delta x\to 0}\dfrac{f(x)f(\Delta x)-f(x)}{\Delta x}$$
$$= \lim_{\Delta x\to 0}\left[f(x)\dfrac{f(\Delta x)-1}{\Delta x}\right] = \lim_{\Delta x\to 0}\left[f(x)\dfrac{\Delta x g(\Delta x)}{\Delta x}\right]$$
$$= \lim_{\Delta x\to 0}[f(x)g(\Delta x)] = f(x)\cdot 1 = f(x)$$

习题 2-3 参考答案

1. (1) $y' = 4x + \dfrac{1}{x}$，$y'' = 4 - \dfrac{1}{x^2}$；

(2) $y' = 2\mathrm{e}^{2x-1}$，$y'' = 4\mathrm{e}^{2x-1}$；

(3) $y' = 2x\sin x + x^2\cos x$，$y'' = (2-x^2)\sin x + 4x\cos x$；

(4) $y' = \dfrac{x}{\sqrt{1+x^2}}$，$y'' = \dfrac{1}{\sqrt{(1+x^2)^3}}$；

(5) $y' = e^{\alpha x}(\alpha\cos\beta x - \beta\sin\beta x)$, $y'' = e^{\alpha x}[(\alpha^2 - \beta^2)\cos\beta x - 2\alpha\beta\sin\beta x]$;

(6) $y' = x(2\ln x + 1)$, $y'' = 2\ln x + 3$;

(7) $y' = -\dfrac{\sin(\ln x)}{x}$, $y'' = -\dfrac{\cos(\ln x) - \sin(\ln x)}{x^2}$;

(8) $y' = -\tan x$, $y'' = -\sec^2 x$;

(9) $y' = 2x\arctan x + 1$, $y'' = 2\arctan x + \dfrac{2x}{1+x^2}$;

(10) $y' = \dfrac{1}{\sqrt{1+x^2}}$, $y'' = -\dfrac{x}{\sqrt{(1+x^2)^3}}$.

2. 因为 $f'(x) = 30(3x+1)^9$, $f''(x) = 810(3x+1)^8$, $f'''(x) = 19\,440(3x+1)^7$. 故 $f'''(0) = 19\,440$.

3. 由题意，$g(x)$ 可导. 则 $f'(x) = 2(x-a)g(x) + (x-a)^2 g'(x)$. 且 $f'(a) = 0$. 但 $g''(x)$ 不一定存在，故用定义求 $f''(a)$.

$$f''(a) = \lim_{x\to a}\frac{f'(x) - f'(a)}{x - a} = \lim_{x\to a}\frac{2(x-a)g(x) + (x-a)^2 g'(x)}{x-a}$$
$$= \lim_{x\to a}[2g(x) + (x-a)g'(x)] = 2g(a)$$

4. 因为 $y' = \lambda c_1 e^{\lambda x} - \lambda c_2 e^{-\lambda x}$, $y'' = \lambda^2 c_1 e^{\lambda x} + \lambda^2 c_2 e^{-\lambda x} = \lambda^2(c_1 e^{\lambda x} + c_2 e^{-\lambda x}) = \lambda^2 y$. 故有 $y'' - \lambda^2 y = 0$.

5. (1) $y' = 3x^2 f'(x^3)$, $y'' = 6x f'(x^3) + 9x^4 f''(x^3)$;

(2) $y' = \dfrac{f'(x)}{f(x)}$, $y'' = \dfrac{f''(x)f(x) - [f'(x)]^2}{f^2(x)}$.

6. (1) $y' = e^x\cos x - e^x\sin x$, $y'' = -2e^x\sin x$, $y''' = -2e^x(\sin x + \cos x)$, $y^{(4)} = -4e^x\cos x$;

(2) $y' = \ln x + 1$, $y'' = \dfrac{1}{x} = x^{-1}$, $y''' = -x^{-2}$, $y^{(4)} = (-1)(-2)x^{-3}$, $y^{(5)} = (-1)(-2)(-3)x^{-4}$, $\cdots$, $y^{(n)} = (-1)^n(n-2)! x^{-(n-1)} = (-1)^n\dfrac{(n-2)!}{x^{n-1}}$ $(n \geq 2)$;

(3) 因为 $\dfrac{x}{x^2 - 3x + 2} = \dfrac{x-1+1}{(x-1)(x-2)} = \dfrac{1}{x-2} + \dfrac{1}{(x-1)(x-2)} = \dfrac{2}{x-2} - \dfrac{1}{x-1}$, 所以

$$y^{(n)} = \left(\dfrac{2}{x-2}\right)^{(n)} - \left(\dfrac{1}{x-1}\right)^{(n)} = 2(-1)^n\dfrac{n!}{(x-2)^{n+1}} - (-1)^n\dfrac{n!}{(x-1)^{n+1}}$$
$$= (-1)^n n!\left[\dfrac{2}{(x-2)^{n+1}} - \dfrac{1}{(x-1)^{n+1}}\right]$$

习题 2-4 参考答案

1. (1) $y' = \dfrac{2}{3(1-y^2)}$; (2) $y' = -\dfrac{y\sin xy}{2 + x\sin xy}$; (3) $y' = \dfrac{\cos(x+y)}{1 - \cos(x+y)}$;

(4) $y' = \dfrac{ay - x^2}{y^2 - ax}$；(5) $y' = -\dfrac{e^y}{1 + xe^y}$；(6) $y' = \dfrac{x + y}{x - y}$.

2. 在曲线方程两端分别对 x 求导，得 $\dfrac{2}{3}x^{-\frac{1}{3}} + \dfrac{2}{3}y^{-\frac{1}{3}}y' = 0$，从而 $y' = -\dfrac{x^{-\frac{1}{3}}}{y^{-\frac{1}{3}}}$，$y'\bigg|_{\left(\frac{\sqrt{2}}{4}a,\frac{\sqrt{2}}{4}a\right)} = -1$. 于是所求的切线方程为 $y - \dfrac{\sqrt{2}}{4}a = -1\left(x - \dfrac{\sqrt{2}}{4}a\right)$，即 $x + y = \dfrac{\sqrt{2}}{2}a$. 法线方程为 $y - \dfrac{\sqrt{2}}{4}a = 1\left(x - \dfrac{\sqrt{2}}{4}a\right)$，即 $x - y = 0$.

3. （1）$y' = \dfrac{x}{y}$，$y'' = -\dfrac{1}{y^3}$；

（2）$y' = \dfrac{e^y}{1 - xe^y}$，$y'' = -\dfrac{e^{2y}(2 - xe^y)}{(1 - xe^y)^3}$；

（3）$y' = -\dfrac{b^2 x}{a^2 y}$，$y'' = -\dfrac{b^4}{a^2 y^3}$；

（4）$y' = \dfrac{1}{(x+y)\cos y - 1}$，$y'' = \dfrac{(x+y)\sin y - (x+y)\cos^2 y}{[(x+y)\cos y - 1]^3}$.

4. （1）解法（一）用对数求导法，两边取对数：$\ln y = \tan x \ln(1 + x^2)$，两端分别对 x 求导，得 $\dfrac{1}{y}y' = \sec^2 x \ln(1 + x^2) + \tan x \cdot \dfrac{2x}{1 + x^2}$. 即 $y' = (1 + x^2)^{\tan x}\left[\sec^2 x \ln(1 + x^2) + \dfrac{2x \tan x}{1 + x^2}\right]$.

解法（二）直接用复合函数求导法，原式为 $y = (1 + x^2)^{\tan x} = e^{\tan x \ln(1 + x^2)}$，则 $y' = e^{\tan x \ln(1 + x^2)}[\tan x \ln(1 + x^2)]'$，即 $y' = (1 + x^2)^{\tan x}\left[\sec^2 x \ln(1 + x^2) + \dfrac{2x \tan x}{1 + x^2}\right]$.

（2）两端取对数，得 $\ln y = x[\ln x - \ln(1 + x)]$，则 $\dfrac{y'}{y} = [\ln x - \ln(1 + x)] + x\left(\dfrac{1}{x} - \dfrac{1}{1 + x}\right) = \ln\dfrac{x}{1 + x} + \dfrac{1}{1 + x}$，即 $y' = \left(\dfrac{x}{1 + x}\right)^x\left(\ln\dfrac{x}{1 + x} + \dfrac{1}{1 + x}\right)$.

（3）在 $y = \sqrt[5]{\dfrac{x - 5}{\sqrt[5]{x^2 + 5}}}$ 两端取对数，得

$$\ln y = \dfrac{1}{5}\left[\ln(x - 5) - \dfrac{1}{5}\ln(x^2 + 2)\right] = \dfrac{1}{5}\ln(x - 5) - \dfrac{1}{25}\ln(x^2 + 2)$$

则

$$\dfrac{y'}{y} = \dfrac{1}{5} \cdot \dfrac{1}{x - 5} - \dfrac{1}{25} \cdot \dfrac{2x}{x^2 + 2}$$

即 $y' = y\left[\dfrac{1}{5(x - 5)} - \dfrac{2x}{25(x^2 + 2)}\right] = \sqrt[5]{\dfrac{x - 5}{\sqrt[5]{x^2 + 5}}}\left[\dfrac{1}{5(x - 5)} - \dfrac{2x}{25(x^2 + 2)}\right]$.

(4) 略.

5. 方程两端同时对 x 求导，得 $y' - e^y - xe^y \cdot y' = 0$，即 $y' = \dfrac{e^y}{1 - xe^y}$. 又 $x = 0$ 时，$y = 1$，将 $x = 0, y = 1$ 代入上式，得 $y'(0) = e$.

切线方程为 $y - 1 = ex$，即 $y = ex + 1$.

法线方程为 $y - 1 = -\dfrac{1}{e}x$，即 $y = -\dfrac{1}{e}x + 1$.

6. （1）$\dfrac{dy}{dx} = \dfrac{3b}{2a}t$；（2）$\dfrac{dy}{dx} = \dfrac{\cos\theta - \theta\sin\theta}{1 - \sin\theta - \theta\cos\theta}$.

7. $\dfrac{dy}{dx} = \dfrac{\cos t - \sin t}{\sin t + \cos t}$，$\left.\dfrac{dy}{dx}\right|_{t=\frac{\pi}{3}} = \dfrac{\frac{1}{2} - \frac{\sqrt{3}}{2}}{\frac{\sqrt{3}}{2} + \frac{1}{2}} = \sqrt{3} - 2$.

8. 当 $\varphi = \dfrac{\pi}{4}$ 时，曲线对应点坐标为 $\left(\dfrac{\sqrt{2}}{4}a, \dfrac{\sqrt{2}}{4}b\right)$.

曲线在对应点的切线斜率为 $\left.\dfrac{dy}{dx}\right|_{t=\frac{\pi}{4}} = -\dfrac{b}{a}\tan\varphi\Big|_{t=\frac{\pi}{4}} = -\dfrac{b}{a}$.

切线方程为 $y - \dfrac{\sqrt{2}}{4}b = -\dfrac{b}{a}\left(x - \dfrac{\sqrt{2}}{4}a\right)$.

法线方程为 $y - \dfrac{\sqrt{2}}{4}b = \dfrac{a}{b}\left(x - \dfrac{\sqrt{2}}{4}a\right)$.

9. （1）$\dfrac{dy}{dx} = \dfrac{t}{2}, \dfrac{d^2y}{dx^2} = \dfrac{1+t^2}{4t}$；（2）$\dfrac{dy}{dx} = -\dfrac{2}{3}e^{2t}, \dfrac{d^2y}{dx^2} = \dfrac{4}{9}e^{3t}$；

（3）$\dfrac{dy}{dx} = \dfrac{1-3t^2}{-2t}, \dfrac{d^2y}{dx^2} = -\dfrac{1+3t^2}{4t^3}$.

10. 气球的体积为 $V = \dfrac{4}{3}\pi r^3$，两边对 t 求导，得 $\dfrac{dV}{dt} = 4\pi r^2 \dfrac{dr}{dt}$，于是有 $\dfrac{dr}{dt} = \dfrac{1}{4\pi r^2}\dfrac{dV}{dt}$，又已知 $\dfrac{dV}{dt} = 20 \text{ cm}^3/\text{s}$，$r = 10 \text{ cm}$，所以 $\left.\dfrac{dr}{dt}\right|_{r=10} = \dfrac{1}{4\pi \times 10^2} \times 20 \text{ cm/s} \approx 0.02 \text{ cm/s}$.

11. 在 $S = \pi r^2$ 两端分别对 t 求导，得 $\dfrac{dS}{dt} = 2\pi r \dfrac{dr}{dt}$，当 $t = 2, r = 6 \times 2 = 12, \dfrac{dr}{dt} = 6$ 时，代入上式，得 $\left.\dfrac{dS}{dt}\right|_{t=2} = 2\pi \cdot 12 \cdot 6 \text{ m}^2/\text{s} = 144\pi \text{ m}^2/\text{s}$.

习题 2-5 参考答案

1. $\Delta y = -\dfrac{3}{4}$，$dy = -1$.

2. (1) $dy = \left(-\dfrac{3}{x^4} + \dfrac{1}{\sqrt[3]{x^2}}\right)dx$; (2) $dy = \dfrac{2x + x^3}{\sqrt{(1+x^2)^3}}dx$;

(3) $dy = \dfrac{2^{\frac{\sin x}{x}}(x\cos x - \sin x)\ln 2}{x^2}dx$; (4) $dy = \dfrac{\sec^2[\ln(x+1)]}{x+1}dx$;

(5) $dy = 2x(1+x)e^{2x}dx$; (6) $dy = e^{-x}[\sin(3-x) - \cos(3-x)]dx$;

(7) 提示：$dy = \left[\dfrac{1}{\sqrt{1-(\sqrt{1-x^2})^2}} \cdot \dfrac{(-2x)}{2\sqrt{1-x^2}}\right]dx = -\dfrac{x}{|x|} \cdot \dfrac{dx}{\sqrt{1-x^2}}$,

即 $dy = \begin{cases} \dfrac{dx}{\sqrt{1-x^2}}, & -1 < x < 0 \\[4pt] -\dfrac{dx}{\sqrt{1-x^2}}, & 0 < x < 1 \end{cases}$;

(8) $dy = 8x\tan(1+2x^2)\sec^2(1+2x^2)dx$; (9) $dy = -\dfrac{2x}{1+x^4}dx$;

(10) $ds = A\omega\cos(\omega t + \varphi)dt$.

3. (1) $2x + C$; (2) $\dfrac{5}{2}x^2 + C$; (3) $\sin t + C$; (4) $-\dfrac{1}{\omega}\cos\omega x + C$; (5) $\ln(2+x) + C$;

(6) $-\dfrac{1}{2}e^{-2x} + C$; (7) $2\sqrt{x} + C$; (8) $\dfrac{1}{2}\tan 2x + C$.

4. (1) 由近似计算公式：$f(x) \approx f(x_0) + f'(x_0) \cdot \Delta x$. 则 $f(x) = \sqrt[100]{x}$，$f'(x) = \dfrac{1}{100}x^{-\frac{99}{100}}$，$x_0 = 1$，$\Delta x = 0.002$. 代入上式，得

$$\sqrt[100]{1.002} \approx f(1) + f'(1) \times 0.002 = 1 + \dfrac{1}{100} \times 0.002 = 1.000\,02$$

(2) 由近似计算公式：$f(x) \approx f(x_0) + f'(x_0) \cdot \Delta x$，得 $f(x) = \cos x$，$f'(x) = -\sin x$，$x_0 = \dfrac{\pi}{6}$，$\Delta x = -\dfrac{\pi}{180}$. 代入上式，得

$$\cos 29° \approx f\left(\dfrac{\pi}{6}\right) + f'\left(\dfrac{\pi}{6}\right) \cdot \left(-\dfrac{\pi}{180}\right) = \cos\dfrac{\pi}{6} - \sin\dfrac{\pi}{6} \cdot \left(-\dfrac{\pi}{180}\right) = \dfrac{\sqrt{3}}{2} + \dfrac{1}{2} \times 0.017\,453 \approx 0.87$$

(3) 由近似计算公式：$f(x) \approx f(x_0) + f'(x_0) \cdot \Delta x$，得 $f(x) = \arcsin x$，$f'(x) = \dfrac{1}{\sqrt{1-x^2}}$，$x_0 = 0.5$，$\Delta x = 0.000\,2$. 代入上式，得

$$\arcsin 0.500\,2 \approx f(0.5) + f'(0.5) \times 0.000\,2 = \arcsin\dfrac{1}{2} + \dfrac{1}{\sqrt{1 - 0.5^2}} \times 0.000\,2$$

$$= \dfrac{\pi}{6} + \dfrac{2}{\sqrt{3}} \times 0.000\,2 = 0.523\,83 \approx 30°47''$$

三、总习题参考答案

1. (1) D; (2) A; (3) B; (4) A; (5) D.

2. (1) 充分, 必要; (2) 充分必要; (3) 充分必要.

3. (1) $y' = \dfrac{\cos x}{\sin x + \cos x}$; (2) $y' = \dfrac{1}{1+x^2}$; (3) $dy = \left(-\dfrac{1}{x^2}\sin\dfrac{2}{x} e^{\sin^2 \frac{1}{x}}\right)dx$;

(4) (提示：对数求导法) $y' = \sqrt[x]{x}\left(\dfrac{1-\ln x}{x^2}\right)$;

(5) (提示：对数求导法) $y' = \sqrt{\dfrac{1-x}{1+x}} \cdot \dfrac{1-x^2-x}{1-x^2}$, $f'(0) = 1$.

4. (1) 方程两边同时对 x 求导, 得 $1 + \dfrac{1}{1+y^2}y' = y'$, 即 $y' = \dfrac{1}{y^2}+1$, 于是

$$y'' = -\dfrac{2yy'}{y^4} = -\dfrac{2}{y^3} \cdot \dfrac{1+y^2}{y^2} = -\dfrac{2+2y^2}{y^5}$$

即 $\dfrac{d^2 y}{dx^2} = -\dfrac{2+2y^2}{y^5}$.

(2) $\dfrac{dy}{dx} = \dfrac{(t^3)'}{(\ln t)'} = \dfrac{3t^2}{\frac{1}{t}} = 3t^3$, $\dfrac{d^2 y}{dx^2} = \dfrac{(3t^3)'}{(\ln t)'} = \dfrac{9t^2}{\frac{1}{t}} = 9t^3$, $\left.\dfrac{d^2 y}{dx^2}\right|_{t=1} = 9$.

(3) 因为 $y = \dfrac{2x}{(x-1)(x+1)} = \dfrac{1}{x-1} + \dfrac{1}{x+1}$, 利用 $\left(\dfrac{1}{x}\right)^{(n)} = \dfrac{(-1)^n n!}{x^{n+1}}$, 得

$\left(\dfrac{1}{x-1}\right)^{(n)} = \dfrac{(-1)^n n!}{(x-1)^{n+1}}$, $\left(\dfrac{1}{x+1}\right)^{(n)} = \dfrac{(-1)^n n!}{(x+1)^{n+1}}$. 因此

$$y^{(n)} = \left(\dfrac{1}{x-1}\right)^{(n)} + \left(\dfrac{1}{x+1}\right)^{(n)} = \dfrac{(-1)^n n!}{(x-1)^{n+1}} + \dfrac{(-1)^n n!}{(x+1)^{n+1}} = (-1)^n n!\left[\dfrac{1}{(x-1)^{n+1}} + \dfrac{1}{(x+1)^{n+1}}\right]$$

(4) 因为 $f'(x) = \varphi(x) + (x-a)\varphi'(x)$, 所以 $f'(a) = \varphi(a)$, 故

$$f''(a) = \lim_{x \to a}\dfrac{f'(x)-f'(a)}{x-a} = \lim_{x \to a}\dfrac{\varphi(x)+(x-a)\varphi'(x)-\varphi(a)}{x-a}$$

$$= \lim_{x \to a}\dfrac{\varphi(x)-\varphi(a)}{x-a} + \lim_{x \to a}\varphi'(x) = 2\varphi'(a)$$

5. 因为 $\lim_{x \to 0}f(x) = \lim_{x \to 0}\dfrac{x}{1+e^{\frac{1}{x}}} = 0 = f(0)$, 所以 $f(x)$ 在 $x = 0$ 处连续. 又因为

$$f'_+(0) = \lim_{x \to 0^+}\dfrac{f(x)-f(0)}{x-0} = \lim_{x \to 0^+}\dfrac{\frac{x}{1+e^{\frac{1}{x}}}}{x} = 0,\quad f'_-(0) = \lim_{x \to 0^-}\dfrac{f(x)-f(0)}{x-0} = \lim_{x \to 0^-}\dfrac{\frac{x}{1+e^{\frac{1}{x}}}}{x} = 1.$$

$f'_-(0) \neq f'_+(0)$. 故 $f(x)$ 在 $x = 0$ 处不可导.

6. $\lim\limits_{x\to 0^+}f(x)=\lim\limits_{x\to 0^+}[b(1+\sin x)+a+2]=b+a+2$, $\lim\limits_{x\to 0^-}f(x)=\lim\limits_{x\to 0^-}(e^{ax}-1)=0$. 因为函数在 $x=0$ 处可导，则必连续，所以 $a+b+2=0$.

又因为 $f'_+(0)=\lim\limits_{x\to 0^+}\dfrac{f(x)-f(0)}{x-0}=\lim\limits_{x\to 0^+}\dfrac{b(1+\sin x)+a+2-(b+a+2)}{x}=\lim\limits_{x\to 0^+}\dfrac{b\sin x}{x}=b$.

$f'_-(0)=\lim\limits_{x\to 0^-}\dfrac{f(x)-f(0)}{x-0}=\lim\limits_{x\to 0^-}\dfrac{e^{ax}-1}{x}=\lim\limits_{x\to 0^-}\dfrac{ax}{x}=a$. 则函数在 $x=0$ 处可导，所以 $f'_-(0)\neq f'_+(0)$. 故 $a=b$，即 $a=b=-1$.

7. 由相似三角形知，$\dfrac{r}{4}=\dfrac{h}{8}$，所以 $r=\dfrac{1}{2}h$. 因为 $V=\dfrac{1}{3}\pi r^2 h=\dfrac{1}{12}\pi h^3$，两端同时对 t 求导，得 $\dfrac{dV}{dt}=\dfrac{1}{4}\pi h^2\dfrac{dh}{dt}$. 根据题意知，$\dfrac{dV}{dt}=4$，当 $h=5$ 时，$4=\dfrac{1}{4}\pi 5^2\dfrac{dh}{dt}$，即 $\dfrac{dh}{dt}=\dfrac{16}{25\pi}$.

8. 因为 $\lim\limits_{x\to 0}\dfrac{f(x)}{x}$ 存在，设 $\lim\limits_{x\to 0}\dfrac{f(x)}{x}=a$，所以 $\lim\limits_{x\to 0}f(x)=0$. 因为 $f(x)$ 在 $x=0$ 处连续，所以 $f(0)=\lim\limits_{x\to 0}f(x)=0$. 而 $f'(0)=\lim\limits_{x\to 0}\dfrac{f(x)-f(0)}{x-0}=\lim\limits_{x\to 0}\dfrac{f(x)}{x}=a$. 所以 $f(x)$ 在 $x=0$ 处可导.

9. 方程 $x^2-y^2=a$ 两边同时对 x 求导，得 $2x-2yy'=0$，所以 $y'=\dfrac{x}{y}$. 方程 $xy=b$ 两边同时对 x 求导，得 $y'=-\dfrac{y}{x}$. 因此，在两曲线的交点 (x,y) 处，切线斜率的乘积为 $\dfrac{x}{y}\cdot\left(-\dfrac{y}{x}\right)=-1$. 故两已知曲线在交点处的切线相互垂直.

四、同步测试参考答案

（一）1. $x+y=2a$.

2. 0. （提示：利用对数求导法则）

3. $e^{3x}(1+3x)$. （提示：先计算极限值为 xe^{3x}，再计算导数）

4. $f'(x^2+e^{2x})(2x+2e^{2x})dx$.

5. 2. （提示：依题意 $\lim\limits_{\Delta x\to 0}\dfrac{f(x_0+\Delta x)-f(x_0)}{\sin(2\Delta x)}=1$，即 $\dfrac{1}{2}f'(x_0)=1$，所以 $f'(x_0)=2$）

（二）1. B.　2. B（提示：因为 $f(1)=af(0)$，所以 $f'(1)=\lim\limits_{\Delta x\to 0}\dfrac{f(1+\Delta x)-f(1)}{\Delta x}=\lim\limits_{\Delta x\to 0}\dfrac{af(\Delta x)-af(0)}{\Delta x}=af'(0)=ab$）.　3. A.　4. D.

（三）1. $y'=\arcsin\dfrac{x}{2}+x\cdot\dfrac{\dfrac{1}{2}}{\sqrt{1-\left(\dfrac{x}{2}\right)^2}}-\dfrac{2x}{2\sqrt{4-x^2}}=\arcsin\dfrac{x}{2}$.

2. 方程两边同时对 x 求导，得 $y' = \dfrac{\tan\sqrt{x}}{2\sqrt{x}(1+\mathrm{e}^y)}$，则 $\mathrm{d}y = \dfrac{\tan\sqrt{x}}{2\sqrt{x}(1+\mathrm{e}^y)}\mathrm{d}x$.

3. $y' = 2xf'(x^2) + \dfrac{1}{f(x)} \cdot f'(x)$，$y'' = 2f'(x^2) + 4x^2 f''(x^2) + \dfrac{f''(x)f(x) - [f'(x)]^2}{f^2(x)}$.

4. 两边取对数，得 $\ln y = x[\ln x - \ln(1+x)]$，则 $\dfrac{1}{y} \cdot y' = \ln\dfrac{x}{1+x} + x\left(\dfrac{1}{x} - \dfrac{1}{1+x}\right)$，

即 $y' = \left(\dfrac{x}{1+x}\right)^x \left(\ln\dfrac{x}{1+x} + \dfrac{1}{1+x}\right)$.

（四）1. $f(0) = b + 1$，$\lim\limits_{x\to 0^-}(\mathrm{e}^{2x} + b) = 1 + b$，$\lim\limits_{x\to 0^+}\sin ax = 0$. 由于可导必连续，故 $b + 1 = 0$，得 $b = -1$. 又因为

$$f'_-(0) = \lim_{x\to 0^-}\dfrac{f(x) - f(0)}{x} = \lim_{x\to 0^-}\dfrac{\mathrm{e}^{2x} - 1}{x} = 2,\ f'_+(0) = \lim_{x\to 0^+}\dfrac{f(x) - f(0)}{x} = \lim_{x\to 0^+}\dfrac{\sin ax}{x} = a$$

则 $f(x)$ 在 $x = 0$ 处可导，故 $a = 2$. 因此，当 $a = 2, b = -1$ 时，$f(x)$ 在 $x = 0$ 处可导.

2. $\lim\limits_{x\to 0}\dfrac{f(1-\cos x)}{\tan^2 x} = \lim\limits_{x\to 0}\dfrac{f(1-\cos x) - f(0)}{1-\cos x} \cdot \dfrac{1-\cos x}{\tan^2 x} = f'(0) \cdot \lim\limits_{x\to 0}\dfrac{\frac{1}{2}x^2}{x^2} = 2 \times \dfrac{1}{2} = 1$.

3. 两曲线在点 $(1, -1)$ 处相切，则切线的斜率相同，即在该点的一阶导数相同. 故

$\begin{cases} -1 = 1 + a + b \\ 2 + a = 1 \end{cases}$，解得 $a = -1, b = -1$.

（五）1. 令 $x = y = 1$，得 $f(1) = f(1) + f(1)$. 故 $f(1) = 0$，则当 $x \neq 0$ 时，有

$$f'(x) = \lim_{\Delta x\to 0}\dfrac{f(x+\Delta x) - f(x)}{\Delta x} = \lim_{\Delta x\to 0}\dfrac{f\left(x\left(1+\dfrac{\Delta x}{x}\right)\right) - f(x)}{\Delta x} = \lim_{\Delta x\to 0}\dfrac{f(x) + f\left(1+\dfrac{\Delta x}{x}\right) - f(x)}{\Delta x}$$

$$= \lim_{\Delta x\to 0}\dfrac{f(x) + f\left(1+\dfrac{\Delta x}{x}\right) - f(x)}{\Delta x} = \lim_{\Delta x\to 0}\dfrac{f\left(1+\dfrac{\Delta x}{x}\right) - f(1)}{\dfrac{\Delta x}{x}} \cdot \dfrac{1}{x} = \dfrac{1}{x}f'(1) = \dfrac{a}{x}$$

2. 设 $y = f(ax + b)$，则 $y' = af'(ax+b)$，$y'' = a^2 f''(ax+b)$.

假设 $n = k$ 时，$y^{(k)} = a^k f^{(k)}(ax+b)$，则当 $n = k + 1$ 时，有

$$y^{(k+1)} = [y^{(k)}]' = a^k f^{(k+1)}(ax+b) \cdot a = a^{k+1} f^{(k+1)}(ax+b)$$

由数学归纳法知，对一切 n 都有 $[f(ax+b)]^{(n)} = a^n f^{(n)}(ax+b)$.

五、能力提升（考研真题）参考答案

1. B.　2. A.　3. D.　4. D.　5. B.　6. $\lambda > 2$.　7. $4a^6$.　8. $\dfrac{\mathrm{e}-1}{\mathrm{e}^2+1}$.

9. $\dfrac{(-1)^n 2^n n!}{3^{n+1}}$.

第三章 微分中值定理与导数的应用

二、每节精选

习题 3-1 参考答案

1. （1）函数 $f(x)$ 在 $[-1,1.5]$ 上满足罗尔定理的所有条件. 若令 $f'(x) = 4x - 1 = 0$，则 $x = \dfrac{1}{4} \in (-1,1.5)$，即存在 $\xi = \dfrac{1}{4} \in (-1,1.5)$，使 $f'(\xi) = 0$ 成立，说明罗尔定理正确.

（2）函数 $f(x)$ 在 $[0,3]$ 上满足罗尔定理的所有条件. 若令 $f'(x) = \sqrt{3-x} - x \cdot \dfrac{1}{2\sqrt{3-x}} = 0$，则 $x = 2 \in (0,3)$，即存在 $\xi = 2 \in (0,3)$，使 $f'(\xi) = 0$ 成立，说明罗尔定理正确.

2. 函数 $f(x)$ 在 $[0,1]$ 上满足拉格朗日中值定理的所有条件. 从而至少存在一点 $\xi \in (0,1)$，使 $f'(\xi) = \dfrac{f(1) - f(0)}{1 - 0} = \dfrac{-2 - (-2)}{1} = 0$. 又 $f'(\xi) = 12\xi^2 - 10\xi + 1 = 0$，可知 $\xi = \dfrac{5 \pm \sqrt{13}}{12} \in (0,1)$，因此拉格朗日中值定理对函数 $f(x)$ 在区间 $[0,1]$ 上是正确的.

3. 函数 $f(x), F(x)$ 在 $\left[0, \dfrac{\pi}{2}\right]$ 上满足柯西中值定理条件，从而至少存在一点 $\xi \in \left(0, \dfrac{\pi}{2}\right)$，使 $\dfrac{f\left(\dfrac{\pi}{2}\right) - f(0)}{F\left(\dfrac{\pi}{2}\right) - F(0)} = \dfrac{f'(\xi)}{F'(\xi)}$，由 $\dfrac{1-0}{\dfrac{\pi}{2} - 1} = \dfrac{\cos \xi}{1 - \sin \xi}$，即 $\dfrac{\cos \dfrac{\xi}{2} + \sin \dfrac{\xi}{2}}{\cos \dfrac{\xi}{2} - \sin \dfrac{\xi}{2}} = \dfrac{2}{\pi - 2}$. 可得 $\tan \dfrac{\xi}{2} = \dfrac{4 - \pi}{\pi}$，所以 $\xi = 2n\pi + 2\arctan \dfrac{4-\pi}{\pi}$. 由题设，取 $n = 0$ 时，得 $\xi_0 = 2\arctan \dfrac{4-\pi}{\pi}$. 因 $0 < \dfrac{4-\pi}{\pi} < 1$，故 $\xi_0 = 2\arctan\left(\dfrac{4-\pi}{\pi}\right) \in \left(0, \dfrac{\pi}{2}\right)$. 因此，柯西中值定理对函数 $f(x), F(x)$ 在 $\left[0, \dfrac{\pi}{2}\right]$ 上是正确的.

4. 因为 $f(x) = x^7 + x - 1$ 在 $[0,1]$ 上连续，且 $f(0) = -1, f(1) = 1$，由零点定理，所以存在 $\xi \in (0,1)$，使 $f(\xi) = 0$，即方程至少有一个正根.

假设 $f(x)$ 有两个正根 ξ_1, ξ_2，即 $f(\xi_1) = 0, f(\xi_2) = 0$，不妨设 $\xi_1 < \xi_2$，显然 $f(x)$ 在 $[\xi_1, \xi_2]$ 上连续可导，由罗尔定理可知，存在 $\eta \in (\xi_1, \xi_2)$，使 $f'(\eta) = 0$，即 $7\eta^6 + 1 = 0$. 但这是不可能的，从而可知正根是唯一的.

5. 要证 $f'(\xi) = -\dfrac{f(\xi)}{\xi}$，即证 $\xi f'(\xi) + f(\xi) = 0$.

令 $F(x) = xf(x)$，则 $F(x)$ 在 $[0,1]$ 上满足罗尔定理的条件，在 $(0,1)$ 内至少存在一点 ξ，使 $F'(\xi) = 0$. 即 $\xi f'(\xi) + f(\xi) = 0$，即 $f'(\xi) = -\dfrac{f(\xi)}{\xi}$.

6. 设 $\varphi(x) = \ln f(x)$，其在 $[a,b]$ 上连续，在 (a,b) 内可导，则由拉格朗日中值定理，存在 $\xi \in (a,b)$，使 $\ln f(b) - \ln f(a) = \dfrac{1}{f(\xi)} \cdot f'(\xi)(b-a)$，即 $\ln \dfrac{f(b)}{f(a)} = \dfrac{f'(\xi)}{f(\xi)}(b-a)$.

7. (1) 当 $a = b$ 时，显然不等式成立. 当 $a \neq b$ 时，设函数 $f(x) = \arctan x$，$f(x)$ 在 $[a,b]$ 或 $[b,a]$ 上连续，在 (a,b) 或 (b,a) 内可导，由拉格朗日中值定理知，至少存在一点 $\xi \in (a,b)$ 或 (b,a)，使 $f(a) - f(b) = f'(\xi)(a-b)$，即 $\arctan a - \arctan b = \dfrac{1}{1+\xi^2}(a-b)$.

故 $|\arctan a - \arctan b| = \dfrac{1}{1+\xi^2}|a-b| \leq |a-b|$.

(2) 设函数 $f(t) = e^t$，$f(t)$ 在 $[1,x]$ 上连续，在 $(1,x)$ 内可导. 由拉格朗日中值定理知，至少存在一点 $\xi \in (1,x)$，使 $f(x) - f(1) = f'(\xi)(x-1)$，即 $e^x - e = e^\xi (x-1)$.

又 $1 < \xi < x$，故 $e^\xi > e$，因此 $e^x - e > e(x-1)$，即 $e^x > e \cdot x$.

8. 令 $f(x) = 2\arctan x + \arcsin \dfrac{2x}{1+x^2}$，则

$$f'(x) = \dfrac{2}{1+x^2} + \dfrac{1}{\sqrt{1-\left(\dfrac{2x}{1+x^2}\right)^2}} \cdot \dfrac{2(1+x^2) - 2x \cdot 2x}{(1+x^2)^2}$$

$$= \dfrac{2}{1+x^2} + \dfrac{2(1-x^2)}{(1+x^2)\sqrt{(1+x^2)^2 - (2x)^2}} = \dfrac{2}{1+x^2} + \dfrac{2(1-x^2)}{(1+x^2)(x^2-1)} \equiv 0$$

因为 $f'(x) \equiv 0$，所以 $f(x) = C$（C 为常数）. 将 $x_0 = 1$ 代入 $f(x)$，得 $C = f(x_0) = 2\arctan 1 + \arcsin 1 = 2 \cdot \dfrac{\pi}{4} + \dfrac{\pi}{2} = \pi$. 所以等式恒成立.

习题 3-2 参考答案

1. （1）$\lim\limits_{x \to 0} \dfrac{e^x - e^{-x}}{\sin x} = \lim\limits_{x \to 0} \dfrac{e^x + e^{-x}}{\cos x} = 2$；

（2）$\lim\limits_{x \to a} \dfrac{\sin x - \sin a}{x - a} = \lim\limits_{x \to a} \dfrac{\cos x}{1} = \cos a$；

（3）$\lim\limits_{x \to \frac{\pi}{2}} \dfrac{\ln \sin x}{(\pi - 2x)^2} = \lim\limits_{x \to \frac{\pi}{2}} \dfrac{\dfrac{1}{\sin x} \cos x}{2(\pi - 2x) \cdot (-2)} = -\lim\limits_{x \to \frac{\pi}{2}} \dfrac{\cot x}{4(\pi - 2x)} = -\lim\limits_{x \to \frac{\pi}{2}} \dfrac{-\csc^2 x}{-8} = -\dfrac{1}{8}$；

（4）$\lim\limits_{x \to +\infty} \dfrac{\ln\left(1 + \dfrac{1}{x}\right)}{\operatorname{arccot} x} = \lim\limits_{x \to +\infty} \dfrac{\dfrac{1}{1 + \dfrac{1}{x}}\left(-\dfrac{1}{x^2}\right)}{-\dfrac{1}{1+x^2}} = \lim\limits_{x \to +\infty} \dfrac{1+x^2}{x + x^2} = 1$；

(5) $\lim\limits_{x\to 0^+}\dfrac{\ln\tan 7x}{\ln\tan 2x}=\lim\limits_{x\to 0^+}\dfrac{\dfrac{1}{\tan 7x}\cdot\sec^2 7x\cdot 7}{\dfrac{1}{\tan 2x}\cdot\sec^2 2x\cdot 2}=\lim\limits_{x\to 0^+}\dfrac{\tan 2x}{\tan 7x}\cdot\dfrac{\sec^2 7x}{\sec^2 2x}\cdot\dfrac{7}{2}=1$;

(6) $\lim\limits_{x\to 1}\dfrac{x^3-1+\ln x}{e^x-e}=\lim\limits_{x\to 1}\dfrac{3x^2+\dfrac{1}{x}}{e^x}=\dfrac{4}{e}$;

(7) $\lim\limits_{x\to 0}\dfrac{\tan x-x}{x-\sin x}=\lim\limits_{x\to 0}\dfrac{\sec^2 x-1}{1-\cos x}=\lim\limits_{x\to 0}\dfrac{\tan^2 x}{\dfrac{1}{2}x^2}=2$;

(8) $\lim\limits_{x\to 0}x\cot 2x=\lim\limits_{x\to 0}\dfrac{x}{\tan 2x}=\lim\limits_{x\to 0}\dfrac{1}{2\sec^2 2x}=\dfrac{1}{2}$;

(9) $\lim\limits_{x\to 0}x^2 e^{1/x^2}=\lim\limits_{x\to 0}\dfrac{e^{1/x^2}}{\dfrac{1}{x^2}}=\lim\limits_{x\to 0}\dfrac{e^{1/x^2}\left(\dfrac{1}{x^2}\right)'}{\left(\dfrac{1}{x^2}\right)'}=\lim\limits_{x\to 0}e^{1/x^2}=+\infty$;

(10) $\lim\limits_{x\to\infty}x(e^{1/x}-1)=\lim\limits_{x\to\infty}\dfrac{e^{1/x}-1}{\dfrac{1}{x}}=\lim\limits_{t\to 0}\dfrac{e^t-1}{t}=1$;

(11) $\lim\limits_{x\to 1}\left(\dfrac{2}{x^2-1}-\dfrac{1}{x-1}\right)=\lim\limits_{x\to 1}\dfrac{-x+1}{x^2-1}=\lim\limits_{x\to 1}\dfrac{-1}{2x}=-\dfrac{1}{2}$;

(12) $\lim\limits_{x\to\infty}\left(1+\dfrac{a}{x}\right)^x=e^{\lim\limits_{x\to\infty}x\ln\left(1+\tfrac{a}{x}\right)}=e^{\lim\limits_{x\to\infty}\tfrac{\ln\left(1+\tfrac{a}{x}\right)}{\tfrac{1}{x}}}=e^{\lim\limits_{x\to\infty}\tfrac{a}{1+\tfrac{a}{x}}}=e^a$;

(13) $\lim\limits_{x\to 0^+}x^{\sin x}=e^{\lim\limits_{x\to 0^+}\sin x\ln x}=e^{\lim\limits_{x\to 0^+}\tfrac{\ln x}{\tfrac{1}{x}}}=e^{\lim\limits_{x\to 0^+}\tfrac{\tfrac{1}{x}}{-\tfrac{1}{x^2}}}=e^{\lim\limits_{x\to 0^+}(-x)}=1$;

(14) $\lim\limits_{x\to 0^+}\left(\dfrac{1}{x}\right)^{\tan x}=e^{\lim\limits_{x\to 0^+}\tan x\ln\tfrac{1}{x}}=e^{\lim\limits_{x\to 0^+}\tfrac{\tan x\ln\tfrac{1}{x}}{1}}=e^{\lim\limits_{x\to 0^+}\tfrac{\ln\tfrac{1}{x}}{\tfrac{1}{x}}}=e^{\lim\limits_{x\to 0^+}\tfrac{x\left(\tfrac{1}{x}\right)'}{\left(\tfrac{1}{x}\right)'}}=e^{\lim\limits_{x\to 0^+}x}=1$;

(15) $\lim\limits_{x\to+\infty}\left(x+\sqrt{1+x^2}\right)^{\tfrac{1}{x}}=e^{\lim\limits_{x\to+\infty}\tfrac{\ln(x+\sqrt{1+x^2})}{x}}=e^{\lim\limits_{x\to+\infty}\tfrac{1+\tfrac{2x}{2\sqrt{1+x^2}}}{x+\sqrt{1+x^2}}}=e^{\lim\limits_{x\to+\infty}\tfrac{1}{\sqrt{1+x^2}}}=1$;

(16) 因原极限为数列极限,不能直接用洛必达法则,故令 $f(x)=\left(x\tan\dfrac{1}{x}\right)^{x^2}$,再令 $\dfrac{1}{x}=t(t\to 0^+)$,则原式为

$\lim\limits_{x\to\infty}\left(x\tan\dfrac{1}{x}\right)^{x^2}=\lim\limits_{t\to 0^+}\left(\dfrac{1}{t}\tan t\right)^{\tfrac{1}{t^2}}=\lim\limits_{t\to 0^+}\left[\left(1+\dfrac{\tan t-t}{t}\right)^{\tfrac{t}{\tan t-t}}\right]^{\tfrac{\tan t-t}{t^3}}=e^{\lim\limits_{t\to 0^+}\tfrac{\tan t-t}{t^3}}=e^{\lim\limits_{t\to 0^+}\tfrac{\sec^2 t-1}{3t^2}}=e^{\tfrac{1}{3}}$

2. 由于 $\lim\limits_{x\to\infty}\dfrac{(x+\sin x)'}{(x)'}=\lim\limits_{x\to\infty}\dfrac{1+\cos x}{1}$ 不存在,故不能使用洛必达法则来求此极限,但并不表明此极限不存在,此极限可用以下方法求得:$\lim\limits_{x\to\infty}\dfrac{x+\sin x}{x}=\lim\limits_{x\to\infty}\left(1+\dfrac{\sin x}{x}\right)=1.$

3. 要使 $f'(0)$ 存在,则 $f(x)$ 在 $x=0$ 处连续. 所以 $a=\lim\limits_{x\to 0}f(x)=\lim\limits_{x\to 0}\dfrac{g(x)-g(0)}{x}=g'(0)$. 易知

$$f'(0)=\lim_{\Delta x\to 0}\dfrac{f(0+\Delta x)-f(0)}{\Delta x}=\lim_{\Delta x\to 0}\dfrac{g(\Delta x)-g'(0)\Delta x}{(\Delta x)^2}$$

利用洛必达法则求得

$$上式=\lim_{\Delta x\to 0}\dfrac{g'(\Delta x)-g'(0)}{2\Delta x}=\dfrac{1}{2}g''(0)$$

习题 3-3 参考答案

1. $f'(x)=4x^3+6x$, $f'(1)=10$; $f''(x)=12x^2+6$, $f''(1)=18$; $f'''(x)=24x$, $f'''(1)=24$; $f^{(4)}(x)=24$, $f^{(4)}(1)=24.$ 得

$$f(x)=x^4+3x^2+4=f(1)+\dfrac{f'(1)}{1}(x-1)+\dfrac{f''(1)}{2!}(x-1)^2+$$

$$\dfrac{f'''(1)}{3!}(x-1)^3+\dfrac{f^{(4)}(1)}{4!}(x-1)^4$$

$$=8+10(x-1)+9(x-1)^2+4(x-1)^3+(x-1)^4$$

2. $f(x)=\sqrt{x}$, $f'(x)=\dfrac{1}{2}x^{-\frac{1}{2}}$, $f''(x)=-\dfrac{1}{4}x^{-\frac{3}{2}}$, $f'''(x)=\dfrac{3}{8}x^{-\frac{5}{2}}$, $f^{(4)}(x)=-\dfrac{5}{16}x^{-\frac{7}{2}}$;

$f(4)=2$, $f'(4)=\dfrac{1}{4}$, $f''(4)=-\dfrac{1}{32}$, $f'''(4)=\dfrac{3}{256}.$ 故

$$\sqrt{x}=f(4)+f'(4)(x-4)+\dfrac{f''(4)}{2!}(x-4)^2+\dfrac{f'''(4)}{3!}(x-4)^3+\dfrac{f^{(4)}(\xi)}{4!}(x-4)^4$$

$$=2+\dfrac{1}{4}(x-4)-\dfrac{1}{64}(x-4)^2+\dfrac{1}{512}(x-4)^3-\dfrac{15}{384\xi^{7/2}}(x-4)^4$$

其中 ξ 介于 x 与 4 之间.

3. $f(x)=\dfrac{1+x+x^2}{1-x+x^2}=1+\dfrac{2x}{1-x+x^2}=1+2x\dfrac{1+x}{1+x^3}$,又 $\dfrac{1}{1+x^3}=1-x^3+o(x^3)(x\to 0)$. 于是

$$f(x)=1+2x(1+x)[1-x^3+o(x^3)]=1+2x+2x^2-2x^4+o(x^4)(x\to 0)$$

利用泰勒公式的唯一性,得 $\dfrac{f^{(3)}(0)}{3!}=0\Rightarrow f^{(3)}(0)=0.$

4. $f^{(n)}(x)=\dfrac{(-1)^n n!}{x^{n+1}}$,则 $f^{(n)}(x_0)=f^{(n)}(-1)=\dfrac{(-1)^n n!}{(-1)^{n+1}}=-n!$,即 $\dfrac{f^{(n)}(x_0)}{n!}=-1$,

于是
$$\frac{1}{x} = -[1+(x+1)+(x+1)^2+\cdots+(x+1)^n]+(-1)^{n+1}\xi^{-(n+2)}(x+1)^{n+1}$$

其中 ξ 介于 x 与 -1 之间.

5. $f(0)=0$, 而 $f^{(n)}(x)=(n+x)e^x$, $f^{(n)}(0)=n$. 故

$$xe^x = f(0)+f'(0)x+\frac{1}{2!}f''(0)x^2+\cdots+\frac{1}{n!}f^{(n)}(0)x^n+o(x^n)$$

$$= x+x^2+\frac{x^3}{2!}+\cdots+\frac{x^n}{(n-1)!}+o(x^n)$$

6. $\lim\limits_{x\to\infty}(\sqrt[3]{x^3+3x}-\sqrt{x^2-x}) = \lim\limits_{x\to\infty}\left[x\left(1+\frac{3}{x^2}\right)^{\frac{1}{3}}-x\left(1-\frac{1}{x}\right)^{\frac{1}{2}}\right]$

$$= \lim_{x\to\infty} x\left\{1+\frac{1}{3}\cdot\frac{3}{x^2}+o\left(\frac{1}{x^2}\right)-\left[1-\frac{1}{2}\cdot\frac{1}{x}+o\left(\frac{1}{x}\right)\right]\right\}$$

$$= \lim_{x\to\infty}\left[x+\frac{1}{x}+o\left(\frac{1}{x}\right)-x+\frac{1}{2}+o(1)\right] = \frac{1}{2}$$

习题 3-4 参考答案

1. 证明：设 $f(x)=e^x-1-x$, 则 $f'(x)=e^x-1$.

当 $x>0$ 时, $f'(x)>0$, 故 $f(x)$ 单调增加, 又因为 $f(0)=0$, 所以 $f(x)>0$;

当 $x<0$ 时, $f'(x)<0$, 故 $f(x)$ 单调减少, 又因为 $f(0)=0$, 所以 $f(x)>0$.

综上所述, 当 $x\neq 0$ 时, 有 $f(x)=e^x-1-x>0$, 即 $e^x>1+x$.

2. 设 $\varphi(x)=f(x)-g(x)$, 则 $\varphi^{(n)}(x)=f^{(n)}(x)-g^{(n)}(x)$, 因为 $f^{(n)}(x)>g^{(n)}(x)$, 所以 $\varphi^{(n)}(x)>0$, 故 $\varphi^{(n-1)}(x)$ 单调增加, 所以当 $x>x_0$ 时, $\varphi^{(n-1)}(x)>\varphi^{(n-1)}(x_0)=0$, 故 $f^{(n-1)}(x)>g^{(n-1)}(x)$. 同理可证, $f^{(n-2)}(x)>g^{(n-2)}(x)$, 如此一直进行下去, 最后可得 $f(x)>g(x)$.

3. (1) 函数的定义域为 $(-\infty,+\infty)$, 在 $(-\infty,+\infty)$ 内可导, 且 $f'(x)=6x^2-12x-18=6(x-3)(x+1)$. 令 $f'(x)=0$ 得驻点 $x_1=-1, x_2=3$. 这两个驻点把 $(-\infty,+\infty)$ 分成三部分区间 $(-\infty,-1),(-1,3),(3,+\infty)$.

当 $-\infty<x<-1, 3<x<+\infty$ 时, $f'(x)>0$, 因此函数在 $(-\infty,-1],[3,+\infty)$ 上单调增加；

当 $-1<x<3$ 时, $f'(x)<0$, 因此函数在 $[-1,3]$ 上单调减少.

(2) 函数的定义域为 $(0,+\infty)$, 在 $(0,+\infty)$ 内可导, 且 $f'(x)=2-\frac{8}{x^2}=\frac{2x^2-8}{x^2}=\frac{2(x-2)(x+2)}{x^2}$. 令 $f'(x)=0$, 得驻点 $x_1=-2, x_2=2$. 其中 $x_1=-2$ 舍去, $(0,+\infty)$ 区间分成两部分 $(0,2),(2,+\infty)$.

当 $0<x<2$ 时, $f'(x)<0$, 因此函数在 $(0,2]$ 上单调减少；

当 $2 < x < +\infty$ 时，$f'(x) > 0$，因此函数在 $[2, +\infty)$ 上单调增加．

4. （1）$y' = 3x^2 - 12x + 12$，$y'' = 6x - 12$，令 $y'' = 0$，得 $x = 2$.

当 $-\infty < x < 2$ 时，$y'' < 0$，故函数图像为凸的；

当 $2 < x < +\infty$ 时，$y'' > 0$，故函数图像为凹的．

拐点为 $(2, 12)$．

（2）$y' = 2xe^x + (1+x^2)e^x$，$y'' = e^x(2+2x) + e^x(2x+1+x^2) = e^x(x^2+4x+3)$．

令 $y'' = 0$，得 $x_1 = -1$，$x_2 = -3$.

当 $x < -3$ 时，$y'' > 0$，故函数图像为凹的；

当 $-3 < x < -1$ 时，$y'' < 0$，故函数图像为凸的；

当 $-1 < x$ 时，$y'' > 0$，故函数图像为凹的．

拐点为 $\left(-3, \dfrac{10}{e^3}\right)$，$\left(-1, \dfrac{2}{e}\right)$．

5. （1）取 $f(t) = 1 + \dfrac{1}{2}t - \sqrt{1+t}$，$t \in [0, x]$．故

$$f'(t) = \dfrac{1}{2} - \dfrac{1}{2\sqrt{1+t}} = \dfrac{\sqrt{1+t}-1}{2\sqrt{1+t}} > 0,\ t \in [0, x]$$

因此，函数 $f(t)$ 在 $[0, x]$ 上单调增加．故当 $x > 0$ 时，$f(x) > f(0)$．则 $1 + \dfrac{1}{2}x - \sqrt{1+x} > f(0) = 0$，即 $1 + \dfrac{1}{2}x > \sqrt{1+x}\ (x > 0)$．

（2）取 $f(t) = 1 + t\ln(t + \sqrt{1+t^2}) - \sqrt{1+t^2}$，$t \in [0, x]$．则

$$f'(t) = \ln(t + \sqrt{1+t^2}) + \dfrac{t}{\sqrt{1+t^2}} - \dfrac{t}{\sqrt{1+t^2}} = \ln(t + \sqrt{1+t^2}) > 0,\ t \in [0, x]$$

因此，函数 $f(t)$ 在 $[0, x]$ 上单调增加．故当 $x > 0$ 时，$f(x) > f(0)$．则 $1 + x\ln(x + \sqrt{1+x^2}) - \sqrt{1+x^2} > f(0) = 0$，即 $1 + x\ln(x + \sqrt{1+x^2}) > \sqrt{1+x^2}\ (x > 0)$．

6. 因为点 $(-2, 44)$，$(1, -10)$ 都在曲线上，所以联立方程组 $\begin{cases} -8a + 4b - 2c + d = 44 \\ a + b + c + d = -10 \end{cases}$，由题设知 $x = -2$ 处有水平切线，点 $(1, -10)$ 为曲线的拐点，所以把 $x = -2$，$x = 1$ 分别代入 $y' = 3ax^2 + 2bx + c$，$y'' = 6ax + 2b$，得方程组 $\begin{cases} 12a - 4b + c = 0 \\ 6a + 2b = 0 \end{cases}$，综合两个方程组，得 $a = 1$，$b = -3$，$c = -24$，$d = 16$．

习题 3-5 参考答案

1. $f'(x) = 6x^2 - 6x$，令 $f'(x) = 0$，得 $x_1 = 0$，$x_2 = 1$. 又因为 $f''(x) = 12x - 6$，代入驻点 $f''(0) = -6 < 0$，$f''(1) = 6 > 0$，所以在 $x_1 = 0$ 处 $f(x)$ 有极大值 $f(0) = 0$，在 $x_2 = 1$ 处 $f(x)$ 有极小值 $f(1) = -1$．

2. $f'(x) = \dfrac{3\sqrt{4+5x^2} - \dfrac{(1+3x)\cdot 10x}{2\sqrt{4+5x^2}}}{4+5x^2} = \dfrac{12-5x}{(4+5x^2)^{\frac{3}{2}}}.$

令 $f'(x)=0$，得 $x=\dfrac{12}{5}$．因为当 $x<\dfrac{12}{5}$ 时，$f'(x)>0$，当 $x>\dfrac{12}{5}$ 时，$f'(x)<0$，所以在 $x=\dfrac{12}{5}$ 处函数取得极大值，$f\left(\dfrac{12}{5}\right)=\dfrac{\sqrt{205}}{10}.$

3. 函数两边取对数得 $\ln y=\dfrac{\ln x}{x}$，所以两边求导得 $\dfrac{y'}{y}=\dfrac{1-\ln x}{x^2}$，即 $y'=x^{\frac{1}{x}}\cdot\dfrac{1-\ln x}{x^2}.$

令 $y'=0$，得 $x=\mathrm{e}$．因为当 $0<x<\mathrm{e}$ 时，$1-\ln x>0$，从而 $y'>0$，当 $\mathrm{e}<x<+\infty$ 时，$1-\ln x<0$，从而 $y'<0$．所以在 $x=\mathrm{e}$ 处函数取得极大值，$f(\mathrm{e})=\mathrm{e}^{\frac{1}{\mathrm{e}}}.$

4. $y'=3ax^2+2bx+c$．由 $b^2-3ac<0$ 知 $a\neq 0,c\neq 0$，y' 是二次三项式，且 $\Delta=(2b)^2-4(3a)c=4(b^2-3ac)<0$．当 $a>0$ 时，y' 的图像开口向上，且在 x 轴上方，故 $y'>0$，从而函数在 $(-\infty,+\infty)$ 内单调增加．当 $a<0$ 时，y' 的图像开口向下，且在 x 轴下方，故 $y'<0$，从而函数在 $(-\infty,+\infty)$ 内单调减少．因此，只要条件 $b^2-3ac<0$ 成立，所给函数就在 $(-\infty,+\infty)$ 内单调，故函数在 $(-\infty,+\infty)$ 内无极值．

5. $f'(x)=a\cos x+\cos 3x$．因为 $f(x)$ 在 $x=\dfrac{\pi}{3}$ 处取得极值，所以 $f'\left(\dfrac{\pi}{3}\right)=0$，即 $a\cos\dfrac{\pi}{3}+\cos\pi=0$，所以 $a=2$．

又因为 $f''(x)=-2\sin x-3\sin 3x$，$f''\left(\dfrac{\pi}{3}\right)=-2\sin\dfrac{\pi}{3}-3\sin\pi=-\sqrt{3}<0$，所以 $f(x)$ 在 $x=\dfrac{\pi}{3}$ 处取得极大值，极大值为 $f\left(\dfrac{\pi}{3}\right)=\sqrt{3}.$

6. 令 $f'(x)=6x^2+6x-12=0$，得 $x_1=-2$（舍去），$x_2=1$，且 $f(1)=-6$，$f(-1)=14$，$f(5)=266$，所以函数的最小值为 $f(1)=-6$，最大值为 $f(5)=266.$

7. 由题意知，$P(x,y)$ 到点 A 的距离为 $d=\sqrt{x^2+(y-1)^2}=\sqrt{x^2+(x^2-x-1)^2}$，$d'=\dfrac{2x+2(x^2-x-1)(2x-1)}{2\sqrt{x^2+(x^2-x-1)^2}}$，令 $d'=0$，得 $x_1=-\dfrac{1}{2},x_2=1$．因为 $d\left(-\dfrac{1}{2}\right)<d(1)$，所以点 P 为 $\left(-\dfrac{1}{2},\dfrac{3}{4}\right)$ 时，点 P 到点 A 的距离最小，为 $\dfrac{\sqrt{5}}{4}.$

注：也可令 $\varphi(x)=x^2+(x^2-x-1)^2$，转化为求 $\varphi(x)$ 的最小值．

8. 已知 $\pi r^2h=V$，即 $h=\dfrac{V}{\pi r^2}$．圆柱形油罐的表面积为

$$A=2\pi r^2+2\pi rh=2\pi r^2+2\pi r\cdot\dfrac{V}{\pi r^2}=2\pi r^2+\dfrac{2V}{r},r\in(0,+\infty)$$

有 $A' = 4\pi r - \dfrac{2V}{r^2}, A'' = 4\pi + \dfrac{4V}{r^3}$. 令 $A' = 0$, 得 $r = \sqrt[3]{\dfrac{V}{2\pi}}$.

由 $A''\Big|_{r=\sqrt[3]{\frac{V}{2\pi}}} = 4\pi + 8\pi = 12\pi > 0$, 知 $r = \sqrt[3]{\dfrac{V}{2\pi}}$ 为极小值点, 又驻点唯一, 故极小值点就是最小值点. 此时, $h = \dfrac{V}{\pi r^2} = 2\sqrt[3]{\dfrac{V}{2\pi}} = 2r$, 即 $2r : h = 1 : 1$, 所以当底面半径 $r = \sqrt[3]{\dfrac{V}{2\pi}}$ 和高 $h = 2\sqrt[3]{\dfrac{V}{2\pi}}$ 时, 才能使表面积最小. 这时底面直径和高的比为 $1 : 1$.

习题 3-6 参考答案

1. 因为 $\lim\limits_{x\to\infty}\dfrac{16}{x(x-4)} = 0$, 所以 $y = 0$ 为水平渐近线. 又因为 $\lim\limits_{x\to 0}\dfrac{16}{x(x-4)} = \infty$, $\lim\limits_{x\to 4}\dfrac{16}{x(x-4)} = \infty$, 所以直线 $x = 0, x = 4$ 为垂直渐近线.

2. 因为 $\lim\limits_{x\to\infty}(\sqrt[3]{x+1} - \sqrt[3]{x-1}) = \lim\limits_{x\to\infty}\dfrac{(x+1)-(x-1)}{\sqrt[3]{(x+1)^2} + \sqrt[3]{(x+1)(x-1)} + \sqrt[3]{(x-1)^2}} = 0$, 所以 $y = 0$ 为水平渐近线.

3. 因为 $\lim\limits_{x\to+\infty}\dfrac{x+\mathrm{e}^{-x}}{x} = 1 = a$, $\lim\limits_{x\to+\infty}[x+\mathrm{e}^{-x} - x] = 0 = b$. 所以直线 $y = x$ 是曲线的斜渐近线.

4. (1) 函数 $f(x)$ 的单调减少区间: $(0,1)$, 单调增加区间: $(-\infty,0), (1,2), (2,+\infty)$;

(2) 函数 $f(x)$ 的凹区间: $\left(\dfrac{1}{2}, 2\right)$, 凸区间: $\left(-\infty, \dfrac{1}{2}\right), (2, +\infty)$, 拐点: $\left(\dfrac{1}{2}, f\left(\dfrac{1}{2}\right)\right)$;

(3) $x = 0$ 时, 取得极大值为 $f(0)$, $x = 1$ 时, 取得极小值为 $f(1)$;

(4) 渐近线为 $y = 0, x = 2, y = x + 2$.

5. 列表确定函数的单调增减区间、凹凸区间、极值和拐点

x	$(-\infty, 0)$	0	$(0, 2)$	2	$(2, 3)$	3	$(3, +\infty)$
$f'(x)$	$-$	0	$-$	0	$-$	0	$+$
$f''(x)$	$+$	0	$-$	0	$-$	0	$+$
$f(x)$	⌣	拐点	↓	拐点	⌢	极值点	↑

故图形如下:

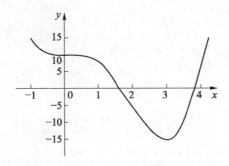

习题 3-7 参考答案

1. $y' = -\dfrac{4}{x^2}$, $y'' = \dfrac{8}{x^3}$, $y'\big|_{x=2} = -1$, $y''\big|_{x=2} = 1$, 故在点 $(2,2)$ 处的曲率为

$$K = \dfrac{|y''|}{(1+y'^2)^{\frac{3}{2}}} = \dfrac{\sqrt{2}}{4}$$

2. $y' = -\dfrac{4x}{y}$, $y'' = \dfrac{-16}{y^3}$, $y'\big|_{x=0} = 0$, $y''\big|_{x=0} = -2$, 故在点 $(0,2)$ 处的曲率为

$$K = \dfrac{|y''|}{(1+y'^2)^{\frac{3}{2}}} = 2$$

3. 顶点为 $(2,-1)$, $y' = 2x-4$, $y'' = 2$, $y'\big|_{x=2} = 0$, $y''\big|_{x=2} = 2$, 故在点 $(2,-1)$ 处的曲率为 $K = \dfrac{|y''|}{(1+y'^2)^{\frac{3}{2}}} = 2$, 曲率半径 $\rho = \dfrac{1}{K} = \dfrac{1}{2}$.

4. $y' = 2x-2$, 得驻点 $x=1$. $y''=2$, $y''(1)>0$, 所以 $x=1$ 是极小值点. $y'(1) = 0$, 故在极小值点处的曲率为 $K = \dfrac{|y''|}{(1+y'^2)^{\frac{3}{2}}} = 2$.

5. $y' = \dfrac{1}{x}$, $y'' = -\dfrac{1}{x^2}$. 曲线的曲率 $K = \dfrac{|y''|}{(1+y'^2)^{\frac{3}{2}}} = \dfrac{\left|-\dfrac{1}{x^2}\right|}{\left[1+\left(\dfrac{1}{x}\right)^2\right]^{\frac{3}{2}}} = \dfrac{x}{(1+x^2)^{\frac{3}{2}}}$, 曲率半径 $\rho = \dfrac{(1+x^2)^{\frac{3}{2}}}{x}$. 又 $\rho' = \dfrac{(1+x^2)^{\frac{1}{2}}(2x^2-1)}{x^2}$, 令 $\rho' = 0$, 得驻点 $x_1 = \dfrac{\sqrt{2}}{2}$, $x_2 = \dfrac{\sqrt{2}}{2}$（舍去）. 当 $0 < x < \dfrac{\sqrt{2}}{2}$ 时, $\rho' < 0$, 即 ρ 在 $\left(0,\dfrac{\sqrt{2}}{2}\right)$ 上单调减少；当 $\dfrac{\sqrt{2}}{2} < x < +\infty$ 时, $\rho' > 0$, 即 ρ 在 $\left[\dfrac{\sqrt{2}}{2},+\infty\right)$ 上单调增加. 因此在 $x = \dfrac{\sqrt{2}}{2}$ 处 ρ 取得极小值；由于驻点唯一, 从而极小值就是最

小值，因此最小值的曲率半径为 $\rho = \dfrac{\left(1+\dfrac{1}{2}\right)^{\frac{3}{2}}}{\dfrac{\sqrt{2}}{2}} = \dfrac{3\sqrt{3}}{2}$.

三、总习题参考答案

1. $\lim\limits_{x\to 0}\dfrac{f(x)-x}{x^2} = \lim\limits_{x\to 0}\dfrac{f'(x)-1}{2x} = \lim\limits_{x\to 0}\dfrac{f'(x)-f'(0)}{2x} = \dfrac{1}{2}f''(0) = \dfrac{3}{2}$.

2. 因为 $f(a)\cdot f\left(\dfrac{a+b}{2}\right)<0$，由介值定理知，存在一点 $\xi_1\in\left(a,\dfrac{a+b}{2}\right)$，使 $f(\xi_1)=0$. 又因为 $f(a)f(b)>0$，故 $f(a)$ 与 $f(b)$ 同号，故 $f(b)\cdot f\left(\dfrac{a+b}{2}\right)<0$，由介值定理知，存在一点 $\xi_2\in\left(\dfrac{a+b}{2},b\right)$，使 $f(\xi_2)=0$. 令 $\varphi(x)=\mathrm{e}^{-x}f(x)$，对其在 $[\xi_1,\xi_2]$ 上应用罗尔定理：存在 $\xi\in(\xi_1,\xi_2)$，使 $\varphi'(\xi)=0$. 即 $-\mathrm{e}^{-\xi}f(\xi)+\mathrm{e}^{-\xi}f'(\xi)=0$，所以 $f'(\xi)=f(\xi)$.

3. 令 $g(x)=f(x)-x$，则 $g(0)=f(0)>0$，$g(1)=f(1)-1<0$. 因为 $g(x)$ 在 $[0,1]$ 上连续，由介值定理知，存在一点 $x_0\in(0,1)$，使 $g(x_0)=0$. 即 $f(x_0)=x_0$. 存在性得证.

再证唯一性，用反证法：设有两个点 $x_1,x_2(x_1<x_2)$，使 $f(x_1)=x_1$，$f(x_2)=x_2$，且 $x_1,x_2\in(0,1)$，在区间 (x_1,x_2) 上应用拉格朗日中值定理，得
$$f'(\xi) = \dfrac{f(x_2)-f(x_1)}{x_2-x_1} = \dfrac{x_2-x_1}{x_2-x_1} = 1,\ \xi\in(x_1,x_2)$$
这与 $f'(x)\neq 1$ 矛盾，故在 $(0,1)$ 内有且只有一个数 ξ，使 $f(\xi)=\xi$.

4. 设 $f(x)$ 在 $[0,1]$ 上有两个零点 $x_1,x_2(x_1<x_2)$，由罗尔定理知，$\exists\,\xi\in(x_1,x_2)$，使 $f'(\xi)=0$. 即 $3\xi^2-3=0$，$\xi=\pm 1$. 这与 $\xi\in(x_1,x_2)\subset(0,1)$ 矛盾，故 $f(x)=x^3-3x+a$ 在 $[0,1]$ 上不可能有两个零点.

5. 由 $f(2)=f(1)=0$，则有 $F(1)=F(2)$，对 $F(x)=(x-1)f(x)$ 在 $[1,2]$ 上应用罗尔定理：$F'(\xi_1)=f(\xi_1)+(\xi_1-1)f'(\xi_1)=0,\xi_1\in(1,2)$. 由 $F'(1)=0$，即有 $F'(\xi_1)=F'(1)$，由已知条件知，$F'(x)$ 在 $(1,\xi_1)\subset(1,2)$ 上满足罗尔定理，则有 $F''(\xi)=0,\xi\in(1,\xi_1)\subset(1,2)$.

6. 由拉格朗日中值定理知，$f(x+a)-f(x)=f'(\xi)\cdot a$，$\xi$ 在 $x+a$ 与 x 之间. 则
$$\lim\limits_{x\to\infty}[f(x+a)-f(x)] = \lim\limits_{x\to\infty}f'(\xi)\cdot a = \lim\limits_{\xi\to\infty}f'(\xi)\cdot a = ka$$

7. 原式可化为 $\lim\limits_{x\to 0}\left(\dfrac{\sin 3x}{x^3}+\dfrac{a}{x^2}\right)=-b$，$\lim\limits_{x\to 0}\left(\dfrac{\sin 3x}{x^3}+\dfrac{a}{x^2}\right) = \lim\limits_{x\to 0}\dfrac{\sin(3x)+ax}{x^3} = \lim\limits_{x\to 0}\dfrac{3\cos(3x)+a}{3x^2}$.

要使极限存在，必须满足 $\lim\limits_{x\to 0}3\cos(3x)+a=0$，则 $a=-3$. 从而 $-b=\lim\limits_{x\to 0}\dfrac{3\cos(3x)-3}{3x^2}=\lim\limits_{x\to 0}\dfrac{-9\sin 3x}{6x}=\lim\limits_{x\to 0}\dfrac{-9\cdot 3x}{6x}=-\dfrac{9}{2}$. 则 $b=\dfrac{9}{2}$.

8. 函数 $f(x)$ 的定义域为 $(-\infty,+\infty)$. 因为 $f'(x)=6x^2-6x-12=6(x-2)(x+1)$.

令 $f'(x)=0$,得 $x_1=-1,x_2=2$. 又因为 $f''(x)=12x-6$,令 $f''(x)=0$,得 $x=\dfrac{1}{2}$.

综上可得,单调增加区间为 $(-\infty,-1),(2,\infty)$;单调减少区间为 $\left(-1,\dfrac{1}{2}\right),\left(\dfrac{1}{2},2\right)$;凹区间为 $\left(\dfrac{1}{2},2\right),(2,+\infty)$;凸区间为 $(-\infty,-1),\left(-1,\dfrac{1}{2}\right)$;极大值为 $f(-1)=9$;极小值为 $f(2)=-18$;拐点为 $\left(\dfrac{1}{2},-\dfrac{9}{2}\right)$.

9. 解法(一):原式 $=\lim\limits_{x\to0}\dfrac{e^x(1-e^{\tan x-x})}{x-\tan x}=\lim\limits_{x\to0}\dfrac{e^x(e^{\tan x-x}-1)}{\tan x-x}=\lim\limits_{x\to0}\dfrac{e^x(\tan x-x)}{\tan x-x}=1$.

解法(二):利用拉格朗日中值定理,原式 $=\lim\limits_{x\to0}\dfrac{e^\xi(x-\tan x)}{x-\tan x}=\lim\limits_{\xi\to0}e^\xi=1$.

解法(三):由导数定义,原式 $=\lim\limits_{x\to0}\dfrac{e^x-e^{\tan x}}{x-\tan x}=(e^x)'\big|_{x=0}=1$.

四、同步测试参考答案

(一) 1. $x=0$. 2. $(-\infty,+\infty)$. 3. $\left(-\dfrac{2}{3},-\dfrac{2}{3}e^{-2}\right)$. 4. 1. 5. 2.

(二) 1. D. 2. C. 3. C. 4. B.

(三) 1. 原式 $=\lim\limits_{x\to0}\dfrac{2x}{e^x+xe^x-\cos x}=\lim\limits_{x\to0}\dfrac{2}{2e^x+xe^x+\sin x}=1$.

2. 原式 $=\lim\limits_{x\to0}\dfrac{3x-\ln(1+3x)}{x^2}=\lim\limits_{x\to0}\dfrac{3-\dfrac{3}{1+3x}}{2x}=\lim\limits_{x\to0}\dfrac{9x}{2x(1+3x)}=\dfrac{9}{2}$.

3. $f'(x)=\dfrac{2\ln x-\ln^2 x}{x^2}=\dfrac{\ln x}{x^2}(2-\ln x)$,令 $f'(x)=0$,得驻点 $x_1=1$,$x_2=e^2$.

当 $0<x<1$ 时,$f'(x)<0$,则 $f(x)$ 单调减少;当 $1<x<e^2$ 时,$f'(x)>0$,则 $f(x)$ 单调增加;当 $x>e^2$ 时,$f'(x)<0$,则 $f(x)$ 单调减少. 因此函数在 $x=1$ 处取得极小值,极小值为 $f(1)=0$;$x=e^2$ 是极大值点,极大值为 $f(e^2)=\dfrac{4}{e^2}$.

4. $y'=e^x(x^2+2x+1)$,$y''=e^x(x^2+4x+3)$,令 $y''=0$,得 $x_1=-3$,$x_2=-1$.

当 $-\infty<x\leq-3$ 时,$y''>0$,则曲线是凹的;当 $-3<x\leq-1$ 时,$y''<0$,则曲线是凸的;当 $x>-1$ 时,$y''>0$,则曲线是凹的. 因此拐点是 $\left(-1,\dfrac{2}{e}\right)$,$\left(-3,\dfrac{10}{e^2}\right)$.

(四) 1. $f'(x)=3x^2+2ax+b$,由 $f(1)=-2$,$f'(1)=0$,得 $a+b+1=-2$,$2a+b+3=0$,解得 $a=0$,$b=-3$.

2. 设曲线上的点 $M\left(x,\dfrac{1}{x^2}\right)$,过点 M 的切线斜率 $k=y'=-\dfrac{2}{x^3}$,切线方程为 $Y-\dfrac{1}{x^2}=$

$-\dfrac{2}{x^3}(X-x)$. 令 $X=0$，得 $Y=\dfrac{3}{x^2}$；令 $Y=0$，得 $X=\dfrac{3}{2}x$.

故所求长度 $L=\sqrt{X^2+Y^2}=\sqrt{\dfrac{9}{4}x^2+\dfrac{9}{x^4}}$，令 $f(x)=\dfrac{9}{4}x^2+\dfrac{9}{x^4}$，则 $f'(x)=\dfrac{9}{2}x-\dfrac{36}{x^5}$，$f''(x)=\dfrac{9}{2}+\dfrac{180}{x^6}$. 令 $f'(x)=0$，解得 $x=\pm\sqrt{2}$. 而 $f''(\pm\sqrt{2})=27>0$，故在 $x=\pm\sqrt{2}$ 处，$f(x)$ 取得最小值，从而 L 也取得最小值，最短距离为 $L_{\min}=\dfrac{3\sqrt{3}}{2}$. 所求点为 $M\left(\pm\sqrt{2},\dfrac{1}{2}\right)$.

3. 设 $f(x)=1-x-\tan x$，$f(x)$ 在 $[0,1]$ 上连续，又 $f(0)=1>0$，$f(1)=-\tan 1<0$，由零点定理知，$f(x)$ 在 $(0,1)$ 内至少有一个实根. 又因为 $f'(x)=-(1+\sec^2 x)<0$，所以 $f(x)$ 在 $[0,1]$ 上单调减少，从而 $f(x)$ 在 $(0,1)$ 内至多只有一个零点.

综上所述，方程在 $(0,1)$ 内只有一个实根.

（五）1. 设 $f(x)=2x\arctan x-\ln(1+x^2)$，则 $f'(x)=2\arctan x+\dfrac{2x}{1+x^2}-\dfrac{2x}{1+x^2}=2\arctan x$. 令 $f'(x)=0$，得 $x=0$. 当 $x<0$ 时，$f'(x)<0$，则 $f(x)$ 单调减少；当 $x>0$ 时，$f'(x)>0$，则 $f(x)$ 单调增加. 所以 $f(x)$ 在 $x=0$ 处取得最小值，从而 $f(x)\geqslant f(0)=0$，即 $2x\arctan x-\ln(1+x^2)\geqslant 0$，故 $2x\arctan x\geqslant \ln(1+x^2)$.

2. $f(a)=f(b)$，由罗尔定理知，$\exists c\in(a,b)$，使得 $f'(c)=0$. 再由拉格朗日定理知，

$$\exists \xi_1\in(a,c),\ f''(\xi_1)=\dfrac{f'(c)-f'(a)}{c-a}=-\dfrac{f'(a)}{c-a}<0$$

$$\exists \xi_2\in(c,b),\ f''(\xi_2)=\dfrac{f'(b)-f'(c)}{b-c}=\dfrac{f'(b)}{b-c}>0$$

又因为 $f''(x)$ 在 $[\xi_1,\xi_2]$ 上连续，由零点定理知，$\exists \xi\in(\xi_1,\xi_2)\subset(a,b)$，使得 $f''(\xi)=0$.

五、能力提升（考研真题）参考答案

1. B. 　2. C. 　3. B. 　4. C. 　5. C. 　6. B. 　7. $-\dfrac{1}{6}$. 　8. $-\dfrac{1}{2}$. 　9. 3. 　10. $\dfrac{1}{2}$.

第四章 不定积分

二、每节精选

习题 4-1 参考答案

1. (1) $[\ln(x+\sqrt{x^2+1})+C]' = \dfrac{1}{x+\sqrt{x^2+1}} \cdot \left(1+\dfrac{x}{\sqrt{x^2+1}}\right) = \dfrac{1}{\sqrt{x^2+1}}$;

(2) $\left(\arctan x + \dfrac{1}{x+1}+C\right)' = \dfrac{1}{x^2+1} - \dfrac{1}{(x+1)^2} = \dfrac{2x}{(x^2+1)(x+1)^2}$;

(3) $\left[\dfrac{1}{2}e^x(\sin x - \cos x) + C\right]' = \dfrac{1}{2}e^x(\sin x - \cos x) + \dfrac{1}{2}e^x(\sin x + \cos x) = e^x \sin x.$

2. (1) $2\cos 2x$, $-4\sin 2x$; (2) $Ce^{\sin x}$; (3) $x+e^x$; (4) $\dfrac{1}{3}$; (5) $f(x)dx$;

(6) $F(x)+C$; (7) $-\dfrac{1}{x^2}$.

3. (1) C; (2) B; (3) B; (4) C; (5) A; (6) B; (7) C; (8) C; (9) C.

4. (1) 原式 $= \int x^{\frac{3}{2}} dx = \dfrac{2}{5} x^{\frac{5}{2}} + C$;

(2) 原式 $= \int x^{-\frac{5}{2}} dx = -\dfrac{2}{3} x^{-\frac{3}{2}} + C$;

(3) 原式 $= \int (x^4 - 4x^2 + 4) dx = \dfrac{1}{5}x^5 - \dfrac{4}{3}x^3 + 4x + C$;

(4) 原式 $= \int (x^{-\frac{1}{2}} - 2x^{\frac{1}{2}} + x^{\frac{3}{2}}) dx = 2x^{\frac{1}{2}} - \dfrac{4}{3}x^{\frac{3}{2}} + \dfrac{2}{5}x^{\frac{5}{2}} + C$;

(5) 原式 $= \int \left(\dfrac{1}{x^2} - \dfrac{1}{x^2+1} + \dfrac{3}{x^2+1}\right) dx = -\dfrac{1}{x} + 2\arctan x + C$;

(6) 原式 $= \int \dfrac{1+\cos^2 x}{2\cos^2 x} dx = \dfrac{1}{2} \int (\sec^2 x + 1) dx = \dfrac{1}{2}\tan x + \dfrac{1}{2}x + C$;

(7) 原式 $= \int \dfrac{1+\cos x}{2} dx = \dfrac{x}{2} + \dfrac{\sin x}{2} + C$;

(8) 原式 $= \int \dfrac{1}{\sqrt{1-x^2}} dx = \arcsin x + C$;

(9) 原式 $= \int (x^{-\frac{1}{2}} - 2^x + 5\cos x) dx = 2\sqrt{x} - \dfrac{2^x}{\ln 2} + 5\sin x + C$;

(10) 原式 $= \int \dfrac{\cos^2 x - \sin^2 x}{\cos^2 x \sin^2 x} dx = \int (\csc^2 x - \sec^2 x) dx = -\cot x - \tan x + C$;

(11) 原式 $= \int (\sec^2 x - \sec x \tan x) dx = \tan x - \sec x + C$.

5. 依题意 $\dfrac{dy}{dx} = \dfrac{1}{x}$, $y = \int \dfrac{1}{x} dx = \ln x + C$. 将 $(e^2, 3)$ 代入上式得 $C = 1$, 所以曲线方程为 $y = \ln x + 1$.

习题 4−2 参考答案

1. (1) C; (2) B; (3) B; (4) B.

2. (1) 原式 $= \dfrac{1}{2} \int \dfrac{1}{(2x+3)^9} d(2x+3) = -\dfrac{1}{16}(2x+3)^{-8} + C$;

(2) 原式 $= \int e^{2x^2} e^{\ln x} dx = \int e^{2x^2} x dx = \dfrac{1}{4} \int e^{2x^2} d(2x^2) = \dfrac{1}{4} e^{2x^2} + C$;

(3) 原式 $= \int \dfrac{1 - \cos[2(3t+1)]}{2} dt = \dfrac{1}{2} \int dt - \dfrac{1}{2} \int \cos(6t+2) dt = \dfrac{t}{2} - \dfrac{1}{12} \sin(6t+2) + C$;

(4) 原式 $= \dfrac{1}{2} \int \dfrac{1}{\sqrt{x^2 - 2}} d(x^2 - 2) = \sqrt{x^2 - 2} + C$;

(5) 原式 $= \dfrac{1}{2} \int e^{x^2 - 2x} d(x^2 - 2x) = \dfrac{1}{2} e^{x^2 - 2x} + C$;

(6) 原式 $= -\int e^{\cos x} d(\cos x) = -e^{\cos x} + C$;

(7) 原式 $= \int \ln(\ln x) d[\ln(\ln x)] = \dfrac{1}{2} \ln^2(\ln x) + C$;

(8) 原式 $= \int (\arctan x)^2 d(\arctan x) = \dfrac{1}{3} (\arctan x)^3 + C$;

(9) 原式 $= \int \sqrt{\arcsin x} d(\arcsin x) = \dfrac{2}{3} (\arcsin x)^{\frac{3}{2}} + C$;

(10) 原式 $= \int 2^{\tan x} d(\tan x) = \dfrac{2^{\tan x}}{\ln 2} + C$;

(11) 原式 $= 2 \int \dfrac{1}{\sqrt{1 + \sqrt{x}}} d(\sqrt{x} + 1) = 4\sqrt{1 + \sqrt{x}} + C$;

(12) 原式 $= \int \dfrac{\dfrac{1}{2}}{\sqrt{1 - \left(\dfrac{3}{2}x\right)^2}} dx = \dfrac{1}{3} \int \dfrac{1}{\sqrt{1 - \left(\dfrac{3}{2}x\right)^2}} d\left(\dfrac{3}{2}x\right) = \dfrac{1}{3} \arcsin \dfrac{3}{2} x + C$;

(13) 原式 $= \int \frac{dx}{(x+1)^2+4} = \int \frac{\frac{1}{4}}{\left(\frac{x+1}{2}\right)^2+1} dx = \frac{1}{2} \int \frac{1}{\left(\frac{x+1}{2}\right)^2+1} d\left(\frac{x+1}{2}\right)$

$= \frac{1}{2} \arctan \frac{x+1}{2} + C;$

(14) 原式 $= \frac{1}{2} \int \frac{1}{(x+1)(x+3)} dx = \frac{1}{2} \int \left(\frac{1}{x+1} - \frac{1}{x+3}\right) dx = \frac{1}{2} \ln \left|\frac{x+1}{x+3}\right| + C;$

(15) 原式 $= \int \frac{1}{(x-\sin x)^2} d(x-\sin x) = \frac{1}{\sin x - x} + C;$

(16) 原式 $= -\int \frac{1}{(\cos x + \sin x)^5} d(\cos x + \sin x) = \frac{1}{4} (\cos x + \sin x)^{-4} + C;$

(17) 原式 $= \int \frac{1}{(x\sin x)^2} d(x\sin x) = -\frac{1}{x\sin x} + C;$

(18) 原式 $= \frac{1}{2} \int \frac{1}{x^2 + 2\sin x} d(x^2 + 2\sin x) = \frac{1}{2} \ln |x^2 + 2\sin x| + C;$

(19) 原式 $= \int \frac{\sin x}{\cos x} \cdot \ln(\cos x) dx = -\int \frac{1}{\cos x} \cdot \ln(\cos x) d(\cos x)$

$= -\int \ln(\cos x) d(\ln \cos x) = -\frac{1}{2} (\ln \cos x)^2 + C;$

(20) 原式 $= \frac{1}{3} \int \frac{1}{(x^3+3x+1)^5} d(x^3+3x+1) = -\frac{1}{12} (x^3+3x+1)^{-4} + C;$

(21) 原式 $= \int \frac{4\arctan x}{1+x^2} dx - \int \frac{x}{1+x^2} dx = 4 \int \arctan x \, d(\arctan x) - \frac{1}{2} \int \frac{1}{1+x^2} d(x^2+1)$

$= 2 (\arctan x)^2 - \frac{1}{2} \ln(1+x^2) + C;$

(22) 原式 $= \int \frac{\frac{1}{\cos^2 x}}{2+\tan^2 x} dx = \int \frac{\sec^2 x}{2+\tan^2 x} dx = \int \frac{1}{2+\tan^2 x} d(\tan x)$

$= \frac{1}{2} \cdot \sqrt{2} \int \frac{1}{1+\left(\frac{\tan x}{\sqrt{2}}\right)^2} d\left(\frac{\tan x}{\sqrt{2}}\right) = \frac{\sqrt{2}}{2} \arctan \left(\frac{\tan x}{\sqrt{2}}\right) + C;$

(23) 令 $\sqrt[3]{x+1} = t, x = t^3 - 1, dx = 3t^2 dt$,则

原式 $= \int \frac{3t^2}{1+t} dt = 3 \int \frac{t^2 - 1 + 1}{1+t} dt$

$$= 3\int(t-1)dt + 3\int\frac{1}{1+t}dt = \frac{3}{2}t^2 - 3t + 3\ln|1+t| + C$$

$$= \frac{3}{2}\sqrt[3]{(x+1)^2} - 3\sqrt[3]{x+1} + 3\ln|1+\sqrt[3]{x+1}| + C;$$

(24) 原式 $= \int\frac{\sqrt{x+1}+1-2}{\sqrt{x+1}+1}dx = \int dx - 2\int\frac{1}{\sqrt{1+x}+1}dx$,令 $\sqrt{x+1}=t, x=t^2-1, dx = 2tdt$,则

$$\text{原式} = x - 2\int\frac{2t}{t+1}dt = x - 4t + 4\ln|t+1| + C = x - 4\sqrt{x+1} + 4\ln|\sqrt{x+1}+1| + C;$$

(25) 令 $x = \sec t, dx = \sec t \cdot \tan t dt$,则原式 $= \int\frac{\sec t \cdot \tan t}{\sec t \cdot \tan t}dt = t + C = \arccos\frac{1}{x} + C;$

(26) 原式 $= \int\frac{x^2-4+4}{\sqrt{4-x^2}}dx = -\int\frac{4-x^2}{\sqrt{4-x^2}}dx + \int\frac{4}{\sqrt{4-x^2}}dx = -\int\sqrt{4-x^2}dx + 4\arcsin\frac{x}{2}$

$$= -2\arcsin\frac{x}{2} - \frac{1}{2}x\sqrt{4-x^2} + 4\arcsin\frac{x}{2} + C = 2\arcsin\frac{x}{2} - \frac{1}{2}x\sqrt{4-x^2} + C;$$

(27) 令 $x = \tan t, dx = \sec^2 t dt$,则

$$\text{原式} = \int\frac{\sec^2 t}{\tan^4 t \cdot \sec t}dt = \int\frac{\cos^3 t}{\sin^4 t}dt = \int\frac{1-\sin^2 t}{\sin^4 t}d(\sin t)$$

$$= \int\sin^{-4}t d(\sin t) - \int\sin^{-2}t d(\sin t) = -\frac{1}{3\sin^3 t} + \frac{1}{\sin t} + C$$

$$= -\frac{\sqrt{(1+x^2)^3}}{3x^3} + \frac{\sqrt{1+x^2}}{x} + C;$$

(28) 原式 $= -\frac{1}{2}\int\frac{1-2x}{\sqrt{5+x-x^2}}dx + \frac{1}{2}\int\frac{1}{\sqrt{5+x-x^2}}dx$

$$= -\frac{1}{2}\int\frac{1}{\sqrt{5+x-x^2}}d(5+x-x^2) + \frac{1}{2}\int\frac{1}{\sqrt{\left(\frac{\sqrt{21}}{2}\right)^2 - \left(x-\frac{1}{2}\right)^2}}d\left(x-\frac{1}{2}\right)$$

$$= -\sqrt{5+x-x^2} + \frac{1}{2}\arcsin\frac{2x-1}{\sqrt{21}} + C;$$

(29) 令 $x = \frac{1}{t}$,则原式 $= \int\frac{1+\ln t}{\left(\frac{1}{t}+\ln t\right)^2}d\left(\frac{1}{t}\right) = -\int\frac{1+\ln t}{(1+t\ln t)^2}dt$

$$= -\int\frac{1}{(1+t\ln t)^2}d(1+t\ln t) = \frac{1}{1+t\ln t} + C = \frac{x}{x-\ln x} + C;$$

(30) 令 $x+1=t, dx=dt$，则

$$原式 = \int \frac{(t-1)^2 + 2}{t^3} dt = \int \frac{t^2 - 2t + 3}{t^3} dt$$

$$= \int \left(\frac{1}{t} - \frac{2}{t^2} + \frac{3}{t^3}\right) dt = \ln|t| + \frac{2}{t} - \frac{3}{2t^2} + C$$

$$= \ln|x+1| + \frac{2}{x+1} - \frac{3}{2(x+1)^2} + C.$$

3. $\int f'(x) f''(x) dx = \int f'(x) d[f'(x)] = \frac{1}{2}[f'(x)]^2 + C = 2x^2 e^{-2x^2} + C.$

习题 4-3 参考答案

1. (1) 原式 $= -\frac{1}{3}\int x^2 de^{-3x} = -\frac{1}{3}x^2 e^{-3x} + \frac{1}{3}\int e^{-3x} 2x dx = -\frac{1}{3}x^2 e^{-3x} - \frac{2}{9}\int x d(e^{-3x})$

$$= -\frac{1}{3}x^2 e^{-3x} - \frac{2}{9}x e^{-3x} + \frac{2}{9}\int e^{-3x} dx = -\frac{1}{3}x^2 e^{-3x} - \frac{2}{9}x e^{-3x} - \frac{2}{27}e^{-3x} + C;$$

(2) 原式 $= \frac{1}{3}\int \arctan x d(x^3) = \frac{1}{3}x^3 \arctan x - \frac{1}{3}\int \frac{x^3}{1+x^2} dx$

$$= \frac{1}{3}x^3 \arctan x - \frac{1}{3}\int \left(x - \frac{x}{1+x^2}\right) dx$$

$$= \frac{1}{3}x^3 \arctan x - \frac{1}{6}x^2 + \frac{1}{6}\ln(1+x^2) + C;$$

(3) 原式 $= \int \left(1 - \frac{1}{1+x^2}\right) \arctan x dx = \int \arctan x dx - \int \frac{1}{1+x^2} \arctan x dx$

$$= \int \arctan x dx - \int \arctan x d(\arctan x)$$

$$= x \arctan x - \int \frac{x}{1+x^2} dx - \frac{1}{2}(\arctan x)^2 + C$$

$$= x \arctan x - \frac{1}{2}\ln(1+x^2) - \frac{1}{2}(\arctan x)^2 + C;$$

(4) 原式 $= -\frac{1}{4}\int x d(\cos 2x) = -\frac{1}{4}x \cos 2x + \frac{1}{4}\int \cos 2x dx = -\frac{1}{4}x \cos 2x + \frac{1}{8}\sin 2x + C;$

(5) 令 $\sqrt[3]{x} = t, x = t^3, dx = 3t^2 dt$，则

$$原式 = 9\int t \ln t dt = 9\int \ln t d\left(\frac{t^2}{2}\right)$$

$$= \frac{9}{2}t^2\ln t - \frac{9}{2}\int t\,dt = \frac{9}{2}t^2\ln t - \frac{9}{4}t^2 + C$$

$$= \frac{3}{2}x^{\frac{2}{3}}\ln x - \frac{9}{4}x^{\frac{2}{3}} + C;$$

(6) 原式 $= \int (\ln \sin x)\csc^2 x\,dx = -\int \ln \sin x\,d(\cot x) = -\cot x\ln \sin x + \int \cot^2 x\,dx$

$$= -\cot x\ln \sin x + \int (\csc^2 x - 1)\,dx = -\cot x\ln \sin x - \cot x - x + C;$$

(7) 原式 $= \int \ln \ln x\,d(\ln x) = \ln x \cdot \ln \ln x - \int \frac{1}{x}dx = \ln x \cdot \ln \ln x - \ln x + C;$

(8) 原式 $= \frac{1}{2}\int x^2(1 + \cos x)\,dx = \frac{1}{6}x^3 + \frac{1}{2}\int x^2\,d(\sin x)$

$$= \frac{1}{6}x^3 + \frac{1}{2}x^2\sin x - \int x\sin x\,dx = \frac{1}{6}x^3 + \frac{1}{2}x^2\sin x + \int x\,d(\cos x)$$

$$= \frac{1}{6}x^3 + \frac{1}{2}x^2\sin x + x\cos x - \sin x + C;$$

(9) 原式 $= \int \arctan x\,d(\sqrt{1 + x^2}) = \sqrt{1 + x^2}\arctan x - \int \frac{\sqrt{1 + x^2}}{1 + x^2}dx$

$$= \sqrt{1 + x^2}\arctan x - \int \frac{1}{\sqrt{1 + x^2}}dx = \sqrt{1 + x^2}\arctan x - \ln(x + \sqrt{1 + x^2}) + C;$$

(10) 原式 $= \int x12^x\,dx = \frac{1}{\ln 12}\int x\,d(12^x) = \frac{x\,12^x}{\ln 12} - \int 12^x\,dx = \frac{x\,12^x}{\ln 12} - \frac{12^x}{(\ln 12)^2} + C;$

(11) 原式 $= \int e^{-x}\sin x\,dx = -\int \sin x\,d(e^{-x}) = -e^{-x}\sin x + \int e^{-x}\cos x\,dx$

$$= -e^{-x}\sin x - \int \cos x\,d(e^{-x}) = -e^{-x}\sin x - e^{-x}\cos x - \int e^{-x}\sin x\,dx$$

$$= -\frac{1}{2}e^{-x}(\sin x + \cos x) + C;$$

(12) 原式 $= \int \frac{(x + 1)e^x - e^x}{(x + 1)^2}dx = \int \frac{e^x}{x + 1}dx - \int \frac{e^x}{(x + 1)^2}dx = \int \frac{1}{x + 1}d(e^x) - \int \frac{e^x}{(x + 1)^2}dx$

$$= \frac{e^x}{1 + x} - \int e^x\,d\left(\frac{1}{x + 1}\right) - \int \frac{e^x}{(x + 1)^2}dx = \frac{e^x}{1 + x} + \int \frac{e^x}{(x + 1)^2}dx - \int \frac{e^x}{(x + 1)^2}dx$$

$$= \frac{e^x}{1 + x} + C;$$

(13) 原式 $= \frac{1}{2}\int x^2\cos x^2\,d(x^2) = \frac{1}{2}\int x^2\,d(\sin x^2) = \frac{1}{2}x^2\sin x^2 - \frac{1}{2}\int 2x\sin x^2\,dx$

$$= \frac{1}{2}x^2\sin x^2 - \frac{1}{2}\int \sin x^2 d(x^2) = \frac{1}{2}x^2\sin x^2 + \frac{1}{2}\cos x^2 + C;$$

(14) 设 $\sqrt{3x-2} = t, x = \frac{2+t^2}{3}, dx = \frac{2}{3}t dt.$ 则

$$原式 = \frac{2}{3}\int e^{-t} t dt = -\frac{2}{3}\int t d(e^{-t}) = -\frac{2}{3}t e^{-t} + \frac{2}{3}\int e^{-t} dt$$

$$= -\frac{2}{3}t e^{-t} - \frac{2}{3}e^{-t} + C = -\frac{2}{3}e^{-\sqrt{3x-2}}(\sqrt{3x-2}+1) + C;$$

(15) 原式 $= -\int \frac{1+x}{x} e^{\frac{1}{x}} d\left(\frac{1}{x}\right) = -\int \frac{1+x}{x} d(e^{\frac{1}{x}}) = -\frac{1+x}{x}e^{\frac{1}{x}} - \int e^{\frac{1}{x}} \frac{1}{x^2} dx$

$$= -\frac{1+x}{x}e^{\frac{1}{x}} + \int e^{\frac{1}{x}} d\left(\frac{1}{x}\right) = -\frac{1+x}{x}e^{\frac{1}{x}} + e^{\frac{1}{x}} + C = -\frac{1}{x}e^{\frac{1}{x}} + C;$$

(16) 原式 $= \int \ln(1+x) d\left(\frac{1}{2-x}\right) = \frac{\ln(1+x)}{2-x} - \int \frac{1}{2-x} \cdot \frac{1}{1+x} dx$

$$= \frac{\ln(1+x)}{2-x} - \frac{1}{3}\int \frac{1}{2-x} dx - \frac{1}{3}\int \frac{1}{1+x} dx$$

$$= \frac{\ln(1+x)}{2-x} + \frac{1}{3}\ln|2-x| - \frac{1}{3}\ln|1+x| + C;$$

(17) 原式 $= x\ln(x+\sqrt{1+x^2}) - \int x \dfrac{1+\dfrac{2x}{2\sqrt{1+x^2}}}{x+\sqrt{1+x^2}} dx = x\ln(x+\sqrt{1+x^2}) - \int \dfrac{x}{\sqrt{1+x^2}} dx$

$$= x\ln(x+\sqrt{1+x^2}) - \frac{1}{2}\int (1+x^2)^{-\frac{1}{2}} d(1+x^2)$$

$$= x\ln(x+\sqrt{1+x^2}) - \sqrt{1+x^2} + C;$$

(18) 原式 $= \int e^{-x^2} dx - 2\int x^2 e^{-x^2} dx = \int e^{-x^2} dx + \int x d(e^{-x^2})$

$$= \int e^{-x^2} dx + x e^{-x^2} - \int e^{-x^2} dx = x e^{-x^2} + C.$$

2. 由题意知,$f(x) = [\ln(1+x^2)]' = \dfrac{2x}{1+x^2}, f(2x) = \dfrac{4x}{1+4x^2}.$ 则

$$\int xf'(2x) dx = \frac{1}{2}\int xf'(2x) d(2x) = \frac{1}{2}\int x d[f(2x)] = \frac{1}{2}xf(2x) - \frac{1}{2}\int f(2x) dx$$

代入得

$$\frac{1}{2}x \cdot \frac{4x}{1+4x^2} - \frac{1}{2}\int \frac{4x}{1+4x^2} dx = \frac{2x^2}{1+4x^2} - \frac{1}{4}\int \frac{1}{1+4x^2} d(1+4x^2)$$

$$= \frac{2x^2}{1+4x^2} - \frac{1}{4}\ln(1+4x^2) + C.$$

3. 由题意知，$xf(x) = (x^2 e^x)' = 2xe^x + x^2 e^x$，则 $f(x) = 2e^x + xe^x$. 故

$$\int f(x)dx = \int(2+x)e^x dx$$

$$= \int(2+x)d(e^x)$$

$$= (2+x)e^x - \int e^x dx = (1+x)e^x + C.$$

习题 4-4 参考答案

(1) 原式 $= \int \dfrac{(x-1)+2}{(x-1)^3}dx = \int \dfrac{1}{(x-1)^2}dx + 2\int \dfrac{1}{(x-1)^3}dx$

$= -\dfrac{1}{x-1} - \dfrac{1}{(x-1)^2} + C = -\dfrac{x}{(x-1)^2} + C;$

(2) 原式 $= \int \dfrac{(x-2)+(x+5)}{(x-2)(x+5)}dx = \int \dfrac{1}{x+5}dx + \int \dfrac{1}{x-2}dx = \ln|x+5| + \ln|x-2| + C;$

(3) 原式 $= \int \dfrac{2}{x-1}dx - \int \dfrac{x-3}{x^2-x+1}dx = 2\ln|x-1| - \dfrac{1}{2}\int \dfrac{2x-1}{x^2-x+1}dx + \dfrac{5}{2}\int \dfrac{1}{x^2-x+1}dx$

$= \ln[(x-1)^2] - \dfrac{1}{2}\int \dfrac{1}{x^2-x+1}d(x^2-x+1) + \dfrac{5}{2}\int \dfrac{1}{\left(x-\dfrac{1}{2}\right)^2 + \left(\dfrac{\sqrt{3}}{2}\right)^2}dx$

$= \ln[(x-1)^2] - \dfrac{1}{2}|x^2-x+1| + \dfrac{5}{2} \cdot \dfrac{2}{\sqrt{3}}\arctan \dfrac{x-\dfrac{1}{2}}{\dfrac{\sqrt{3}}{2}} + C$

$= \ln \dfrac{(x-1)^2}{\sqrt{x^2-x+1}} + \dfrac{5}{\sqrt{3}}\arctan \dfrac{2x-1}{\sqrt{3}} + C;$

(4) 原式 $= \int \left[\dfrac{1}{x} + \dfrac{2}{(x-1)^2}\right]dx = \int \dfrac{1}{x}dx + 2\int \dfrac{1}{(x-1)^2}dx = \ln|x| - \dfrac{2}{x-1} + C;$

(5) 原式 $= \int \left[(x^2+x+1) + \dfrac{x^2+x-8}{x(x-1)(x+1)}\right]dx$

$= \int(x^2+x+1)dx + \int \dfrac{x^2+x-8}{x(x-1)(x+1)}dx$

$= \dfrac{1}{3}x^3 + \dfrac{1}{2}x^2 + x + \int\left(\dfrac{8}{x} - \dfrac{3}{x-1} - \dfrac{4}{x+1}\right)dx$

$= \dfrac{1}{3}x^3 + \dfrac{1}{2}x^2 + x + 8\ln|x| - 3\ln|x-1| - 4\ln|x+1| + C;$

(6) 原式 $= \int\left(-\dfrac{1}{2} \cdot \dfrac{1}{x+1} + \dfrac{2}{x+2} - \dfrac{3}{2} \cdot \dfrac{1}{x+3}\right)dx$

$$= -\frac{1}{2}\ln|x+1| + 2\ln|x+2| - \frac{3}{2}\ln|x+3| + C;$$

(7) 原式 $= \int\left(\frac{1}{x} - \frac{1}{2}\cdot\frac{1}{x+1} - \frac{1}{2}\cdot\frac{x+1}{x^2+1}\right)dx$

$$= \ln|x| - \frac{1}{2}\ln|x+1| - \frac{1}{2}\int\frac{x}{x^2+1}dx - \frac{1}{2}\int\frac{1}{x^2+1}dx$$

$$= \ln|x| - \frac{1}{2}\ln|x+1| - \frac{1}{4}\int\frac{1}{x^2+1}d(x^2+1) - \frac{1}{2}\arctan x$$

$$= \ln|x| - \frac{1}{2}\ln|x+1| - \frac{1}{4}\ln(x^2+1) - \frac{1}{2}\arctan x + C;$$

(8) 原式 $= \int\dfrac{1+\dfrac{1}{x^2}}{x^2+\dfrac{1}{x^2}}dx = \int\dfrac{1}{x^2+\dfrac{1}{x^2}}d\left(x-\dfrac{1}{x}\right) = \int\dfrac{1}{\left(x-\dfrac{1}{x}\right)^2+2}d\left(x-\dfrac{1}{x}\right)$

$$= \frac{1}{\sqrt{2}}\arctan\frac{x-\dfrac{1}{x}}{\sqrt{2}} + C = \frac{1}{\sqrt{2}}\arctan\frac{x^2-1}{\sqrt{2}\,x} + C;$$

(9) 令 $\tan\dfrac{x}{2} = t$，则

原式 $= \int\dfrac{1}{3+\dfrac{1-t^2}{1+t^2}}d(2\arctan t) = \int\dfrac{1}{3+\dfrac{1-t^2}{1+t^2}}\cdot\dfrac{2}{1+t^2}dt = \int\dfrac{1}{2+t^2}dt$

$$= \frac{1}{\sqrt{2}}\arctan\frac{t}{\sqrt{2}} + C = \frac{1}{\sqrt{2}}\arctan\frac{\tan\dfrac{x}{2}}{\sqrt{2}} + C;$$

$\left(\text{提示：利用公式 } \cos 2\alpha = \dfrac{1-\tan^2\alpha}{1+\tan^2\alpha}\right)$

(10) 令 $\tan\dfrac{x}{2} = t$，则

原式 $= \int\dfrac{1}{2+\dfrac{2t}{1+t^2}}d(2\arctan t) = \int\dfrac{1}{2+\dfrac{2t}{1+t^2}}\cdot\dfrac{2}{1+t^2}dt$

$$= \int\dfrac{1}{t^2+t+1}dt = \int\dfrac{1}{\left(t+\dfrac{1}{2}\right)^2+\left(\dfrac{\sqrt{3}}{2}\right)^2}d\left(t+\dfrac{1}{2}\right)$$

$$= \frac{2}{\sqrt{3}}\arctan\frac{2t+1}{\sqrt{3}} + C = \frac{2}{\sqrt{3}}\arctan\left(\frac{2\tan\frac{x}{2}+1}{\sqrt{3}}\right) + C;$$

$\left(\text{提示：利用公式 } \sin 2\alpha = \frac{2\tan\alpha}{1+\tan^2\alpha}\right)$

(11) 令 $\tan\frac{x}{2} = t$，则

$$\text{原式} = \int \frac{\frac{2}{1+t^2}}{1+\frac{2t}{1+t^2}+\frac{1-t^2}{1+t^2}} dt = \int \frac{1}{t+1} dt = \ln|t+1| + C$$

$$= \ln\left|\tan\frac{x}{2}\right| + C;$$

(12) 令 $\tan x = t$，则

$$\text{原式} = \int \frac{1}{3+\frac{t^2}{1+t^2}} \cdot \frac{1}{1+t^2} dt = \int \frac{1}{3+4t^2} dt = \frac{1}{4} \cdot \frac{2}{\sqrt{3}}\arctan\frac{2t}{\sqrt{3}} + C;$$

$$= \frac{1}{2\sqrt{3}}\arctan\frac{2\tan x}{\sqrt{3}} + C;$$

(13) $\text{原式} = -\int \frac{1}{(2+\cos x)\sin^2 x} d(\cos x)$

$$= -\int \frac{1}{(2+\cos x)(1-\cos x)(1+\cos x)} d(\cos x)$$

$$= -\int\left[\frac{1}{6(1-\cos x)} + \frac{1}{2(1+\cos x)} + \frac{1}{3(2+\cos x)}\right] d(\cos x)$$

$$= \frac{1}{6}\ln(1-\cos x) - \frac{1}{2}\ln(1+\cos x) - \frac{1}{3}\ln(2+\cos x) + C;$$

(14) 令 $\sqrt[3]{x+2} = t$，$x = t^3 - 2$. 则

$$\text{原式} = \int \frac{3t^2}{1+t} dt = 3\int \frac{t^2-1+1}{1+t} dt = 3\int(t-1)dt + 3\int \frac{1}{1+t} dt$$

$$= \frac{3}{2}t^2 - 3t + 3\ln|1+t| + C = \frac{3}{2}(x+2)^{\frac{2}{3}} - 3(x+2)^{\frac{1}{3}} + 3\ln\left|1+\sqrt[3]{x+2}\right| + C;$$

(15) 令 $x = t^6$，则

$$\text{原式} = \int \frac{6t^5}{(1+t^2)t^3} dt = 6\int \frac{(t^2+1)-1}{1+t^2} dt = 6\int dt - 6\int \frac{1}{1+t^2} dt$$

$= 6t - 6\arctan t + C = 6x^{\frac{1}{6}} - 6\arctan x^{\frac{1}{6}} + C;$

(16) 令 $x = t^4$，则

原式 $= \int \dfrac{4t^3}{t^2 + t} dt = 4\int \dfrac{t^2 - 1 + 1}{t + 1} dt = 4\int (t - 1) dt + 4\int \dfrac{1}{t + 1} dt$

$= 2t^2 - 4t + 4\ln|t + 1| + C = 2x^{\frac{1}{2}} - 4x^{\frac{1}{4}} + 4\ln|1 + x^{\frac{1}{4}}| + C;$

(17) 原式可化为 $\int \dfrac{\sqrt{1 - x^2}}{(1 + x)x} dx$，令 $x = \sin t$，则

原式 $= \int \dfrac{\cos t}{(1 + \sin t)\sin t} \cos t dt = \int \dfrac{1 - \sin t}{\sin t} dt = \int (\csc t - 1) dt$

$= \ln|\csc t - \cot t| - t + C = \ln\left|\dfrac{1}{x} - \dfrac{\sqrt{1 - x^2}}{x}\right| - \arcsin x + C;$

(18) 原式 $= \int \dfrac{1}{\sqrt{x} \cdot \sqrt{1 - x}} dx = 2\int \dfrac{1}{\sqrt{1 - (\sqrt{x})^2}} d(\sqrt{x}) = 2\arcsin\sqrt{x} + C.$

三、总习题参考答案

1. (1) B；(2) B；(3) C；(4) C；(5) B；(6) D. （提示：令 $e^x = t$）

2. (1) 原式 $= \int \dfrac{(x - 1) + 1}{(1 - x)^3} dx = -\int \dfrac{1}{(1 - x)^2} dx + \int \dfrac{1}{(1 - x)^3} dx = \dfrac{1}{x - 1} + \dfrac{1}{2(1 - x)^2} + C;$

(2) 原式 $= \int \left[\left(a^{\frac{2}{3}}\right)^3 - 3\left(a^{\frac{2}{3}}\right)^2 x^{\frac{2}{3}} + 3a^{\frac{2}{3}}\left(x^{\frac{2}{3}}\right)^2 - \left(x^{\frac{2}{3}}\right)^3\right] dx$

$= a^2 x - \dfrac{9}{5} a^{\frac{4}{3}} x^{\frac{5}{3}} + \dfrac{9}{7} a^{\frac{2}{3}} x^{\frac{7}{3}} - \dfrac{1}{3} x^3 + C;$

(3) 原式 $= \int \dfrac{2\sin x \cos x}{1 + \sin^2 x} dx = \int \dfrac{2\sin x}{1 + \sin^2 x} d(\sin x) = \int \dfrac{1}{1 + \sin^2 x} d(\sin^2 x + 1)$

$= \ln(1 + \sin^2 x) + C;$

(4) 令 $\sqrt{1 - x} = t, x = 1 - t^2$，则

原式 $= \int \dfrac{1}{(2 - 1 + t^2)t} \cdot (-2t) dt = -2\int \dfrac{1}{1 + t^2} dt$

$= -2\arctan t + C = -2\arctan \sqrt{1 - x} + C;$

(5) 原式 $= \int \dfrac{\cos x}{\sin x(1 + \sin x)} dx = \int \dfrac{1}{\sin x(1 + \sin x)} d(\sin x)$

$= \int \left(\dfrac{1}{\sin x} - \dfrac{1}{1 + \sin x}\right) d(\sin x)$

$= \ln|\sin x| - \ln|1 + \sin x| + C;$

(6) 原式 $= \int \dfrac{1}{x+\sin x}\mathrm{d}(x+\sin x) = \ln|x+\sin x| + C$;

(7) 原式 $= -\dfrac{1}{2}\int \dfrac{1}{\sqrt{a^2-x^2}}\mathrm{d}(a^2-x^2) = -\sqrt{a^2-x^2} + C$;

(8) 原式 $= 2\int \dfrac{1}{\sqrt{1+(\sqrt{x})^2}}\mathrm{d}(\sqrt{x}) = 2\ln|\sqrt{x}+\sqrt{x+1}| + C$;

(9) 令 $\sqrt{x}=t, x=t^2$，则

$$原式 = \int \sqrt{\dfrac{t^2}{1-t^3}}\cdot 2t\,\mathrm{d}t = 2\int \dfrac{t^2}{\sqrt{1-t^3}}\mathrm{d}t = -\dfrac{2}{3}\int \dfrac{1}{\sqrt{1-t^3}}\mathrm{d}(1-t^3)$$

$$= -\dfrac{4}{3}\sqrt{1-t^3} + C = -\dfrac{4}{3}\sqrt{1-x\sqrt{x}} + C;$$

(10) 原式 $= -\dfrac{1}{2}\int \dfrac{\arccos x}{\sqrt{1-x^2}}\mathrm{d}(1-x^2) = -\int \arccos x\,\mathrm{d}(\sqrt{1-x^2})$

$$= -\sqrt{1-x^2}\cdot \arccos x - \int \dfrac{\sqrt{1-x^2}}{\sqrt{1-x^2}}\mathrm{d}x = -\sqrt{1-x^2}\cdot \arccos x - x + C;$$

(11) 令 $\sqrt{x}=t, x=t^2$，则

$$原式 = \int t\sin t\,\mathrm{d}(t^2) = \int 2t^2\,\mathrm{d}(\cos t) = 2t^2\cos t - 2\int 2t\cos t\,\mathrm{d}t$$

$$ = -2t^2\cos t + 4\int t\,\mathrm{d}(\sin t) = -2t^2\cos t + 4t\sin t - 4\int \sin t\,\mathrm{d}t$$

$$ = -2t^2\cos t + 4t\sin t + 4\cos t + C = (4-2x)\cos\sqrt{x} + 4\sqrt{x}\sin\sqrt{x} + C;$$

(12) 原式 $= -\int \ln(e^x+1)\mathrm{d}(e^{-x}) = -\dfrac{\ln(e^x+1)}{e^x} + \int \dfrac{e^x\cdot e^{-x}}{e^x+1}\mathrm{d}x$

$$= -\dfrac{\ln(e^x+1)}{e^x} + \int \dfrac{e^x+1-e^x}{e^x+1}\mathrm{d}x = -\dfrac{\ln(e^x+1)}{e^x} + x - \ln(e^x+1) + C;$$

(13) 原式 $= \int \dfrac{\sqrt{2}\cos\dfrac{x}{2}}{2\sin\dfrac{x}{2}\cos\dfrac{x}{2}}\mathrm{d}x = \dfrac{\sqrt{2}}{2}\times 2\int \csc\dfrac{x}{2}\,\mathrm{d}\left(\dfrac{x}{2}\right) = \sqrt{2}\ln\left|\csc\dfrac{x}{2} - \cot\dfrac{x}{2}\right| + C;$

(14) 令 $\sqrt{x}=t,\ x=t^2$，则

$$原式 = \int \arctan t\,\mathrm{d}(t^2) = t^2\arctan t - \int \dfrac{t^2}{1+t^2}\mathrm{d}t$$

$$ = t^2\arctan t - \int \dfrac{t^2+1-1}{1+t^2}\mathrm{d}t = t^2\arctan t - t + \arctan t + C$$

$$= x\arctan\sqrt{x} - \sqrt{x} + \arctan\sqrt{x} + C;$$

(15) 原式 $= \int \dfrac{\sin^2 x + \cos^2 x}{\sin^3 x \cos x} dx = \int \dfrac{1}{2\sin x \cos x} d(2x) + \int \dfrac{\cos x}{\sin^3 x} dx$

$$= \int \dfrac{1}{\sin 2x} d(2x) + \int \dfrac{1}{\sin^3 x} d(\sin x) = \ln|\csc 2x - \cot 2x| - \dfrac{1}{2\sin^2 x} + C;$$

(16) 原式 $= \int \dfrac{e^{2x}+1}{e^{4x}-e^{2x}+1} d(e^x) = \int \dfrac{1+\dfrac{1}{e^{2x}}}{e^{2x}-1+\dfrac{1}{e^{2x}}} d(e^x)$

$$= \int \dfrac{d\left(e^x - \dfrac{1}{e^x}\right)}{\left(e^x - \dfrac{1}{e^x}\right)^2 + 1} = \arctan\left(e^x - \dfrac{1}{e^x}\right) + C;$$

(17) 原式 $= \dfrac{1}{2}\int \dfrac{1}{x^2+4x+13} d(x^2+4x+13) - \int \dfrac{1}{x^2+4x+13} dx$

$$= \dfrac{1}{2}\ln(x^2+4x+13) - \int \dfrac{1}{(x+2)^2+3^2} d(x+2)$$

$$= \dfrac{1}{2}\ln(x^2+4x+13) - \dfrac{1}{3}\arctan\dfrac{x+2}{3} + C;$$

(18) 令 $x = \dfrac{1}{t}$,则

原式 $= \int \dfrac{1}{\dfrac{1}{t}\sqrt{\dfrac{1}{t^2}+\dfrac{1}{t}-1}} \cdot \left(-\dfrac{1}{t^2}\right) dt = -\int \dfrac{1}{\sqrt{1+t-t^2}} dt$

$$= -\int \dfrac{1}{\sqrt{\left(\dfrac{\sqrt{5}}{2}\right)^2 - \left(t-\dfrac{1}{2}\right)^2}} d\left(t-\dfrac{1}{2}\right)$$

$$= -\arcsin\dfrac{2t-1}{\sqrt{5}} + C = -\arcsin\dfrac{2-x}{\sqrt{5}x} + C.$$

3. 由题意得 $f(x^2-1) = \ln\dfrac{(x^2-1)+1}{(x^2-1)-1}$,则 $f(x) = \ln\dfrac{x+1}{x-1}$. 则 $f(\varphi(x)) = \ln\dfrac{\varphi(x)+1}{\varphi(x)-1} =$ $\ln x$. 由 $\dfrac{\varphi(x)+1}{\varphi(x)-1} = x$,推出 $\varphi(x) = \dfrac{x+1}{x-1}$. 所以 $\int \varphi(x) dx = \int \dfrac{x+1}{x-1} dx = \int\left(1 + \dfrac{2}{x-1}\right) dx =$ $x + 2\ln|x-1| + C.$

四、同步测试参考答案

(一) 1. $f(x) = -\dfrac{1}{2}x^2 + 2x + 3$.　2. $\dfrac{1}{2}x^2\ln x + \dfrac{1}{4}x^2 + C$.　3. $f'(x)$, $\sin(1-2x) + C$.

4. $-(1-x^2)^{\frac{3}{2}} + C$.　5. $xf'(x) - f(x) + C$.

(二) 1. C.　2. B.　3. D.　4. B.　5. D.　6. C.

(三) 1. 令 $\sqrt{2x-1} = t$, 则 $x = \dfrac{1}{2}(t^2 + 1)$. 故

原式 $= \int e^t \cdot t\,dt = \int t\,d(e^t) = te^t - \int e^t\,dt = te^t - e^t + C = e^{\sqrt{2x-1}}(\sqrt{2x-1} - 1) + C$.

2. 原式 $= \int \dfrac{2e^x - (1 + e^x)}{1 + e^x}\,dx = 2\int \dfrac{e^x}{1 + e^x}\,dx - \int dx = 2\int \dfrac{1}{1 + e^x}\,d(e^x + 1) - x$

$= 2\ln(1 + e^x) - x + C$.

3. 原式 $= \dfrac{1}{2}\int \dfrac{1}{\sqrt{1+x^2}\,[1+(1+x^2)]}\,d(x^2) = \int \dfrac{1}{1+(\sqrt{1+x^2})^2}\,d(\sqrt{1+x^2})$

$= \arctan\sqrt{1+x^2} + C$.

4. 原式 $= \int \dfrac{2x + 4 - 4}{(x+2)^2 + 1}\,dx = \int \dfrac{2x+4}{(x+2)^2 + 1}\,dx - \int \dfrac{4}{(x+2)^2 + 1}\,dx$

$= \int \dfrac{1}{(x+2)^2 + 1}\,d[(x+2)^2] - 4\int \dfrac{1}{(x+2)^2 + 1}\,d(x+2)$

$= \ln[(x+2)^2 + 1] - 4\arctan(x+2) + C$.

(四) 1. 由题意知: $xf(x) = (\arcsin x + C)' = \dfrac{1}{\sqrt{1-x^2}}$, 则 $\dfrac{1}{f(x)} = x\sqrt{1-x^2}$.

故 $\int \dfrac{dx}{f(x)} = \int x\sqrt{1-x^2}\,dx = -\dfrac{1}{2}\int \sqrt{1-x^2}\,d(1-x^2) = -\dfrac{1}{3}\sqrt{(1-x^2)^3} + C$.

2. 原式 $= \int \dfrac{f(x)f'^2(x) - f^2(x)f''(x)}{f'^3(x)}\,dx = \int \dfrac{f(x)}{f'(x)} \cdot \dfrac{f'^2(x) - f(x)f''(x)}{f'^2(x)}\,dx$

$= \int \dfrac{f(x)}{f'(x)}\,d\left[\dfrac{f(x)}{f'(x)}\right] = \dfrac{1}{2}\left[\dfrac{f(x)}{f'(x)}\right]^2 + C$.

3. 由题意知: $F'(x) = f(x)$, 所以 $F(x)F'(x) = \sin^2 2x$. 两边积分得 $\int F(x)F'(x)\,dx = \int \sin^2 2x\,dx$. 左端 $\int F(x)F'(x)\,dx = \int F(x)\,dF(x) = F^2(x) - \int F(x)F'(x)\,dx = F^2(x) - \int \sin^2 2x\,dx$, 即 $F^2(x) = 2\int \sin^2 2x\,dx = 2\int \dfrac{1-\cos 4x}{2}\,dx = \int(1-\cos 4x)\,dx = x - \dfrac{1}{4}\sin 4x + C$.

又因为 $F(0)=1, F(x) \geq 0$,所以 $F^2(0)=1$,得到 $C=1$.

故 $F(x)=\sqrt{x-\dfrac{1}{4}\sin 4x+1}$,于是 $f(x)=F'(x)=\dfrac{\sin^2 2x}{\sqrt{x-\dfrac{1}{4}\sin 4x+1}}$.

(五)由题设知 $x=f(\varphi(x))=F'(\varphi(x))$,故

$$\int \varphi(x)\,\mathrm{d}x = x\varphi(x) - \int x\,\mathrm{d}\varphi(x)$$
$$= x\varphi(x) - \int F'(\varphi(x))\,\mathrm{d}\varphi(x) = x\varphi(x) - F(\varphi(x)) + C.$$

五、能力提升(考研真题)参考答案

1. $x+\mathrm{e}^x+C$.   2. $x(\arcsin x)^2+2\sqrt{1-x^2}\arcsin x-2x+C$.   3. $-\dfrac{\ln x}{x}+C$.

4. $2\sqrt{x}\arcsin\sqrt{x}+2\sqrt{1-x}+C$.   5. $-2\sqrt{1-x}\arcsin\sqrt{x}+2\sqrt{x}+C$.

6. $2\sqrt{x}(\arcsin\sqrt{x}+\ln x)-4\sqrt{x}+2\sqrt{1-x}+C$.   7. $\dfrac{x\mathrm{e}^{\frac{x}{2}}}{2(1+x)^{\frac{3}{2}}}$.

第五章 定积分及其应用

二、每节精选

习题 5-1 参考答案

1. 将区间 $[a,b]$ 分成 n 等份，则每一小区间的长度为 $\Delta x_i = \dfrac{b-a}{n}$，其分点为

$$x_0 = a, x_1 = a + \dfrac{1}{n}(b-a), x_2 = a + \dfrac{2}{n}(b-a), \cdots, x_n = b$$

在每一小区间中取 $\xi_i = a + \dfrac{i}{n}(b-a)(i=1,2,\cdots,n)$，记 $\lambda = \dfrac{b-a}{n}$，当 $\lambda \to 0$ 时，$n \to \infty$，则

$$\int_a^b x\,dx = \lim_{n\to\infty}\sum_{i=1}^n \left[a + \dfrac{i}{n}(b-a)\right] \cdot \dfrac{b-a}{n} = \lim_{n\to\infty}\sum_{i=1}^n \left[\dfrac{a(b-a)}{n} + \dfrac{(b-a)^2}{n^2}i\right]$$

$$= \lim_{n\to\infty}\left[a(b-a) + \dfrac{(b-a)^2}{n^2} \cdot \dfrac{1}{2}n(n+1)\right]$$

$$= a(b-a) + \dfrac{1}{2}(b-a)^2 = \dfrac{(b-a)}{2}(a+b) = \dfrac{b^2 - a^2}{2}.$$

2. 将区间 $[1,3]$ 分成 n 等份，则每一小区间的长度为 $\Delta x_i = \dfrac{2}{n}$，其分点为 $x_0 = 1, x_1 = 1 + \dfrac{2}{n} \cdot 1, x_2 = 1 + \dfrac{2}{n} \cdot 2, \cdots, x_n = 3$. 在每一小区间中取 $\xi_i = 1 + \dfrac{2}{n}i(i=1,2,\cdots,n)$，则

$$\int_1^3 x^2\,dx = \lim_{n\to\infty}\sum_{i=1}^n \left(1 + \dfrac{2}{n}i\right)^2 \cdot \dfrac{2}{n} = \lim_{n\to\infty}\sum_{i=1}^n \left(\dfrac{2}{n} + \dfrac{8}{n^2}i + \dfrac{8}{n^3}i^2\right)$$

$$= \lim_{n\to\infty}\left[\dfrac{2}{n} \cdot n + \dfrac{8}{n^2} \cdot \dfrac{1}{2}n(n+1) + \dfrac{8}{n^3} \cdot \dfrac{1}{6}n(n+1)(2n-1)\right]$$

$$= \lim_{n\to\infty}\left[2 + \dfrac{4(n+1)}{n} + \dfrac{4}{3} \cdot \dfrac{(n+1)(2n-1)}{n^2}\right] = 2 + 4 + \dfrac{8}{3} = \dfrac{26}{3}.$$

3. （1）等式左边为直线 $y = 2x$ 与 x 轴和 $x = 1$ 三条直线所围成的面积，该面积为 $\dfrac{1}{2} \cdot 1 \cdot 2 = 1$，即为等式右边；

（2）等式左边为正弦曲线 $y = \sin x$ 与 x 轴在 $x = \pi$ 及 $x = -\pi$ 之间所围图形面积的代数和（设面积为 A），该面积为 $(-A) + A = 0$，即为等式右边.

4. （1）在区间 $\left[\dfrac{1}{\sqrt{3}}, \sqrt{3}\right]$ 上，函数 $f(x) = x\arctan x$ 是单调增加的，因此 $f\left(\dfrac{1}{\sqrt{3}}\right) \leqslant f(x) \leqslant$

$f(\sqrt{3})$，即 $\dfrac{\sqrt{3}\pi}{18} \leqslant f(x) \leqslant \dfrac{\sqrt{3}\pi}{3}$，故

$$\dfrac{\pi}{9} = \dfrac{\sqrt{3}\pi}{18}\left(\sqrt{3} - \dfrac{1}{\sqrt{3}}\right) \leqslant \int_{\frac{1}{\sqrt{3}}}^{\sqrt{3}} x\arctan x\,\mathrm{d}x \leqslant \dfrac{\sqrt{3}\pi}{3}\left(\sqrt{3} - \dfrac{1}{\sqrt{3}}\right) = \dfrac{2\pi}{3}.$$

(2) 设 $f(x) = x^2 - x$，$x \in [0, 2]$，则 $f'(x) = 2x - 1$，$f(x)$ 在 $[0, 2]$ 上的最大值、最小值必为 $f(0)$、$f\left(\dfrac{1}{2}\right)$、$f(2)$ 中的最大值和最小值，即最大值为 $f(2) = 2$，最小值为 $f\left(\dfrac{1}{2}\right) = -\dfrac{1}{4}$，因此有 $2\mathrm{e}^{-\frac{1}{4}} = \int_0^2 \mathrm{e}^{-\frac{1}{4}}\mathrm{d}x \leqslant \int_0^2 \mathrm{e}^{x^2-x}\mathrm{d}x \leqslant \int_0^2 \mathrm{e}^2\mathrm{d}x = 2\mathrm{e}^2$，而 $\int_2^0 \mathrm{e}^{x^2-x}\mathrm{d}x = -\int_0^2 \mathrm{e}^{x^2-x}\mathrm{d}x$，故 $-2\mathrm{e}^2 \leqslant \int_2^0 \mathrm{e}^{x^2-x}\mathrm{d}x \leqslant -2\mathrm{e}^{-\frac{1}{4}}$.

5. (1) 在区间 $[1,2]$ 上，由于 $0 \leqslant \ln x \leqslant 1$，得 $\ln x \geqslant (\ln x)^2$，因此 $\int_1^2 \ln x\,\mathrm{d}x \geqslant \int_1^2 (\ln x)^2 \mathrm{d}x$；

(2) 设 $f(x) = \mathrm{e}^x - (1 + x)$，则 $f'(x) = \mathrm{e}^x - 1$. 当 $x \in (0, 1)$ 时，$f'(x) > 0$，即 $f(x)$ 单调增加，所以 $f(x) > f(0) = 0$，即 $\mathrm{e}^x > 1 + x$. 故 $\int_0^1 \mathrm{e}^x \mathrm{d}x > \int_0^1 (1 + x)\mathrm{d}x$.

6. 设 $f(x)$ 在 $[a, b]$ 上存在最大值 M 和最小值 m，有 $m \leqslant f(x) \leqslant M$. 因为 $g(x) \geqslant 0$，所以 $mg(x) \leqslant f(x)g(x) \leqslant Mg(x)$. 两边积分，得 $m\int_a^b g(x)\mathrm{d}x \leqslant \int_a^b f(x)g(x)\mathrm{d}x \leqslant M\int_a^b g(x)\mathrm{d}x$. 故

$$m \leqslant \dfrac{\int_a^b f(x)g(x)\mathrm{d}x}{\int_a^b g(x)\mathrm{d}x} \leqslant M.$$ 由介值定理知，存在 $\xi \in (a, b)$，使 $f(\xi) = \dfrac{\int_a^b f(x)g(x)\mathrm{d}x}{\int_a^b g(x)\mathrm{d}x}$，即 $\int_a^b f(x)g(x)\mathrm{d}x = f(\xi)\int_a^b g(x)\mathrm{d}x$.

习题 5-2 参考答案

1. 因为 $y'(x) = \sin x$，所以 $y'(0) = 0$，$y'\left(\dfrac{\pi}{4}\right) = \dfrac{\sqrt{2}}{2}$.

2. (1) 原式 $= \sin \mathrm{e}^x$；

(2) 原式 $= \dfrac{\mathrm{d}}{\mathrm{d}x}\left(\int_0^{x^3} \dfrac{\mathrm{d}t}{\sqrt{1+t^4}} - \int_0^{x^2} \dfrac{\mathrm{d}t}{\sqrt{1+t^4}}\right) = \dfrac{3x^2}{\sqrt{1+x^{12}}} - \dfrac{2x}{\sqrt{1+x^8}}$；

(3) 原式 $= \dfrac{\mathrm{d}}{\mathrm{d}x}\left[\int_0^{\cos x} \cos(\pi t^2)\mathrm{d}t - \int_0^{\sin x} \cos(\pi t^2)\mathrm{d}t\right]$

$= -\sin x\cos(\pi \cos^2 x) - \cos x\cos(\pi \sin^2 x)$

$= -\sin x\cos(\pi - \pi \sin^2 x) - \cos x\cos(\pi \sin^2 x)$

$= \cos(\pi \cos^2 x)(\sin x - \cos x)$；

3. $g'(x) = \dfrac{2x}{1 + x^6}$，$g''(x) = \dfrac{2 - 10x^6}{(1 + x^6)^2}$，$g''(1) = -2$.

4. 方程两边同时对 x 求导，得 $e^y \cdot \dfrac{dy}{dx} + \cos x = 0$，则 $\dfrac{dy}{dx} = -\dfrac{\cos x}{e^y}$. 由题设，得 $e^y \Big|_0^y + \sin t \Big|_0^x = 0$，即 $e^y = 1 - \sin x$. 所以又有 $\dfrac{dy}{dx} = \dfrac{\cos x}{\sin x - 1}$.

5. $x_t' = \sin t$，$y_t' = \cos t$. 则 $\dfrac{dy}{dx} = \dfrac{y_t'}{x_t'} = \dfrac{\cos t}{\sin t} = \cot t$.

6. （1）利用洛必达法则，原式 $= \lim\limits_{x \to 0} \dfrac{\cos x^2}{1} = \cos 0 = 1$；

（2）利用洛必达法则，原式 $= \lim\limits_{x \to 0} \dfrac{\arctan x}{2x} = \lim\limits_{x \to 0} \dfrac{x}{2x} = \dfrac{1}{2}$；

（3）利用洛必达法则，原式 $= \lim\limits_{x \to 0} \dfrac{\sqrt{1+x^4} \cdot 2x}{2x} = 1$.

7. $g'(x) = xe^{-x^2}$，令 $g'(x) = 0$，得驻点 $x = 0$. 当 $x < 0$ 时，$g'(x) < 0$；当 $x > 0$ 时，$g'(x) > 0$. 所以 $x = 0$ 时函数 $g(x)$ 取得极小值.

8. （1）原式 $= \left[\dfrac{1}{3}x^3 - \dfrac{1}{3x^3}\right]_1^2 = \dfrac{21}{8}$；

（2）原式 $= \int_0^1 (1-x)dx + \int_1^2 (x-1)dx = \left[x - \dfrac{x^2}{2}\right]_0^1 + \left[\dfrac{x^2}{2} - x\right]_1^2 = 1$；

（3）原式 $= \left[\dfrac{1}{a}\arctan\dfrac{x}{a}\right]_0^{\sqrt{3}a} = \dfrac{\pi}{3a}$；

（4）原式 $= \int_0^{\frac{\pi}{4}} (\sec^2\theta - 1)d\theta = [\tan\theta - \theta]_0^{\frac{\pi}{4}} = 1 - \dfrac{\pi}{4}$.

9. 令 $A = \int_0^1 f(x)dx$，则 $f(x) = \dfrac{1}{1+x^2} + Ax^3$. 两边积分得

$$A = \int_0^1 \dfrac{1}{1+x^2}dx + A\int_0^1 x^3 dx = \arctan x \Big|_0^1 + A \cdot \dfrac{1}{4}x^4 \Big|_0^1 = \dfrac{\pi}{4} + \dfrac{A}{4}$$

解得 $A = \dfrac{\pi}{3}$.

10. 当 $x < 0$ 时，$\phi(x) = \int_0^x 0 dt = 0$；

当 $0 \leq x \leq \pi$ 时，$\phi(x) = \int_0^x \dfrac{1}{2}\sin t\, dt = -\dfrac{1}{2}\cos t \Big|_0^x = -\dfrac{1}{2}\cos x + \dfrac{1}{2}$；

当 $x > \pi$ 时，$\phi(x) = \int_0^{\pi} \dfrac{1}{2}\sin t\, dt + \int_{\pi}^x 0 dt = -\dfrac{1}{2}\cos t \Big|_0^{\pi} = 1$.

所以 $\phi(x) = \begin{cases} 0, & x < 0 \\ \dfrac{1}{2} - \dfrac{1}{2}\cos x, & 0 \leq x \leq \pi. \\ 1, & x > \pi \end{cases}$

习题 5-3 参考答案

1. (1) 原式 $= \int_0^1 (e^x - 1)^4 d(e^x - 1) = \frac{1}{5}(e^x - 1)^5 \Big|_0^1 = \frac{1}{5}(e-1)^5$;

(2) 原式 $= \int_1^e (1 + \ln x) d(\ln x + 1) = \frac{1}{2}(1 + \ln x)^2 \Big|_1^e = \frac{3}{2}$;

(3) 原式 $= -\int_1^2 e^{\frac{1}{x}} d\left(\frac{1}{x}\right) = -e^{\frac{1}{x}} \Big|_1^2 = e - \sqrt{e}$;

(4) 原式 $= \frac{1}{3}\int_1^2 \frac{1}{(3x-1)^2} d(3x-1) = -\frac{1}{3} \cdot \frac{1}{3x-1} \Big|_1^2 = \frac{1}{10}$;

(5) 原式 $= \frac{1}{9} \cdot 3 \int_0^{\sqrt[3]{3}} \frac{1}{1 + \left(\frac{x}{3}\right)^2} d\left(\frac{x}{3}\right) = \frac{1}{3}\arctan\frac{x}{3} \Big|_0^{\sqrt[3]{3}} = \frac{\pi}{9}$;

(6) 原式 $= \int_{-\frac{\pi}{2}}^{\frac{\pi}{2}} \cos x(1 - 2\sin^2 x) dx = \int_{-\frac{\pi}{2}}^{\frac{\pi}{2}} (1 - 2\sin^2 x) d(\sin x)$

$= \left(\sin x - \frac{2}{3}\sin^3 x\right) \Big|_{-\frac{\pi}{2}}^{\frac{\pi}{2}} = \frac{2}{3}$

或原式 $= \frac{1}{2}\int_{-\frac{\pi}{2}}^{\frac{\pi}{2}} (\cos 3x + \cos x) dx = \frac{1}{2}\left(\frac{1}{3}\sin 3x + \sin x\right) \Big|_{-\frac{\pi}{2}}^{\frac{\pi}{2}} = \frac{2}{3}$;

(7) 原式 $= \int_0^5 \frac{x^3 + x - x}{x^2 + 1} dx = \int_0^5 x dx - \frac{1}{2}\int_0^5 \frac{1}{x^2 + 1} d(x^2 + 1)$

$= \frac{x^2}{2} \Big|_0^5 - \frac{1}{2}\ln(x^2 + 1) \Big|_0^5 = \frac{25}{2} - \frac{1}{2}\ln 26$;

(8) 原式 $= \int_0^5 \left(\frac{2x(x+3)}{x+3} - \frac{3x+9}{x+3} + \frac{4}{x+3}\right) dx$

$= [x^2 - 3x + 4\ln(x+3)] \Big|_0^5 = 10 + 4\ln\frac{8}{3} = 10 + 12\ln 2 - 4\ln 3$;

(9) 令 $\sqrt{1-x} = t$, $x = 1 - t^2$, 则原式 $= \int_{\frac{1}{2}}^0 \frac{-2t}{t-1} dt = -2[t + \ln(1-t)] \Big|_{\frac{1}{2}}^0 = 1 - 2\ln 2$;

(10) 原式 $= \frac{1}{2}\int_{\frac{\pi}{6}}^{\frac{\pi}{2}} (1 + \cos 2u) du = \frac{1}{2}\left(u + \frac{1}{2}\sin 2u\right) \Big|_{\frac{\pi}{6}}^{\frac{\pi}{2}} = \frac{\pi}{6} - \frac{\sqrt{3}}{8}$;

(11) 令 $x = \sqrt{2}\sin t$, 则原式 $= \int_0^{\frac{\pi}{2}} 2\cos^2 t dt = \int_0^{\frac{\pi}{2}} (1 + \cos 2t) dt = \left(t + \frac{1}{2}\sin 2t\right) \Big|_0^{\frac{\pi}{2}} = \frac{\pi}{2}$;

(12) 令 $x = \sin t$, 则

原式 $= \int_{\frac{\pi}{4}}^{\frac{\pi}{2}} \frac{\cos^2 t}{\sin^2 t} dt = \int_{\frac{\pi}{4}}^{\frac{\pi}{2}} \frac{1 - \sin^2 t}{\sin^2 t} dt = \int_{\frac{\pi}{4}}^{\frac{\pi}{2}} (\csc^2 t - 1) dt$

$$= (-\cot t - t)\Big|_{\frac{\pi}{4}}^{\frac{\pi}{2}} = 1 - \frac{\pi}{4};$$

(13) 令 $\sqrt{5-4x} = t$, $x = \dfrac{5-t^2}{4}$, 则

$$原式 = -\int_3^1 \frac{5-t^2}{4t} \cdot \frac{t}{2} dt$$

$$= \frac{1}{8}\int_1^3 (5-t^2) dt = \frac{1}{8}\left(5t - \frac{1}{3}t^3\right)\Big|_1^3 = \frac{1}{6};$$

(14) 令 $x = \dfrac{1}{t}$, 则原式 $= -\int_1^{\frac{1}{\sqrt{3}}} \dfrac{t}{\sqrt{1+t^2}} dt = (-\sqrt{1+t^2})\Big|_1^{\frac{1}{\sqrt{3}}} = \sqrt{2} - \dfrac{2\sqrt{3}}{3}$, 或令 $x = \tan t$,

$$原式 = \int_{\frac{\pi}{4}}^{\frac{\pi}{3}} \frac{\sec^2 t}{\tan^2 t \cdot \sec t} dt = \int_{\frac{\pi}{4}}^{\frac{\pi}{3}} \frac{1}{\sin^2 t} d(\sin t) = -\frac{1}{\sin t}\Big|_{\frac{\pi}{4}}^{\frac{\pi}{3}} = \sqrt{2} - \frac{2\sqrt{3}}{3};$$

(15) $\int_0^1 \dfrac{\sqrt{e^{-x}}}{\sqrt{e^x + e^{-x}}} dx = \int_0^1 \dfrac{e^{-x}}{\sqrt{1+e^{-2x}}} dx$, 令 $t = e^{-x}$, 则 $x = -\ln t$, 故

$$原式 = \int_{e^{-1}}^1 \frac{1}{\sqrt{1+t^2}} dt = \ln(t + \sqrt{1+t^2})\Big|_{e^{-1}}^1 = \ln(1+\sqrt{2}) - \ln(1+\sqrt{1+e^2}) + 1;$$

(16) 由于被积函数为奇函数, 因此 $\int_{-\pi}^{\pi} x^4 \sin x \, dx = 0$;

(17) 由于被积函数为偶函数, 因此原式 $= 2\int_0^{\frac{\pi}{2}} 4\cos^4\theta \, d\theta = 8 \cdot \dfrac{3}{4} \cdot \dfrac{\pi}{4} = \dfrac{3}{2}\pi$;

(18) 由于被积函数为奇函数, 因此 $\int_{-5}^{5} \dfrac{x^3 \sin^2 x}{x^4 + 2x^2 + 1} dx = 0$.

2. (1) 原式 $= -\int_0^1 x d(e^{-x}) = -(xe^{-x})\Big|_0^1 + \int_0^1 e^{-x} dx = -e^{-1} + (-e^{-x})\Big|_0^1 = 1 - \dfrac{2}{e}$;

(2) 原式 $= \int_1^e \ln x \, d\left(\dfrac{x^2}{2}\right) = \left(\dfrac{x^2}{2}\ln x\right)\Big|_1^e - \int_1^e \dfrac{x}{2} dx = \dfrac{e^2+1}{4}$;

(3) 原式 $= \int_0^1 \arctan x \, d\left(\dfrac{x^2}{2}\right) = \left(\dfrac{x^2}{2}\arctan x\right)\Big|_0^1 - \dfrac{1}{2}\int_0^1 \dfrac{x^2}{1+x^2} dx$

$$= \frac{\pi}{8} - \frac{1}{2}(x - \arctan x)\Big|_0^1 = \frac{\pi}{4} - \frac{1}{2};$$

(4) 原式 $= [x\sin(\ln x)]\Big|_1^e - \int_1^e \cos(\ln x) dx = e\sin 1 - [x\cos(\ln x)]\Big|_1^e - \int_1^e \sin(\ln x) dx$, 所以 $\int_1^e \sin(\ln x) dx = \dfrac{1}{2}(e\sin 1 - e\cos 1) + 1$;

(5) 原式 $= -\dfrac{1}{2}\int_0^{\frac{\pi}{2}} x d(\cos 2x) = -\dfrac{1}{2}x\cos 2x\Big|_0^{\frac{\pi}{2}} + \dfrac{1}{2}\int_0^{\frac{\pi}{2}} \cos 2x \, dx = \dfrac{\pi}{4} + \dfrac{1}{4}\sin 2x\Big|_0^{\frac{\pi}{2}} = \dfrac{\pi}{4}$;

(6) 原式 $= \dfrac{1}{2}\int_0^{2\pi} x(1+\cos 2x)\mathrm{d}x = \dfrac{1}{2}\int_0^{2\pi} x\mathrm{d}x + \dfrac{1}{2}\int_0^{2\pi} x\cos 2x\mathrm{d}x = \pi^2 + \dfrac{1}{4}\int_0^{2\pi} x\mathrm{d}(\sin 2x)$

$= \pi^2 + \dfrac{1}{4}x\sin 2x\Big|_0^{2\pi} - \dfrac{1}{4}\int_0^{2\pi}\sin 2x\mathrm{d}x = \pi^2 + \dfrac{1}{8}\cos 2x\Big|_0^{2\pi} = \pi^2;$

(7) 原式 $= \dfrac{1}{2}\int_1^2 \log_2 x\mathrm{d}\left(\dfrac{x^2}{2}\right) = \dfrac{1}{2}(x^2\log_2 x)\Big|_1^2 - \dfrac{1}{2}\int_1^2 \dfrac{x}{\ln 2}\mathrm{d}x = 2 - \dfrac{3}{4\ln 2};$

(8) 原式 $= \int_1^4 2\ln x\mathrm{d}(\sqrt{x}) = 2\sqrt{x}\ln x\Big|_1^4 - \int_1^4 \dfrac{2}{\sqrt{x}}\mathrm{d}x = 8\ln 2 - 4\sqrt{x}\Big|_1^4 = 4(2\ln 2 - 1);$

(9) 原式 $= -\int_{\frac{\pi}{4}}^{\frac{\pi}{3}} x\mathrm{d}(\cot x) = (-x\cot x)\Big|_{\frac{\pi}{4}}^{\frac{\pi}{3}} + \int_{\frac{\pi}{4}}^{\frac{\pi}{3}}\cot x\mathrm{d}x = -\dfrac{\pi}{3\sqrt{3}} + \dfrac{\pi}{4} + (\ln\sin x)\Big|_{\frac{\pi}{4}}^{\frac{\pi}{3}}$

$= \left(\dfrac{1}{4} - \dfrac{\sqrt{3}}{9}\right)\pi + \dfrac{1}{2}\ln\dfrac{3}{2};$

(10) 原式 $= \dfrac{1}{2}\int_0^{\sqrt{\ln 2}} x^2 e^{x^2}\mathrm{d}x^2 = \dfrac{1}{2}\int_0^{\sqrt{\ln 2}} x^2\mathrm{d}(e^{x^2}) = \dfrac{1}{2}x^2 e^{x^2}\Big|_0^{\sqrt{\ln 2}} - \dfrac{1}{2}\int_0^{\sqrt{\ln 2}} e^{x^2}\mathrm{d}(x^2)$

$= \ln 2 - \dfrac{1}{2}e^{x^2}\Big|_0^{\sqrt{\ln 2}} = \ln 2 - \dfrac{1}{2};$

(11) 原式 $= -\int_0^{\frac{\pi}{4}} x\mathrm{d}\left(\dfrac{1}{1+\tan x}\right) = -\dfrac{x}{1+\tan x}\Big|_0^{\frac{\pi}{4}} + \int_0^{\frac{\pi}{4}}\dfrac{1}{1+\tan x}\mathrm{d}x = -\dfrac{\pi}{8} + \int_0^{\frac{\pi}{4}}\dfrac{1}{1+\tan x}\mathrm{d}x,$

令 $x = \dfrac{\pi}{4} - t$, 则 $\int_0^{\frac{\pi}{4}}\dfrac{1}{1+\tan x}\mathrm{d}x = \int_0^{\frac{\pi}{4}}\dfrac{1+\tan t}{2}\mathrm{d}t = \dfrac{\pi}{8} + \dfrac{1}{4}\ln 2,$ 所以 $\int_0^{\frac{\pi}{4}}\dfrac{x\sec^2 x}{(1+\tan x)^2}\mathrm{d}x = $

$\dfrac{1}{4}\ln 2;$ [提示：这里利用公式 $\tan(\alpha - \beta) = \dfrac{\tan\alpha - \tan\beta}{1+\tan\alpha\tan\beta}$]

(12) 原式 $= \dfrac{1}{2}\int_0^{\frac{\pi}{2}}\cos x\mathrm{d}(e^{2x}) = \dfrac{1}{2}\left[(e^{2x}\cos x)\Big|_0^{\frac{\pi}{2}} + \int_0^{\frac{\pi}{2}} e^{2x}\sin x\mathrm{d}x\right]$

$= \dfrac{1}{2}\left[-1 + \dfrac{1}{2}\int_0^{\frac{\pi}{2}}\sin x\mathrm{d}(e^{2x})\right]$

$= -\dfrac{1}{2} + \dfrac{1}{4}e^{2x}\sin x\Big|_0^{\frac{\pi}{2}} - \dfrac{1}{4}\int_0^{\frac{\pi}{2}} e^{2x}\cos x\mathrm{d}x,$

所以原式 $= \dfrac{4}{5}\left(-\dfrac{1}{2} + \dfrac{1}{4}e^\pi\right) = \dfrac{1}{5}(e^\pi - 2);$

(13) 令 $t = \sqrt{2x-1}$, 则 $x = \dfrac{1}{2}(t^2+1)$, 原式 $= \int_0^1 te^t\mathrm{d}t = te^t\Big|_0^1 - \int_0^1 e^t\mathrm{d}t = e - (e-1) = 1;$

(14) 原式 $= x\ln(x + \sqrt{x^2+1})\Big|_0^2 - \int_0^2 x\mathrm{d}[\ln(x+\sqrt{x^2+1})]$

$= 2\ln(2+\sqrt{5}) - \int_0^2 \dfrac{x}{\sqrt{x^2+1}}\mathrm{d}x$

$$= 2\ln(2+\sqrt{5}) - \sqrt{x^2+1}\Big|_0^2 = 2\ln(2+\sqrt{5}) - \sqrt{5} + 1;$$

3. (1) 原式 $= 9\int_{-3}^{3}\sqrt{1-\left(\dfrac{x}{3}\right)^2}\,d\left(\dfrac{x}{3}\right) \xlongequal{t=\frac{x}{3}} 9\int_{-1}^{1}\sqrt{1-t^2}\,dt = \dfrac{9}{2}\pi;$

(2) 原式 $= 2\int_{0}^{2}\sqrt{1-\left(\dfrac{x}{2}\right)^2}\,d\left(\dfrac{x}{2}\right) \xlongequal{t=\frac{x}{2}} 2\int_{0}^{1}\sqrt{1-t^2}\,dt = 2\cdot\dfrac{\pi}{4} = \dfrac{\pi}{2}.$

4. 原式 $= \dfrac{1}{2}\int_{0}^{1}f(x)\,d(x^2) = \dfrac{1}{2}x^2f(x)\Big|_0^1 - \dfrac{1}{2}\int_{0}^{1}x^2f'(x)\,dx = -\dfrac{1}{2}\int_{0}^{1}x^2\left(\dfrac{\sin x^2}{x^2}\cdot 2x\right)dx$

$= -\int_{0}^{1}x\sin x^2\,dx = \dfrac{1}{2}\cos x^2\Big|_0^1 = \dfrac{1}{2}(\cos 1 - 1).$

习题 5-4 参考答案

(1) 原式 $= -\dfrac{1}{3x^3}\Big|_1^{+\infty} = \dfrac{1}{3};$

(2) 原式 $= 2\sqrt{x}\Big|_1^{+\infty}$, 当 $x\to+\infty$ 时, 该极限不存在, 故该积分发散;

(3) 原式 $= -\dfrac{1}{a}e^{-ax}\Big|_0^{+\infty} = \dfrac{1}{a};$

(4) 原式 $= \dfrac{1}{2}\int_{0}^{+\infty}\left(\dfrac{1}{1+x} + \dfrac{1-x}{1+x^2}\right)dx = \left[\dfrac{1}{4}\ln\dfrac{(1+x)^2}{1+x^2} + \dfrac{1}{2}\arctan x\right]\Big|_0^{+\infty} = \dfrac{\pi}{4};$

(5) 原式 $= \int_{-\infty}^{0}\dfrac{1}{(x+1)^2+1}\,d(x+1) + \int_{0}^{+\infty}\dfrac{1}{(x+1)^2+1}\,d(x+1)$

$= \arctan(x+1)\Big|_{-\infty}^{0} + \arctan(x+1)\Big|_0^{+\infty} = \pi;$

(6) 原式 $= \int_{e}^{+\infty}\ln x\,d(\ln x) = \dfrac{1}{2}\ln^2 x\Big|_e^{+\infty}$, 因为该极限不存在, 所以此积分发散;

(7) 原式 $= -\sqrt{1-x^2}\Big|_0^1 = 1;$

(8) $\int_{0}^{t}\dfrac{1}{(1-x)^2}\,dx = \dfrac{1}{1-x}\Big|_0^t = \dfrac{1}{1-t} - 1$, 当 $t\to 1$ 时极限不存在, 故原积分发散;

(9) 令 $x = t^2+1$, 则原式 $= 2\int_{0}^{1}(t^2+1)\,dt = \dfrac{8}{3};$

(10) 原式 $= \int_{1}^{e}\dfrac{1}{\sqrt{1-(\ln x)^2}}\,d(\ln x) = \arcsin\ln x\Big|_1^e = \dfrac{\pi}{2}.$

习题 5-5 参考答案

1. 所求图形如图 5-1 所示, 解方程组: $\begin{cases} y = \sqrt{x} \\ y = x \end{cases}$, 得交点 $(0,0),(1,1)$, 则

所求面积为 $\int_0^1 (\sqrt{x} - x) dx = \left(\dfrac{2}{3} x^{\frac{3}{2}} - \dfrac{1}{2} x^2 \right) \Big|_0^1 = \dfrac{1}{6}$.

2. 由题意得交点为 $(0,1)$,$(1,e)$,则所求面积为 $\int_0^1 (e - e^x) dx = (ex - e^x) \Big|_0^1 = 1$.

3. 所求图形如图 5-2 所示,解方程组:$\begin{cases} y^2 = x \\ y^2 = -x + 4 \end{cases}$,得交点 $(2, -\sqrt{2})$,$(2, \sqrt{2})$,则所求面积为 $\int_{-\sqrt{2}}^{\sqrt{2}} [(-y^2 + 4) - y^2] dy = 2 \int_0^{\sqrt{2}} (4 - 2y^2) dy = 4 \left(2y \Big|_0^{\sqrt{2}} - \dfrac{1}{3} y^3 \Big|_0^{\sqrt{2}} \right) = \dfrac{16}{3} \sqrt{2}$.

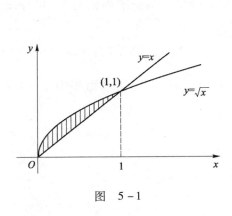

图 5-1

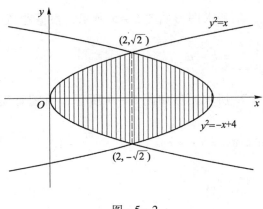

图 5-2

4. 所求图形如图 5-3 所示,其中 $y = x$ 与 $y = \dfrac{1}{x}$ 在第一象限的交点为 $(1,1)$. 则所求面积为 $\int_1^2 \left(x - \dfrac{1}{x} \right) dx = \left(\dfrac{x^2}{2} - \ln x \right) \Big|_1^2 = \dfrac{3}{2} - \ln 2$.

5. 所求图形如图 5-4 所示,先求面积较小的一部分,又由对称性,只需求出第一象限的面积 S_1 即可.

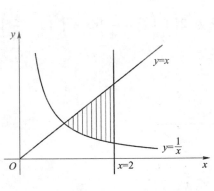

图 5-3

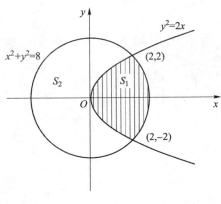

图 5-4

解方程组:$\begin{cases} y^2 = 2x \\ x^2 + y^2 = 8 \end{cases}$,得交点 $(2,2)$,$(2,-2)$,则

$$S_1 = \int_0^2 \sqrt{2x}\,dx + \int_2^{2\sqrt{2}} \sqrt{8-x^2}\,dx = \frac{1}{2}\int_0^2 \sqrt{2x}\,d(2x) + \left(\frac{x}{2}\sqrt{8-x^2} + \frac{8}{2}\arcsin\frac{x}{2\sqrt{2}}\right)\Big|_2^{2\sqrt{2}}$$

$$= \frac{1}{3}(2x)^{\frac{3}{2}}\Big|_0^2 + (\pi - 2) = \frac{2}{3} + \pi$$

所以较小部分的面积为 $2S_1 = 2\left(\frac{2}{3} + \pi\right)$，较大部分的面积为 $\pi r^2 - 2S_1 = 8\pi - 2\left(\pi + \frac{2}{3}\right) = 2\left(3\pi - \frac{2}{3}\right)$.

6. 所求图形如图 5-5 所示，根据题意，以 y 为积分变量，则所求面积为 $\int_{\ln a}^{\ln b} e^y\,dy = e^y\Big|_{\ln a}^{\ln b} = b - a$.

7. 所求图形如图 5-6 所示，由题意得交点 $(0,0)$，$\left(\frac{\pi}{2}, 1\right)$. 则所求面积为 $\int_0^{\frac{\pi}{2}}(1 - \sin x)\,dx = (x + \cos x)\Big|_0^{\frac{\pi}{2}} = \frac{\pi}{2} - 1$.

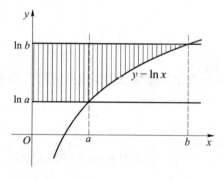

图 5-5

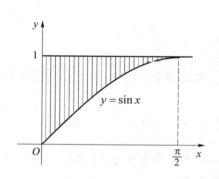

图 5-6

8. 所求图形如图 5-7 所示，所求面积为 $2\left[\int_0^1\left(x^2 - \frac{x^2}{4}\right)dx + \int_1^2\left(1 - \frac{x^2}{4}\right)dx\right] = 2\left[\frac{x^3}{4}\Big|_0^1 + \left(x - \frac{x^3}{12}\right)\Big|_1^2\right] = \frac{4}{3}$.

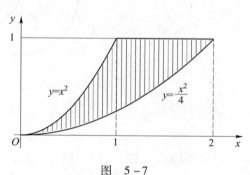

图 5-7

9. (1) 设绕 x 轴旋转的立体体积为 V_x，则 $V_x = \pi \int_1^4 (\sqrt{x})^2 dx = \frac{15}{2}\pi$；设绕 y 轴旋转的立体体积为 V_y，则 $V_y = \pi \int_0^1 (4^2 - 1^2) dy + \pi \int_1^2 (4^2 - y^2) dy = 28\frac{2}{3}\pi$；

(2) 设绕 x 轴旋转的立体体积为 V_x，则 $V_x = \pi \int_0^2 (x^3)^2 dx = \pi \frac{x^7}{7} \Big|_0^2 = \frac{128}{7}\pi$；设绕 y 轴旋转的立体体积为 V_y，则 $V_y = \pi \int_0^8 [2^2 - (\sqrt[3]{y})^2] dy = 4\pi y \Big|_0^8 - \pi \frac{3}{5} y^{\frac{5}{3}} \Big|_0^8 = 12\frac{4}{5}\pi$.

三、总习题参考答案

1. (1) C；(2) C；(3) C.

2. 因为 $4 - x^2 \leq 4 - x^2 + x^3 \leq 4, x \in [0,1]$，所以 $\frac{1}{\sqrt{4}} \leq \frac{1}{\sqrt{4 - x^2 + x^3}} \leq \frac{1}{\sqrt{4 - x^2}}$，故 $\frac{1}{2} = \int_0^1 \frac{1}{2} dx \leq I \leq \int_0^1 \frac{1}{\sqrt{4 - x^2}} dx = \arcsin \frac{x}{2} \Big|_0^1 = \frac{\pi}{6}$，即 $\frac{1}{2} \leq \int_0^1 \frac{dx}{\sqrt{4 - x^2 + x^3}} \leq \frac{\pi}{6}$.

3. 按定义及洛必达法则得 $f'(0) = \lim\limits_{x \to 0} \frac{f(x) - 0}{x - 0} = \lim\limits_{x \to 0} \frac{\int_0^x (e^{t^2} - 1) dt}{x^3} = \lim\limits_{x \to 0} \frac{e^{x^2} - 1}{3x^2} = \frac{1}{3}$.

4. 方程两边对 x 求导，得 $e^{-y^2} \cdot 2y \cdot \frac{dy}{dx} - \cos x^2 = 0$，则 $\frac{dy}{dx} = \frac{e^{y^2} \cos x^2}{2y}$，其中 $y \neq 0$.

5. 原式 $= \lim\limits_{x \to 0} \frac{2 \int_0^x e^{t^2} dt \cdot e^{x^2}}{x e^{2x^2}} = 2 \lim\limits_{x \to 0} \frac{\int_0^x e^{t^2} dt}{x} = 2 \lim\limits_{x \to 0} \frac{e^{x^2}}{1} = 2$.

6. 在 $\int_0^{x^2} f(t) dt = x^2(1+x)$ 两边对 x 求导，得 $f(x^2) \cdot 2x = 2x^2 + 3x^2$，则 $f(x^2) = 1 + \frac{3}{2}x$. 令 $x = \sqrt{2}$，故 $f(2) = 1 + \frac{3\sqrt{2}}{2}$.

7. (1) 原式 $= \theta \Big|_0^\pi + \int_0^\pi (1 - \cos^2 \theta) d(\cos \theta) = \pi + \cos \theta \Big|_0^\pi - \frac{1}{3} \cos^3 \theta \Big|_0^\pi = \pi - \frac{4}{3}$；

(2) 原式 $= 2 \int_0^3 \frac{d(\sqrt{x})}{1 + (\sqrt{x})^2} = 2 \arctan \sqrt{x} \Big|_0^3 = \frac{2\pi}{3}$；

(3) 令 $y = 2\sin x$，则

原式 $= \sqrt{8} \int_{-\frac{\pi}{4}}^{\frac{\pi}{4}} \sqrt{1 - \sin^2 x} \, d(2\sin x) = 4\sqrt{2} \int_{-\frac{\pi}{4}}^{\frac{\pi}{4}} \cos^2 x \, dx$

$= 4\sqrt{2} \int_0^{\frac{\pi}{4}} (1 + \cos 2x) dx = 4\sqrt{2} \left[x \Big|_0^{\frac{\pi}{4}} + \frac{1}{2} \sin 2x \Big|_0^{\frac{\pi}{4}} \right] = \sqrt{2}(\pi + 2)$；

(4) 令 $x = a \sin t$，则

$$\text{原式} = \int_0^{\frac{\pi}{2}} a^4 \sin^2 t \sqrt{1-\sin^2 t} \cos t \, dt = a^4 \int_0^{\frac{\pi}{2}} \sin^2 t \cos^2 t \, dt$$

$$= \frac{a^4}{8} \int_0^{\frac{\pi}{2}} \sin^2 2t \, d(2t) \xlongequal{2t=u} \frac{a^4}{8} \int_0^{\pi} \frac{1-\cos 2u}{2} du = \frac{a^4}{16} \left[u \Big|_0^{\pi} - \frac{1}{2} \sin 2u \Big|_0^{\pi} \right] = \frac{\pi a^4}{16}$$

(5) 令 $t = \sqrt{x}$，则

$$\text{原式} = \int_0^1 \frac{t}{2-t} 2t \, dt = -2 \int_0^1 \left(t + 2 - \frac{4}{2-t} \right) dt$$

$$= -2 \left[\frac{1}{2} t^2 + 2t + 4\ln(2-t) \right] \Big|_0^1 = 8\ln 2 - 5;$$

(6) 令 $t = \sqrt{1+x}$，则 原式 $= \int_1^{\sqrt{3}} \frac{2t \, dt}{t+t^3} = \int_1^{\sqrt{3}} \frac{2 \, dt}{1+t^2} = 2\arctan t \Big|_1^{\sqrt{3}} = \frac{\pi}{6};$

(7) 因为 $f(x) = \min(2, x^2) = \begin{cases} x^2, & |x| \leq \sqrt{2} \\ 2, & |x| > \sqrt{2} \end{cases}$，所以 $\int_{-3}^2 \min(2, x^2) dx = \int_{-3}^2 f(x) dx =$

$\int_{-3}^{-\sqrt{2}} 2 dx + \int_{-\sqrt{2}}^{\sqrt{2}} x^2 dx + \int_{\sqrt{2}}^2 2 dx = 10 - \frac{8}{3}\sqrt{2};$

(8) 原式 $= \frac{1}{6} \int_0^1 \ln^3 x \, d(x^6) = \frac{1}{6} x^6 \ln^3 x \Big|_0^1 - \frac{1}{6} \int_0^1 3x^5 \ln^2 x \, dx = -\frac{1}{12} \int_0^1 \ln^2 x \, d(x^6)$

$$= -\frac{1}{12} x^6 \ln^2 x \Big|_0^1 + \frac{1}{6} \int_0^1 x^5 \ln x \, dx = \frac{1}{36} \int_0^1 \ln x \, d(x^6) = -\frac{1}{36} \int_0^1 x^5 dx = -\frac{1}{216};$$

(9) 原式 $= \int_0^1 \ln(1+x) d\left(\frac{1}{2-x} \right) = \frac{\ln(1+x)}{2-x} \Big|_0^1 - \int_0^1 \frac{1}{(1+x)(2-x)} dx$

$$= \ln 2 - \frac{1}{3} \int_0^1 \left(\frac{1}{1+x} + \frac{1}{2-x} \right) dx = \ln 2 - \frac{1}{3} \ln \frac{1+x}{2-x} \Big|_0^1 = \frac{1}{3} \ln 2;$$

(10) 因为 $|x|\sin x$ 是 $[-\pi, \pi]$ 上的奇函数，所以 $\int_{-\pi}^{\pi} |x|\sin x \, dx = 0$，又因为 $\sqrt{1+\cos 2x}$ 是 $[-\pi, \pi]$ 上的偶函数，所以

$$\int_{-\pi}^{\pi} \sqrt{1+\cos 2x} \, dx = 2 \int_0^{\pi} \sqrt{1+\cos 2x} \, dx = 2\sqrt{2} \int_0^{\pi} |\cos x| dx$$

$$= 2\sqrt{2} \left(\int_0^{\frac{\pi}{2}} \cos x \, dx - \int_{\frac{\pi}{2}}^{\pi} \cos x \, dx \right) = 4\sqrt{2};$$

(11) 原式 $= \int_1^{+\infty} \frac{e^{x-3} dx}{e^{2(x-1)}+1} = e^{-2} \int_1^{+\infty} \frac{e^{x-1} dx}{e^{2(x-1)}+1} = e^{-2} \arctan e^{x-1} \Big|_1^{+\infty} = e^{-2} \left(\frac{\pi}{2} - \frac{\pi}{4} \right) = \frac{\pi}{4} e^{-2}.$

8. 因为 $f'(x) = 2\tan x \cdot \sec^2 x$，所以

$$\int_0^{\frac{\pi}{4}} f'(x) f''(x) dx = \int_0^{\frac{\pi}{4}} f'(x) d[f'(x)] = \frac{1}{2} [f'(x)]^2 \Big|_0^{\frac{\pi}{4}} = \frac{1}{2} [2\tan x \cdot \sec^2 x]^2 \Big|_0^{\frac{\pi}{4}} = 8$$

四、同步测试参考答案

（一）1. 2.　2. $\dfrac{\pi}{2}$.　3. $-\sin[\varphi(x)]^2 \cdot \varphi'(x)$.　4. 2.　5. 发散.

（二）1. C.　2. A.　3. B.　4. C.　5. C.　6. A.

（三）1. 原式 $= \displaystyle\int_0^\pi \sqrt{\sin^3 x(1-\sin^2 x)}\,\mathrm{d}x = \int_0^\pi \sqrt{\sin^3 x}\,|\cos x|\,\mathrm{d}x$

$= \displaystyle\int_0^{\frac{\pi}{2}} (\sin x)^{\frac{3}{2}} \cos x\,\mathrm{d}x - \int_{\frac{\pi}{2}}^\pi (\sin x)^{\frac{3}{2}} \cos x\,\mathrm{d}x$

$= \dfrac{2}{5}(\sin x)^{\frac{5}{2}}\Big|_0^{\frac{\pi}{2}} - \dfrac{2}{5}(\sin x)^{\frac{5}{2}}\Big|_{\frac{\pi}{2}}^\pi = \dfrac{4}{5}.$

2. 原式 $= \dfrac{1}{2}\displaystyle\int_0^4 \dfrac{(2x+1)+3}{\sqrt{2x+1}}\,\mathrm{d}x = \dfrac{1}{4}\int_0^4 \left(\sqrt{2x+1} + \dfrac{3}{\sqrt{2x+1}}\right)\mathrm{d}(2x+1)$

$= \dfrac{1}{4}\left[\dfrac{2}{3}(2x+1)^{\frac{3}{2}} + 6\sqrt{2x+1}\right]\Big|_0^4 = \dfrac{22}{3}.$

3. 令 $\sqrt{x} = \tan t$，则 $x = \tan^2 t$，$\mathrm{d}x = 2\tan t \sec^2 t\,\mathrm{d}t$. 则

原式 $= \displaystyle\int_{\frac{\pi}{4}}^{\frac{\pi}{2}} \dfrac{\tan t}{(1+\tan^2 t)^2} \cdot 2\tan t \sec^2 t\,\mathrm{d}t = \int_{\frac{\pi}{4}}^{\frac{\pi}{2}} \dfrac{2\tan^2 t}{\sec^2 t}\,\mathrm{d}t = \int_{\frac{\pi}{4}}^{\frac{\pi}{2}} 2\sin^2 t\,\mathrm{d}t$

$= \displaystyle\int_{\frac{\pi}{4}}^{\frac{\pi}{2}} (1-\cos 2t)\,\mathrm{d}t = \left(t - \dfrac{1}{2}\sin 2t\right)\Big|_{\frac{\pi}{4}}^{\frac{\pi}{2}} = \dfrac{\pi}{4} + \dfrac{1}{2}.$

4. 令 $x - 1 = t$，则 $\displaystyle\int_{\frac{1}{2}}^2 f(x-1)\,\mathrm{d}x = \int_{-\frac{1}{2}}^1 f(t)\,\mathrm{d}t$. 则

原式 $= \displaystyle\int_{-\frac{1}{2}}^0 (1+x^2)\,\mathrm{d}x + \int_0^1 \mathrm{e}^{-x}\,\mathrm{d}x = \left(x + \dfrac{1}{3}x^3\right)\Big|_{-\frac{1}{2}}^0 - \mathrm{e}^{-x}\Big|_0^1 = \dfrac{37}{24} - \dfrac{1}{\mathrm{e}}.$

（四）1. 原式 $= \displaystyle\lim_{x \to 0} \dfrac{\int_0^x (\mathrm{e}^t - t - 1)^2\,\mathrm{d}t}{x^5} = \lim_{x \to 0} \dfrac{(\mathrm{e}^x - x - 1)^2}{5x^4} = \dfrac{1}{5}\left(\lim_{x \to 0} \dfrac{\mathrm{e}^x - x - 1}{x^2}\right)^2$

$= \dfrac{1}{5}\left(\displaystyle\lim_{x \to 0} \dfrac{\mathrm{e}^x - 1}{2x}\right)^2 = \dfrac{1}{5} \cdot \left(\dfrac{1}{2}\right)^2 = \dfrac{1}{20}.$

2. 设 $M = \displaystyle\int_0^1 f(x)\,\mathrm{d}x$，则 $f(x) = \sin^2 x + \dfrac{1}{2}M$，两边积分得 $\displaystyle\int_0^1 f(x)\,\mathrm{d}x = \int_0^1 \sin^2 x\,\mathrm{d}x +$

$\displaystyle\int_0^1 \dfrac{1}{2}M\,\mathrm{d}x$，即 $M = \dfrac{1}{2} - \dfrac{1}{4}\sin 2 + \dfrac{1}{2}M$，解得 $M = 1 - \dfrac{1}{2}\sin 2$，于是 $f(x) = \sin^2 x + \dfrac{1}{2} - \dfrac{1}{4}\sin 2.$

3. 由题意知，面积为 $\displaystyle\int_0^1 (\mathrm{e}^x - \mathrm{e}^{-x})\,\mathrm{d}x = (\mathrm{e}^x + \mathrm{e}^{-x})\Big|_0^1 = \mathrm{e} + \dfrac{1}{\mathrm{e}} - 2.$

（五）（1）当 $f(t)$ 是偶函数时，有 $f(-t) = f(t)$，则

$\phi(-x) = \displaystyle\int_0^{-x} f(t)\,\mathrm{d}t \xlongequal{t=-u} \int_0^x f(-u)\,\mathrm{d}(-u) = -\int_0^x f(u)\,\mathrm{d}u = -\int_0^x f(t)\,\mathrm{d}t = -\phi(x)$

所以 $\phi(x) = \int_0^x f(t)\,dt$ 是奇函数. 同理可证 (2).

五、能力提升（考研真题）参考答案

1. $\dfrac{\pi}{4e}$.　2. $2(1-2e^{-1})$.　3. $-\dfrac{1}{2}$.　4. $\dfrac{1}{2}\ln 3$.　5. -1.　6. $\dfrac{4}{3}\pi$.　7. A.　8. D.
9. D.

10. 由积分中值定理可知，至少存在一个 $\xi_1 \in \left[0, \dfrac{1}{3}\right]$，使得 $f(1) = e^{1-\xi_1^2} f(\xi_1)$.

令 $F(x) = e^{1-x^2} f(x)$，则 $F(x)$ 在 $[\xi_1, 1]$ 上连续，在 $[\xi_1, 1]$ 内可导，且 $F(1) = f(1) = e^{1-\xi_1^2} f(\xi_1) = F(\xi_1)$，故由罗尔定理知至少存在一个 $\xi \in (\xi_1, 1)$，使 $F'(\xi) = e^{1-\xi^2}[f'(\xi) - 2\xi f(\xi)] = 0$，整理得 $f'(\xi) = 2\xi f(\xi)$.

第六章 微分方程

二、每节精选

习题 6-1 参考答案

1. (1) 1；(2) 2；(3) 3；(4) 2；(5) 2；(6) 1.

2. (1) 一阶线性齐次；(2) 二阶线性齐次；(3) 二阶线性非齐次；(4) 二阶非线性非齐次；(5) 二阶非线性齐次；(6) 二阶线性非齐次.

3. (1) $\dfrac{dy}{dx} = x^2$；(2) $yy' + 2x = 0$.

习题 6-2 参考答案

1. (1) $y = e^{Cx}$；

   (2) $10^x + 10^{-y} = C$ ($C = -C_1 \ln 10$)；

   (3) $\sin y \sin x = C$；

   (4) $\tan y \tan x = C$.

2. (1) $e^y = \dfrac{1}{2}e^{2x} + C$, $y = \ln \dfrac{e^{2x}+1}{2}$；

   (2) $\cos y = C\cos x$, $\sqrt{2}\cos y = \cos x$；

   (3) $\ln y = C\tan \dfrac{x}{2}$, $y = e^{\tan \frac{x}{2}}$；

   (4) $x^2 y = C$, $x^2 y = 4$.

3. (1) $\ln \dfrac{y}{x} = Cx + 1$；

   (2) $y^2 = 2x^2(\ln|x| + C)$；

   (3) $y^2 = x^2(2\ln|x| + C)$；

   (4) $x + 2y e^{\frac{x}{y}} = C$.

4. $u = \dfrac{y}{x}$, $\dfrac{3du}{2\tan u} = \dfrac{dx}{x}$, $\sin^3 \dfrac{y}{x} = Cx^2$.

习题 6-3 参考答案

1. (1) $y = e^{-x}(x + C)$ （提示：公式法）；

   (2) $y = e^{-\sin x}(x + C)$ （提示：公式法）；

   (3) $y = C\cos x - 2\cos^2 x$ （提示：公式法）；

(4) $\rho = Ce^{-3\theta} + \dfrac{2}{3}$ （提示：公式法）.

2. (1) $y = \dfrac{x}{\cos x}$ （提示：公式法）；

(2) $y = \dfrac{1}{x}(\pi - 1 - \cos x)$ （提示：公式法）；

(3) $y\sin x + 5e^{\cos x} = 1$ （提示：公式法）；

(4) $y = \dfrac{2}{3}(4 - e^{-3x})$ （提示：公式法）.

3. $\dfrac{dy}{dx} = 2x + y, \, y\Big|_{x=0} = 0$，则 $y = 2(e^x - x - 1)$ （提示：公式法）.

习题 6-4 参考答案

1. (1) $y = C_1 e^x + C_2 e^{-2x}$ （提示：特征根法）；

(2) $y = C_1 + C_2 e^{4x}$ （提示：特征根法）；

(3) $y = C_1 \cos x + C_2 \sin x$ （提示：特征根法）；

(4) $y = e^{-3x}(C_1 \cos 2x + C_2 \sin 2x)$ （提示：特征根法）.

2. (1) $y = C_1 e^x + C_2 e^{3x}$, $\begin{cases} C_1 = 4 \\ C_2 = 2 \end{cases}$, $y = 4e^x + 6e^{3x}$ （提示：特征根法）；

(2) $y = C_1 e^{\frac{x}{2}} + C_2 x e^{\frac{x}{2}}$, $\begin{cases} C_1 = 2 \\ C_2 = 1 \end{cases}$, $y = (2 + x)e^{\frac{x}{2}}$ （提示：特征根法）；

(3) $y = C_1 e^{-x} + C_2 e^{4x}$, $\begin{cases} C_1 = 1 \\ C_2 = -1 \end{cases}$, $y = e^{-x} - e^{4x}$ （提示：特征根法）；

(4) $y = C_1 \cos 5x + C_2 \sin 5x$, $\begin{cases} C_1 = 2 \\ C_2 = 1 \end{cases}$, $y = 2\cos 5x + \sin 5x$ （提示：特征根法）.

习题 6-5 参考答案

1. (1) $y = C_1 e^{\frac{x}{2}} + C_2 e^{-x}$, $y^* = e^x$ （提示：特征根法）；

(2) $y = C_1 e^{-x} + C_2 e^{-2x}$, $y^* = e^{-x}\left(\dfrac{3}{2}x^2 - 3x\right)$ （提示：特征根法）；

(3) $y = (C_1 + C_2 x)e^{3x}$, $y^* = e^{3x}\left(\dfrac{1}{6}x + \dfrac{1}{2}\right)x^2$ （提示：特征根法）；

(4) $y = C_1 e^{-x} + C_2 e^{-4x}$, $y^* = -\dfrac{1}{2}x + \dfrac{11}{8}$ （提示：特征根法）.

2. (1) $y = C_1 e^x + C_2 e^{2x} + \dfrac{5}{2}$, $\begin{cases} C_1 = -5 \\ C_2 = \dfrac{7}{2} \end{cases}$, $y = -5e^x + \dfrac{7}{2}e^{2x} + \dfrac{5}{2}$ （提示：特征根法）；

(2) $y = C_1 e^x + C_2 e^{9x} - \dfrac{1}{7} e^{2x}$，$\begin{cases} C_1 = \dfrac{1}{2} \\ C_2 = \dfrac{1}{2} \end{cases}$，$y = \dfrac{1}{2} e^x + \dfrac{1}{2} e^{9x} - \dfrac{1}{7} e^{2x}$（提示：特征根法）；

(3) $y = C_1 e^x + C_2 e^{-x} + e^x (x^2 - x)$，$\begin{cases} C_1 = 1 \\ C_2 = -1 \end{cases}$，$y = e^x - e^{-x} + e^x (x^2 - x)$（提示：特征根法）；

(4) $y = C_1 + C_2 e^{4x} - \dfrac{5}{4} x$，$\begin{cases} C_1 = \dfrac{11}{16} \\ C_2 = \dfrac{5}{16} \end{cases}$，$y = \dfrac{11}{16} + \dfrac{5}{16} e^{4x} - \dfrac{5}{4} x$（提示：特征根法）.

三、总习题参考答案

1. (1) B；(2) B；(3) B；(4) B；(5) B.

2. (1) $x^2 + y^2 = C$；

   (2) $y = \dfrac{1}{\cos x + C}$；

   (3) $y^2 - \sin^2 x = C$；

   (4) $y = C e^{x^2}$.

3. 提示：公式法.

4. 提示：公式法.

5. 提示：特征根法.

6. 提示：特征根法.

四、同步测试参考答案

（一）1. $y = \dfrac{1}{3} x \ln x - \dfrac{1}{9} x + \dfrac{C}{x^2}$.

2. $y = C e^{-x} + \dfrac{1}{2} e^x$.

3. $|y| = C |x|$.

4. $y = \ln(e^x + C)$.

5. $C = e^x + e^{-y}$.

6. $C = 2\ln|x| + \ln|y|$.

（二）1. C. 2. C. 3. A. 4. B. 5. C. 6. B.

（三）

1. 提示：特征根法.
2. 提示：特征根法.

3. 提示：特征根法.

4. 提示：特征根法.

五、能力提升（考研真题）参考答案

1. D.　2. D.　3. A.　4. C.　5. C.　6. B.　7. D.　8. A.　9. D.　10. B.

第七章 向量代数与空间解析几何

二、每节精选

习题 7-1 参考答案

1. 点 A 在第Ⅲ卦限；点 B 在第Ⅰ卦限；点 C 在第Ⅷ卦限；点 D 在第Ⅳ卦限．

2. 点 A 在坐标面 xOy 上；点 B 在坐标面 yOz 上；点 C 在 y 轴负半轴上；点 D 在 z 轴负半轴上．

3. 如下图所示，点 $M(5,-3,4)$ 在第Ⅳ卦限，分别过点 M 作直线 MA、MB、MC 垂直 x 轴、y 轴、z 轴，垂足分别为 A、B、C，线段 MA、MB、MC 分别为点 M 到各坐标轴的距离．

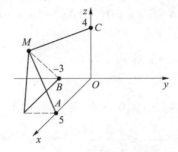

$MA = \sqrt{4^2+3^2} = 5$，$MB = \sqrt{4^2+5^2} = \sqrt{41}$，$MC = \sqrt{5^2+3^2} = \sqrt{34}$．

4. （1）$\overrightarrow{M_1M_2} = (1,-2,-2)$，$-2\overrightarrow{M_1M_2} = (-2,4,4)$；

（2）$|\overrightarrow{M_1M_2}| = \sqrt{1^2+(-2)^2+(-2)^2} = 3$．

5. $|a| = \sqrt{6^2+7^2+(-6)^2} = 11$，平行于 $a=(6,7,-6)$ 的单位向量有两个，分别是 $\left(\dfrac{6}{11},\dfrac{7}{11},-\dfrac{6}{11}\right)$ 和 $\left(-\dfrac{6}{11},-\dfrac{7}{11},\dfrac{6}{11}\right)$．

6. $\overrightarrow{M_1M_2}$ 的坐标为 $(-1,-\sqrt{2},1)$，$|\overrightarrow{M_1M_2}| = \sqrt{1^2+(-1)^2+\left(-\sqrt{2}\right)^2} = 2$，向量 $\overrightarrow{M_1M_2}$ 的单位向量为 $\left(-\dfrac{1}{2},-\dfrac{\sqrt{2}}{2},\dfrac{1}{2}\right)$，方向余弦为 $\cos\alpha = -\dfrac{1}{2}$，$\cos\beta = -\dfrac{\sqrt{2}}{2}$，$\cos\gamma = \dfrac{1}{2}$．

所以 $\alpha = 120°$，$\beta = 135°$，$\gamma = 60°$．

7. 设向量 a 的坐标为 (x,y,z)，则 $x = |a|\cos\alpha = 3\cos 60° = \dfrac{3}{2}$，$y = |a|\cos\beta = 3\cos 45° = \dfrac{3\sqrt{2}}{2}$，$z = |a|\cos\gamma = 3\cos 60° = \dfrac{3}{2}$，所以 $a = \dfrac{3}{2}\mathbf{i} + \dfrac{3\sqrt{2}}{2}\mathbf{j} + \dfrac{3}{2}\mathbf{k}$．

8. $\mathrm{Prj}_u\boldsymbol{\gamma} = |\boldsymbol{\gamma}|\cos 120° = 4 \times \left(-\dfrac{1}{2}\right) = -2$．

9. $|\mathbf{n}| = \sqrt{2^2 + (-4)^2 + (-7)^2} = \sqrt{69}$, $\text{Prj}_x \mathbf{n} = |\mathbf{n}|\cos\alpha = 2$, $\text{Prj}_y \mathbf{n} = |\mathbf{n}|\cos\beta = -4$, $\text{Prj}_z \mathbf{n} = |\mathbf{n}|\cos\gamma = -7$.

10. 设点 A 的坐标为 (x,y,z)，则由题意可知向量 $\overrightarrow{AB} = (4,-4,7)$，$x = 2-4 = -2$，$y = -1-(-4) = 3$，$z = 7-7 = 0$，所以点 A 的坐标为 $(-2,3,0)$.

习题 7-2 参考答案

1. $\mathbf{a} \cdot \mathbf{b} = |\mathbf{a}| \cdot |\mathbf{b}| \cos\theta = 3 \times 5 \times \cos\dfrac{\pi}{3} = \dfrac{15}{2}$.

2. $\text{Prj}_b \mathbf{a} = |\mathbf{a}| \cos\theta = \dfrac{\mathbf{a} \cdot \mathbf{b}}{|\mathbf{b}|} = \dfrac{8-6+4}{\sqrt{4+4+1}} = 2$.

3. (1) 若 $\mathbf{a} /\!/ \mathbf{b}$，则有 $\dfrac{3}{2} = \dfrac{m}{4} = \dfrac{5}{n}$，可得 $m = 6$，$n = \dfrac{10}{3}$；

(2) 若 $\mathbf{a} \perp \mathbf{b}$，则有 $6 + m \times 4 + 5 \times n = 0$，即 $4m + 5n = -6$.

4. (1) $\mathbf{a} \times \mathbf{b} = \begin{vmatrix} \mathbf{i} & \mathbf{j} & \mathbf{k} \\ 3 & -1 & -2 \\ 1 & 2 & -1 \end{vmatrix} = 5\mathbf{i} + \mathbf{j} + 7\mathbf{k}$；

(2) $(-2\mathbf{a}) \cdot 3\mathbf{b} = (-6,2,4) \cdot (3,6,-3) = -18 + 12 - 12 = -18$；

(3) $\cos(\mathbf{a},\mathbf{b}) = \dfrac{\mathbf{a} \cdot \mathbf{b}}{|\mathbf{a}| \cdot |\mathbf{b}|} = \dfrac{3}{\sqrt{84}} = \dfrac{3}{2\sqrt{21}}$.

5. $\overrightarrow{M_1 M_2} = (2,4,-1)$，$\overrightarrow{M_2 M_3} = (0,-2,2)$，于是

$$\overrightarrow{M_1 M_2} \times \overrightarrow{M_2 M_3} = \begin{vmatrix} \mathbf{i} & \mathbf{j} & \mathbf{k} \\ 2 & 4 & -1 \\ 0 & -2 & 2 \end{vmatrix} = 6\mathbf{i} - 4\mathbf{j} - 4\mathbf{k}$$

所以同时与 $\overrightarrow{M_1 M_2}$、$\overrightarrow{M_2 M_3}$ 垂直的单位向量为 $\pm \dfrac{1}{2\sqrt{17}}(6,-4,-4)$.

6. $\overrightarrow{AB} = (4,-5,0)$，$\overrightarrow{AC} = (0,4,-3)$，$\overrightarrow{AB} \times \overrightarrow{AC} = \begin{vmatrix} \mathbf{i} & \mathbf{j} & \mathbf{k} \\ 4 & -5 & 0 \\ 0 & 4 & -3 \end{vmatrix} = 15\mathbf{i} + 12\mathbf{j} + 16\mathbf{k}$，

$S_{\triangle ABC} = \dfrac{1}{2} |\overrightarrow{AB} \times \overrightarrow{AC}| = \dfrac{1}{2}\sqrt{225 + 144 + 256} = \dfrac{25}{2}$.

7. $\overrightarrow{M_1 M_2} = (2,3,3)$，$W = \mathbf{F} \cdot \overrightarrow{M_1 M_2} = (2,-3,5) \cdot (2,3,3) = 4 - 9 + 15 = 10$（N·m）.

8. $\mathbf{a} \times \mathbf{b} = \begin{vmatrix} \mathbf{i} & \mathbf{j} & \mathbf{k} \\ 2 & 3 & -1 \\ 1 & -2 & 3 \end{vmatrix} = 7\mathbf{i} - 7\mathbf{j} - 7\mathbf{k}$，由题意可设 $\mathbf{d} = \lambda(7,-7,-7)$，又 $\mathbf{d}$ 与 $\mathbf{c}$ 的数量积为 -6，即 $\lambda(14 + 7 - 7) = -6$，$\lambda = -\dfrac{3}{7}$，所以 $\mathbf{d} = -\dfrac{3}{7}(7,-7,-7) = (-3,3,3)$.

9. $\lambda a + \mu b = (3\lambda + 2\mu, 5\lambda + \mu, -2\lambda + 4\mu)$，要使 $\lambda a + \mu b$ 与 z 轴垂直，必有 $\lambda a + \mu b$ 与 k 垂直，即 $(3\lambda + 2\mu, 5\lambda + \mu, -2\lambda + 4\mu) \cdot (0,0,1) = 0$，得 $-2\lambda + 4\mu = 0$，则 $\lambda = 2\mu$.

习题 7-3 参考答案

1. 半径 R 为点 O 到坐标原点的距离，即为 $R = \sqrt{1^2 + (-2)^2 + 2^2} = 3$，所以球面方程为 $(x-1)^2 + (y+2)^2 + (z-2)^2 = 9$.

2. 将方程 $x^2 + y^2 + z^2 - 2x + 4y - 4z - 7 = 0$ 配方得 $(x-1)^2 + (y+2)^2 + (z-2)^2 = 16$，由此可知原方程表示的是以点 $(1,-2,2)$ 为球心，以 4 为半径的球面.

3. 圆 $x^2 + z^2 = 9$ 绕 z 轴旋转，则 z 不变，可生成旋转曲面方程为 $x^2 + y^2 + z^2 = 9$.

4. 抛物线 $z = 5y^2$ 绕 z 轴旋转，则 z 不变，可生成旋转曲面方程为 $z = 5(x^2 + y^2)$，表示的是旋转抛物面.

5. 直线 $y = 2x$ 绕 x 轴旋转，则 x 不变，可生成旋转曲面方程为 $\pm\sqrt{y^2 + z^2} = 2x$，即 $x = \pm\frac{1}{2}\sqrt{y^2 + z^2}$，表示的是顶点在原点前后两个圆锥面.

6. （1）平面上 $x = 2$ 表示过点 $(2,0)$ 且与 x 轴垂直的一条直线，空间中 $x = 2$ 表示过点 $(2,0,0)$ 且与 x 轴垂直的平面；

（2）平面上 $y = x + 1$ 表示过点 $(0,1)$ 和点 $(-1,0)$ 的一条直线，空间中 $y = x + 1$ 表示平行于 z 轴且过坐标面 xOy 上的直线 $y = x + 1$ 的平面；

（3）平面上 $x^2 + y^2 = 4$ 表示以点 $(0,0)$ 为圆心、以 2 为半径的圆，在空间中 $x^2 + y^2 = 4$ 表示以坐标面 xOy 上的圆 $x^2 + y^2 = 4$ 为准线、以平行于 z 轴的直线为母线的圆柱面；

（4）平面上 $x^2 - y^2 = 1$ 表示双曲线，空间中 $x^2 - y^2 = 1$ 表示以坐标面 xOy 上的双曲线 $x^2 - y^2 = 1$ 为准线、以平行于 z 轴的直线为母线的双曲柱面；

（5）平面上 $y = x^2$ 表示开口朝上的抛物线，空间中 $y = x^2$ 表示以坐标面 xOy 上的抛物线 $y = x^2$ 为准线、以平行于 z 轴的直线为母线的抛物柱面.

7. （1）$z = \dfrac{x^2 + y^2}{2}$ 表示以原点为顶点，开口朝上的旋转抛物面；

（2）$x^2 + z^2 = 1$ 表示以坐标面 xOz 上的圆 $x^2 + z^2 = 1$ 为准线，以平行于 y 轴的直线为母线的圆柱面；

（3）$y - \sqrt{3}z = 0$ 表示过 x 轴的平面；

（4）$\dfrac{x^2}{9} + \dfrac{y^2}{16} = 1$ 表示以坐标面 xOy 上的椭圆 $\dfrac{x^2}{9} + \dfrac{y^2}{16} = 1$ 为准线、以平行于 z 轴的直线为母线的椭圆柱面；

（5）$x^2 = 4y$ 表示以坐标面 xOy 上的抛物线 $x^2 = 4y$ 为准线、以平行于 z 轴的直线为母线的抛物柱面；

（6）由 $y^2 - 4y + 3 = 0$ 解得 $y = 1$ 或 $y = 3$，$y = 1$ 表示过点 $(0,1,0)$ 且垂直于 y 轴的平面，$y = 3$ 表示过点 $(0,3,0)$ 且垂直于 y 轴的平面；

（7）$z^2 - x^2 - y^2 = 0$ 表示顶点在原点上下的两个圆锥面.

习题 7-4 参考答案

1.（1）过点 (2,4,0) 且垂直于坐标面 xOy 的射线；

（2）$z = \sqrt{9-x^2-y^2}$ 是以原点为球心、以 3 为半径的上半球面，$y=x$ 是过 z 轴并且过坐标面 xOy 上的直线 $y=x$ 的平面，它们在第 I 卦限的交线为 1/4 的圆；

（3）$x^2+y^2=R^2$ 是垂直于坐标面 xOy 的圆柱面，$x^2+z^2=R^2$ 是垂直于坐标面 xOz 的圆柱面，它们在第 I 卦限的交线如右图所示.

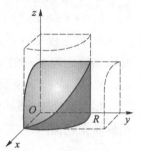

2. 在平面上 $\dfrac{x^2}{4}+\dfrac{y^2}{9}=1$ 表示椭圆，$x=2$ 表示过点 (2,0) 的直线，它们相交于一点 (2,0)；在空间中 $\dfrac{x^2}{4}+\dfrac{y^2}{9}=1$ 表示椭圆柱面，$x=2$ 表示过点 (2,0,0) 的平面，它们的交线为过点 (2,0,0) 且垂直于坐标面 xOy 的直线.

3. 坐标面 xOy：$\begin{cases} x^2+y^2 \le 4 \\ z=0 \end{cases}$；坐标面 yOz：$\begin{cases} y^2 \le z \le 4 \\ x=0 \end{cases}$；坐标面 xOz：$\begin{cases} x^2 \le z \le 4 \\ y=0 \end{cases}$.

4. 联立 $\begin{cases} x^2+y^2+z^2=1 \\ x^2+y^2+z^2=2z \end{cases}$，消去 z 得 $x^2+y^2=\dfrac{3}{4}$，则两球面在坐标面 xOy 上的投影方程为 $\begin{cases} x^2+y^2=\dfrac{3}{4} \\ z=0 \end{cases}$.

5. 由于 $x^2+y^2=a^2$，可令 $x=a\cos t$，$y=a\sin t$ $(0 \le t \le 2\pi)$，则 $z=x^2-y^2=a^2(\cos t)^2 - a^2(\sin t)^2 = a^2\cos 2t$，所求曲线的参数方程为 $\begin{cases} x=a\cos t \\ y=a\sin t \\ z=a^2\cos 2t \end{cases}$ $(0 \le t \le 2\pi)$.

6.（1）将 $z=2$ 代入 $x^2+y^2+z^2=20$，得 $x^2+y^2=16$，所以球面与平面的交线为 $\begin{cases} x^2+y^2=16 \\ z=2 \end{cases}$（圆）；

（2）将 $z=8$ 代入 $x^2-4y^2=8z$，得 $x^2-4y^2=64$，所以双曲抛物面与平面的交线为 $\begin{cases} x^2-4y^2=64 \\ z=8 \end{cases}$（双曲线）；

（3）由 $\sqrt{9-x^2-y^2}=\sqrt{x^2+y^2}$，可得 $x^2+y^2=\dfrac{9}{2}$，$z=\dfrac{3\sqrt{2}}{2}$，所以上半球面与圆锥面的交线为 $\begin{cases} x^2+y^2=\dfrac{9}{2} \\ z=\dfrac{3\sqrt{2}}{2} \end{cases}$（圆）.

习题 7-5 参考答案

1. 由于所求平面与平面 $2x+3y-5z=5$ 平行，所以所求平面的法向量可取为 $\boldsymbol{n}=(2,3,5)$，由平面方程的点法式得 $2(x-2)+3(y-4)-5(z+3)=0$，即 $2x+3y-5z-31=0$。

2. 设过 x 轴的平面方程为 $By+Cz=0$，$B\neq 0$，$C\neq 0$，则将点 $(4,-3,-1)$ 的坐标代入方程有：$-3B-C=0$，$C=-3B$，$By-3Bz=0$，即 $y-3z=0$。

3. $\overrightarrow{M_1M_2}=(2,1,1)$，$\overrightarrow{M_1M_3}=(1,-1,1)$，取所求平面的法向量 $\boldsymbol{n}=\overrightarrow{M_1M_2}\times\overrightarrow{M_1M_3}=2\boldsymbol{i}-\boldsymbol{j}-3\boldsymbol{k}$，取点 $M_1(1,1,2)$，由点法式方程得 $2(x-1)-(y-1)-3(z-2)=0$，即 $2x-y-3z+5=0$。

4. 由于所求平面与平面 Π_1 和 Π_2 垂直，所以其法向量 $\boldsymbol{n}$ 与 $\boldsymbol{n}_1$ 和 $\boldsymbol{n}_2$ 都垂直，取 $\boldsymbol{n}=\boldsymbol{n}_1\times\boldsymbol{n}_2=13\boldsymbol{i}+13\boldsymbol{j}-13\boldsymbol{k}$，平面过原点，可得平面方程为 $13x+13y-13z=0$，即 $x+y-z=0$。

5. 取坐标面 xOy 的法向量 $\boldsymbol{k}=(0,0,1)$，则夹角的余弦为 $\cos\theta=\dfrac{2}{3}$；取坐标面 yOz 的法向量 $\boldsymbol{i}=(1,0,0)$，则夹角的余弦为 $\cos\theta=\dfrac{2}{3}$；取坐标面 xOz 的法向量 $\boldsymbol{j}=(0,1,0)$，则夹角的余弦为 $\cos\theta=\dfrac{1}{3}$。

6. （1）$x=1$ 表示过点 $(1,0,0)$ 且垂直于 x 轴的平面；（2）由 $3y-2=0$ 得 $y=\dfrac{2}{3}$，表示过点 $(0,\dfrac{2}{3},0)$ 且垂直于 y 轴的平面；（3）$2x-3y-6=0$，$C=0$，表示平行于 z 轴的平面；（4）$y+z=2$，$A=0$，表示平行于 x 轴的平面；（5）$x+2y-z=0$，$D=0$，表示过原点的平面。

7. （1）$\boldsymbol{n}_1=(-1,2,-1)$，$\boldsymbol{n}_2=(0,1,3)$，$\boldsymbol{n}_1\cdot\boldsymbol{n}_2\neq 0$，两平面不垂直也不平行；（2）$\boldsymbol{n}_1=(2,-1,1)$，$\boldsymbol{n}_2=(-4,2,-2)$，$\dfrac{2}{-4}=\dfrac{-1}{2}=\dfrac{1}{-2}\neq\dfrac{-1}{-1}$，两平面平行但不重合；（3）$\boldsymbol{n}_1=(2,-1,-1)$，$\boldsymbol{n}_2=(-4,2,2)$，$\dfrac{2}{-4}=\dfrac{-1}{2}=\dfrac{-1}{2}=\dfrac{1}{-2}$，两平面重合。

8. （1）将点 $(5,-4,-6)$ 的坐标代入平面方程 $x+ky-2z=9$，得 $5-4k+12=9$，$k=2$；（2）要使两平面垂直，必有 $(1,k,-2)\cdot(2,4,3)=0$，$k=1$；（3）要使两平面平行，必有 $\dfrac{1}{3}=\dfrac{k}{-7}=\dfrac{-2}{-6}$，$k=-\dfrac{7}{3}$。

9. 由点到平面的距离公式得 $d=\dfrac{23}{\sqrt{38}}$。

习题 7-6 参考答案

1. 由于所求直线与已知平面垂直，所以方向向量 $\boldsymbol{s}$ 与法向量 $\boldsymbol{n}$ 平行，可取 $\boldsymbol{s}=\boldsymbol{n}=$

$(2,-1,-5)$，由对称式方程得直线方程为 $\dfrac{x+3}{2}=\dfrac{y-2}{-1}=\dfrac{z-5}{-5}$.

2. 取方向向量 $s=\overrightarrow{M_1M_2}=(-3,1,1)$，由对称式方程得直线方程为 $\dfrac{x-2}{-3}=\dfrac{y+1}{1}=\dfrac{z-5}{1}$.

3. 先在直线上取一点，令 $x=0$，得 $\begin{cases}-y-3z+2=0\\2y-z-6=0\end{cases}$，$y=\dfrac{20}{7},z=-\dfrac{2}{7}$，可求得直线上一点 $\left(0,\dfrac{20}{7},-\dfrac{2}{7}\right)$，由于所求直线与两平面垂直，可取其方向向量 $s=n_1\times n_2=\begin{vmatrix}i&j&k\\2&-1&-3\\1&2&-1\end{vmatrix}=$

$7i-j+5k$，故所求直线的对称式方程为 $\dfrac{x}{7}=\dfrac{y-\dfrac{20}{7}}{-1}=\dfrac{z+\dfrac{2}{7}}{5}$，令 $\dfrac{x}{7}=\dfrac{y-\dfrac{20}{7}}{-1}=\dfrac{z+\dfrac{2}{7}}{5}=t$，则得

所求直线的参数方程为 $\begin{cases}x=7t\\y=-t+\dfrac{20}{7}\\z=5t-\dfrac{2}{7}\end{cases}$.

4. 由于所求直线与两平面都平行，其方向向量与两个法向量都垂直，所以可以取 $s=n_1\times n_2=\begin{vmatrix}i&j&k\\1&0&2\\0&1&-3\end{vmatrix}=-2i+3j+k$，故所求直线的对称式方程为 $\dfrac{x}{-2}=\dfrac{y-2}{3}=\dfrac{z-4}{1}$.

5. 取两直线的方向向量为

$$s_1=\begin{vmatrix}i&j&k\\1&2&-1\\-2&1&1\end{vmatrix}=3i+j+5k, s_2=\begin{vmatrix}i&j&k\\3&6&-3\\2&-1&-1\end{vmatrix}=-9i-3j-15k$$

由于 s_1 与 s_2 对应坐标成比例，即 $\dfrac{3}{-9}=\dfrac{1}{-3}=\dfrac{5}{-15}$，$s_1/\!/s_2$，所以两直线平行.

6. 由所给直线方程知：$s_1=(1,-4,1)$，$s_2=(2,-2,-1)$，其夹角的余弦为

$$\cos\theta=\dfrac{|s_1\cdot s_2|}{|s_1||s_2|}=\dfrac{|1\times 2-4\times(-2)+1\times(-1)|}{\sqrt{1^2+(-4)^2+1^2}\sqrt{2^2+(-2)^2+(-1)^2}}=\dfrac{\sqrt{2}}{2}$$

故夹角为 $\dfrac{\pi}{4}$.

7. 由题知点 $(3,1,-2)$ 和点 $(4,-3,0)$ 都在平面上，构成的向量为 $(1,-4,2)$，已知直线的方向向量 $s=(5,2,1)$，则所求平面的法向量可取 $n=(1,-4,2)\times(5,2,1)=\begin{vmatrix}i&j&k\\1&-4&2\\5&2&1\end{vmatrix}=-8i+9j+22k$，故过点 $(3,1,-2)$ 的平面方程为 $-8(x-3)+9(y-1)+$

$22(z+2)=0$，即 $8x-9y-22z-59=0$.

8. 已知直线的方向向量 $s = \begin{vmatrix} i & j & k \\ 1 & -2 & 4 \\ 3 & 5 & -2 \end{vmatrix} = -16i+14j+11k$，由于已知直线与所求平面垂直，所以方向向量 s 可以作为所求平面的法向量，故由点法式方程可得平面方程为 $16x-14y-11z-65=0$.

三、总习题参考答案

1. (1) $\sqrt{14}$，$\dfrac{2}{\sqrt{14}}$，$\dfrac{-3}{\sqrt{14}}$，$\dfrac{1}{\sqrt{14}}$，$\left(\dfrac{2}{\sqrt{14}},\dfrac{-3}{\sqrt{14}},\dfrac{1}{\sqrt{14}}\right)$；(2) 0，$|a|\cdot|b|$；(3) 15，$-\dfrac{1}{5}$；(4) 3；(5) $\dfrac{y^2}{b^2}+\dfrac{x^2+z^2}{c^2}=1$.

2. 设所求点 C 的坐标为 $(0,b,0)$，则 $AC^2=BC^2$，即 $1+(-3-b)^2+49=25+(7-b)^2+25$，得 $20b=40$，$b=2$. 故所求点的坐标为 $(0,2,0)$.

3. $\cos(\widehat{a,b}) = \dfrac{2-1-2z}{\sqrt{4+1+4}\cdot\sqrt{1+1+z^2}}$

$= \dfrac{1-2z}{3\sqrt{2+z^2}}$

令 $[\cos(\widehat{a,b})]' = \dfrac{-12-3z}{9(2+z^2)\sqrt{2+z^2}} = 0$，得唯一驻点 $z=-4$. 故当 $z=-4$ 时，$\cos(\widehat{a,b})$ 取得最大值，$(\widehat{a,b})$ 取得最大值. 即 $\cos(\widehat{a,b}) = \dfrac{1+8}{3\sqrt{2+16}} = \dfrac{\sqrt{2}}{2}$，$(\widehat{a,b}) = \dfrac{\pi}{4}$.

4. 设点 C 坐标为 $(0,0,c)$，则 $\overrightarrow{AC}=(-1,0,c)$，$\overrightarrow{BC}=(0,-2,c-1)$，$S_{\triangle ABC}=\dfrac{1}{2}|\overrightarrow{AC}\times\overrightarrow{BC}|$，

又 $\overrightarrow{AC}\times\overrightarrow{BC} = \begin{vmatrix} i & j & k \\ -1 & 0 & c \\ 0 & -2 & c-1 \end{vmatrix} = 2ci+(c-1)j+2k$，则 $|\overrightarrow{AC}\times\overrightarrow{BC}| = \sqrt{4c^2+(c-1)^2+4} =$

$\sqrt{5c^2-2c+5} = \sqrt{5\left(c-\dfrac{1}{5}\right)^2+\dfrac{26}{5}}$.

故当 $c=\dfrac{1}{5}$ 时，$\triangle ABC$ 面积最小，即点 C 坐标为 $\left(0,0,\dfrac{1}{5}\right)$.

5. 已知两平面的法向量为 $n_1=(1,-1,1)$，$n_2=(2,1,1)$，则所求平面的法向量为 $n = n_1\times n_2 = \begin{vmatrix} i & j & k \\ 1 & -1 & 1 \\ 2 & 1 & 1 \end{vmatrix} = -2i+j+3k$.

由平面的点法式方程得所求平面的方程为 $-2(x-1)+(y+1)+3(z-1)=0$，即 $2x-y-3z=0$.

6. 设所求平面与 y 轴的交点坐标为 $E(0,b,0)$，由平面的截距式方程得 $\dfrac{x}{3}+\dfrac{y}{b}+\dfrac{z}{1}=1$，其法向量为 $\boldsymbol{n}_1=\left(\dfrac{1}{3},\dfrac{1}{b},1\right)$；坐标面 xOy 的法向量为 $\boldsymbol{n}_2=(0,0,1)$.

则向量 $\boldsymbol{n}_1$ 与 $\boldsymbol{n}_2$ 的夹角为 $\dfrac{\pi}{3}$，从而有 $\cos\dfrac{\pi}{3}=\dfrac{|0+0+1|}{\sqrt{\dfrac{1}{9}+\dfrac{1}{b^2}+1}}$. 解得 $b=\pm\dfrac{3}{\sqrt{26}}$.

故所求平面的方程为 $\dfrac{x}{3}+\dfrac{\sqrt{26}y}{3}+z=1$ 或 $\dfrac{x}{3}-\dfrac{\sqrt{26}y}{3}+z=1$.

7. （1）由直线的对称式方程，得所求直线方程为 $\dfrac{x-4}{2}=\dfrac{y+1}{1}=\dfrac{z-3}{5}$；

（2）由于所求直线与平面 $2x-y+3z-6=0$ 垂直，所以直线的方向向量可取平面的法向量：$(2,-1,3)$，所求直线的对称式方程为 $\dfrac{x+1}{2}=\dfrac{y}{-1}=\dfrac{z-2}{3}$；

（3）由于所求直线与直线 $\dfrac{x-3}{2}=\dfrac{y}{1}=\dfrac{z-1}{5}$ 平行，所以两条直线的方向向量平行，故所求直线方程为 $\dfrac{x-4}{2}=\dfrac{y+1}{1}=\dfrac{z-3}{5}$.

8. 两直线的方向向量为

$$\boldsymbol{n}_1=\begin{vmatrix} \boldsymbol{i} & \boldsymbol{j} & \boldsymbol{k} \\ 1 & 2 & -1 \\ -2 & 1 & 1 \end{vmatrix}=3\boldsymbol{i}+\boldsymbol{j}+5\boldsymbol{k}$$

$$\boldsymbol{n}_2=\begin{vmatrix} \boldsymbol{i} & \boldsymbol{j} & \boldsymbol{k} \\ 3 & 6 & -3 \\ 2 & -1 & -1 \end{vmatrix}=-9\boldsymbol{i}-3\boldsymbol{j}-15\boldsymbol{k}$$

显然 $\boldsymbol{n}_1\mathbin{/\mkern-5mu/}\boldsymbol{n}_2$，故两直线平行.

9. 两直线的方向向量为 $\boldsymbol{s}_1=(2,1,1)$，$\boldsymbol{s}_2=(1,-1,0)$，则所求平面的法向量为

$$\boldsymbol{n}=\boldsymbol{s}_1\times\boldsymbol{s}_2=\begin{vmatrix} \boldsymbol{i} & \boldsymbol{j} & \boldsymbol{k} \\ 2 & 1 & 1 \\ 1 & -1 & 0 \end{vmatrix}=\boldsymbol{i}+\boldsymbol{j}-3\boldsymbol{k}$$

由平面的点法式方程知，所求平面方程为 $x-1+y-3(z+1)=0$，即 $x+y-3z-4=0$.

10. 设直线的参数方程为 $\begin{cases} x=2t-1 \\ y=-t+2 \\ z=3t-1 \end{cases}$，将其代入平面方程，得 $2t-1+2(-t+2)-$

$(3t-1)+2=0$,解得 $t=2$. 故交点坐标为 $(3,0,5)$.

11. 设交点坐标为 $(t-1,t+3,2t)$,则所求直线的方向向量为 $s=(t,t+3,2t-4)$. 已知平面的法向量为 $n=(3,-4,1)$,由于已知平面与所求直线平行,所以有 $n \cdot s=0$,从而可得 $t=16$,$s=(16,19,28)$,交点坐标为 $(15,19,32)$.

又直线过点 $(-1,0,4)$,由对称式方程可得所求直线的方程为 $\dfrac{x+1}{16}=\dfrac{y}{19}=\dfrac{z-4}{28}$.

12. (1) $\begin{cases} x=0 \\ z=2y^2 \end{cases}$,$z$ 轴;

(2) $\begin{cases} x=0 \\ \dfrac{y^2}{9}+\dfrac{z^2}{36}=1 \end{cases}$,$y$ 轴;

(3) $\begin{cases} x=0 \\ z=\sqrt{3}\,y \end{cases}$,$z$ 轴;

(4) $\begin{cases} z=0 \\ x^2-\dfrac{y^2}{4}=1 \end{cases}$,$x$ 轴.

四、同步测试参考答案

(一) 1. 3,$\dfrac{1}{2}$,$3i-3j-3k$. 2. $\pm\dfrac{1}{17}(3i-2j-2k)$. 3. 旋转抛物面. 4. $y+5=0$.

5. $4x^2-y^2=1$.

(二) 1. A. 2. B. 3. A. 4. D. 5. C.

(三) 1. $(\lambda a+17b)\cdot(3a-b)=3\lambda a^2+(51-\lambda)ab-17b^2=17\lambda-680$

令 $17\lambda-680=0$,得 $\lambda=40$.

2. 设三点 $(1,1,-1)$、$(-2,-2,2)$、$(1,-1,2)$ 分别为 A、B、C. 则所求平面的法向量 n 与向量 $\overrightarrow{AB}$、$\overrightarrow{AC}$ 都垂直,而 $\overrightarrow{AB}=(-3,-3,3)$,$\overrightarrow{AC}=(0,-2,3)$,所以取 $n=\overrightarrow{AB}\times\overrightarrow{AC}$.

即 $n=\begin{vmatrix} i & j & k \\ -3 & -3 & 3 \\ 0 & -2 & 3 \end{vmatrix}=-3i+9j+6k$.

根据平面的点法式方程,得所求平面方程为 $-3(x-1)+9(y-1)+6(z+1)=0$,即 $x-3y-2z=0$.

3. 已知平面的法向量分别为 $n_1=(1,-2,4)$,$n_2=(3,5,-2)$,则所求平面的法向量为 $n=n_1\times n_2=\begin{vmatrix} i & j & k \\ 1 & -2 & 4 \\ 3 & 5 & -2 \end{vmatrix}=-16i+14j+11k$,由平面的点法式方程得 $-16(x-2)+14y+$

$11(z+3)=0$，即 $16x-14y-11z-65=0$.

4. 两直线的方向向量，分别为 $s_1=(2,1,1)$，$s_2=(1,-1,0)$，则所求平面的法向量为

$$n=s_1 \times s_2 = \begin{vmatrix} i & j & k \\ 2 & 1 & 1 \\ 1 & -1 & 0 \end{vmatrix} = i+j-3k$$，由平面的点法式方程知所求平面方程为 $x-1+y-3(z+1)=0$，即 $x+y-3z-4=0$.

5. 已知两平面的法向量分别为 $n_1=(1,0,2)$，$n_2=(0,1,-3)$，则所求直线的方向向量为 $s=n_1 \times n_2 = \begin{vmatrix} i & j & k \\ 1 & 0 & 2 \\ 0 & 1 & -3 \end{vmatrix} = -2i+3j+k$，由直线的对称式方程得所求直线方程为 $\dfrac{x}{-2}=\dfrac{y-2}{3}=\dfrac{z-4}{1}$.

6. 首先过点 $P(2,1,3)$ 作垂直于已知直线 L 的平面 π，那么 π 的方程为 $3(x-2)+2(y-1)-(z-3)=0$，即 $3x+2y-z-5=0$. 设交点 Q 的坐标为 $(3t-1, 2t+1, -t)$，由于点 Q 在平面 π 上，代入得 $t=\dfrac{3}{7}$，从而求得直线 L 与平面 π 的交点为 $Q\left(\dfrac{2}{7}, \dfrac{13}{7}, \dfrac{-3}{7}\right)$.

由 P、Q 两点坐标可得所求直线方程为 $\dfrac{x-2}{\frac{12}{7}}=\dfrac{y-1}{-\frac{6}{7}}=\dfrac{z-3}{\frac{24}{7}}$，即 $\dfrac{x-2}{2}=\dfrac{y-1}{-1}=\dfrac{z-3}{4}$.

第八章 多元函数的微分法及其应用

二、每节精选

习题 8-1 参考答案

1. $-\dfrac{7}{2}$；$(u+2v)^{uv} + 2uv(u+2v)$.

2. (1) $\{(x,y) \mid x+y > 0\}$；(2) $\{(x,y) \mid x^2 + y^2 \leq 1\}$；
   (3) $\{(x,y) \mid y - x^2 > 0\}$；(4) $\{(x,y,z) \mid x^2 + y^2 + z^2 \leq 1\}$.

3. (1) $\lim\limits_{(x,y)\to(0,0)} \dfrac{1}{\dfrac{1}{y^2} + \dfrac{1}{x^2}} = 0$；(2)（提示：$[1-\cos(x^2+y^2)] \sim \dfrac{1}{2}(x^2+y^2)^2$）$\dfrac{1}{2}$；

   (3) 0（无穷小量乘以有界量）；(4) 1；

   (5) $\ln 2$；(6) -2.

4. (1) $y = kx$，$\lim\limits_{(x,y)\to(0,0)} \dfrac{x-kx}{x+kx} = \dfrac{1-k}{1+k}$，极限不存在；

   (2) $y = kx$，$\lim\limits_{(x,y)\to(0,0)} \dfrac{kx^2}{x^2+k^2x^2} = \dfrac{k}{1+k^2}$，极限不存在.

5. (1) $\lim\limits_{(x,y)\to(0,0)} (x^2+y^2)\sin\dfrac{1}{x^2+y^2} = 0 = f(0,0)$，连续；

   (2) $y = kx^2$，$\lim\limits_{(x,y)\to(0,0)} \dfrac{kx^4}{x^4+k^2x^4} = \lim\limits_{(x,y)\to(0,0)} \dfrac{k}{1+k^2}$，极限不存在，不连续.

习题 8-2 参考答案

1. (1) $\dfrac{\partial z}{\partial x} = 4x^3 - 8xy^2$，$\dfrac{\partial z}{\partial y} = 4y^3 - 8x^2 y$；

   (2) $\dfrac{\partial z}{\partial x} = \dfrac{1}{x}$，$\dfrac{\partial z}{\partial y} = \dfrac{1}{y}$；

   (3) $\dfrac{\partial z}{\partial x} = 2y e^{2xy} \sin(xy^2) + y^2 e^{2xy} \cos(xy^2)$，$\dfrac{\partial z}{\partial y} = 2x e^{2xy} \sin(xy^2) + 2xy e^{2xy} \cos(xy^2)$；

   (4) $\dfrac{\partial z}{\partial x} = \dfrac{1}{y}\sec^2\dfrac{x}{y}$，$\dfrac{\partial z}{\partial y} = -\dfrac{x}{y^2}\sec^2\dfrac{x}{y}$；

   (5) $\dfrac{\partial z}{\partial x} = \dfrac{2xy}{\sqrt{1-x^4 y^2}}$，$\dfrac{\partial z}{\partial y} = \dfrac{x^2}{\sqrt{1-x^4 y^2}}$；

(6) $\dfrac{\partial z}{\partial x} = y^2 (1+xy)^{y-1}$, $\dfrac{\partial z}{\partial y} = (1+xy)^y \left[\ln(1+xy) + \dfrac{xy}{1+xy} \right]$.

2. $\left. \dfrac{\partial z}{\partial x} \right|_{(0,1)} = \left(1 + (y-1)\dfrac{1}{y\sqrt{1-\dfrac{x}{y}}} \right) \bigg|_{(0,1)} = 1$.

3. (1) $\dfrac{\partial z}{\partial x} = \dfrac{y}{1+x^2y^2}$, $\dfrac{\partial z}{\partial y} = \dfrac{x}{1+x^2y^2}$;

(2) $\dfrac{\partial z}{\partial x} = -\dfrac{1}{x}$, $\dfrac{\partial z}{\partial y} = \dfrac{1}{y}$;

(3) $\dfrac{\partial z}{\partial x} = y^x \ln y$, $\dfrac{\partial z}{\partial y} = xy^{x-1}$;

(4) $\dfrac{\partial z}{\partial x} = \cos\left(\sqrt{x^2+y^2}\right) \dfrac{x}{\sqrt{x^2+y^2}}$, $\dfrac{\partial z}{\partial y} = \cos\left(\sqrt{x^2+y^2}\right) \dfrac{y}{\sqrt{x^2+y^2}}$.

4. $f_x = y^2 + 2zx$, $f_{xx} = 2z$, $f_{xx}(0,0,1) = 2$;

$f_{xz} = 2x$, $f_{xz}(1,0,2) = 2$;

$f_y = 2xy + z^2$, $f_{yz} = 2z$, $f_{yz}(0,-1,0) = 0$;

$f_z = 2yz + x^2$, $f_{zz} = 2y$, $f_{zzx} = 0$, $f_{zzx}(2,0,1) = 0$.

习题 8-3 参考答案

1. (1) $\mathrm{d}z = \dfrac{x}{\sqrt{x^2+y^2}}\mathrm{d}x + \dfrac{y}{\sqrt{x^2+y^2}}\mathrm{d}y$;

(2) $\mathrm{d}z = -\dfrac{y}{x^2}\mathrm{e}^{\frac{y}{x}}\mathrm{d}x + \dfrac{1}{x}\mathrm{e}^{\frac{y}{x}}\mathrm{d}y$;

(3) $\mathrm{d}z = \mathrm{e}^x \cos y \mathrm{d}x - \mathrm{e}^x \sin y \mathrm{d}y$;

(4) $\mathrm{d}u = yzx^{yz-1}\mathrm{d}x + x^{zy}\ln x^z \mathrm{d}y + x^{yz}\ln x^y \mathrm{d}z$;

(5) $\mathrm{d}z = \dfrac{y}{\sqrt{1-x^2y^2}}\mathrm{d}x + \dfrac{x}{\sqrt{1-x^2y^2}}\mathrm{d}y$;

(6) $\mathrm{d}u = -yz\sin(xyz)\mathrm{d}x - xz\sin(xyz)\mathrm{d}y - xy\sin(xyz)\mathrm{d}z$.

2. $0.25\mathrm{e}$ （提示：$\mathrm{d}z = A\Delta x + B\Delta y$）.

3. $\mathrm{d}z = \dfrac{1}{3}\mathrm{d}x + \dfrac{2}{3}\mathrm{d}y$.

4. 不可微 （提示：证明极限 $\lim\limits_{(\Delta x, \Delta y) \to (0,0)} \dfrac{\Delta z - A\Delta x - B\Delta y}{\rho}$ 不存在）.

习题 8-4 参考答案

1. (1) $\dfrac{dz}{dt} = -2\cos t \sin t + 2\sin t \cos t = 0$;

(2) $\dfrac{dz}{dt} = e^t + \cos t$;

(3) $\dfrac{dz}{dt} = e^{\sin t - 2t^2}\cos t - 4te^{\sin t - 2t^2}$.

2. (1) $\dfrac{\partial z}{\partial x} = 4x$, $\dfrac{\partial z}{\partial y} = 4y$;

(2) $\dfrac{\partial z}{\partial x} = 4xy^2 e^{2x^2y^2}$, $\dfrac{\partial z}{\partial y} = 2x^2 y e^{2x^2y^2} + 2x^2 y e^{2x^2y^2}$;

(3) $\dfrac{\partial z}{\partial x} = \dfrac{e^x \cos xy - y e^x \sin xy}{\sqrt{1-(e^x \cos xy)^2}}$, $\dfrac{\partial z}{\partial y} = -\dfrac{x e^x \sin xy}{\sqrt{1-(e^x \cos xy)^2}}$.

3. (1) $\dfrac{\partial z}{\partial x} = 2x f_1' + y e^{xy} f_2'$, $\dfrac{\partial z}{\partial y} = -2y f_1' + x e^{xy} f_2'$;

(2) $\dfrac{\partial z}{\partial x} = \dfrac{1}{y} f_1' + 3 f_2'$, $\dfrac{\partial z}{\partial y} = -\dfrac{x}{y^2} f_1' - 2 f_2'$;

(3) $\dfrac{\partial z}{\partial x} = (\ln x + 1) f_1'$, $\dfrac{\partial z}{\partial y} = 3y^2 f_2'$.

4. (1) $\dfrac{\partial^2 z}{\partial x^2} = y^2 e^{xy} f_1' + y e^{xy}(y e^{xy} f_{11}'' + f_{12}'') + y e^{xy} f_{21}'' + f_{22}''$, $\dfrac{\partial^2 z}{\partial y^2} = x^2 e^{xy} f_1' + x e^{xy}(f_{11}'' x e^{xy} + 2 f_{12}'') + 2x e^{xy} f_{21}'' + 4 f_{22}''$;

(2) $\dfrac{\partial^2 z}{\partial x^2} = -\sin x f_1' + \cos^2 x f_{11}'' + 3y\cos x f_{12}'' + 3y\cos x f_{21}'' + 9y^2 f_{22}''$, $\dfrac{\partial^2 z}{\partial x \partial y} = 3x\cos x f_{12}'' + 3 f_2' + 9xy f_{22}''$;

(3) $\dfrac{\partial^2 z}{\partial y \partial x} = 2xy(\ln y + 1) f_{12}'' + 2x f_2' + 2x^3 y f_{22}''$, $\dfrac{\partial^2 z}{\partial y^2} = \dfrac{1}{y} f_1' + (\ln y + 1)^2 f_{11}'' + x^2(\ln y + 1) f_{12}'' + x^2(\ln y + 1) f_{21}'' + x^4 f_{22}''$.

习题 8-5 参考答案

1. $\dfrac{dy}{dx} = -\dfrac{f_x}{F_y} = -\dfrac{e^x - y^2}{\cos y - 2xy}$.

2. $\dfrac{\partial z}{\partial x} = -\dfrac{f_x}{F_z} = \dfrac{y}{\dfrac{1}{z} + e^{z-1}}$.

3. $\dfrac{\partial z}{\partial x} = -\dfrac{f_x}{F_z} = -\dfrac{3x^2 - 2yz}{3z^2 - 2xy}$; $\dfrac{\partial z}{\partial y} = -\dfrac{f_y}{F_z} = -\dfrac{3y^2 - 2xz}{3z^2 - 2xy}$.

4. $\dfrac{\partial z}{\partial x} = -\dfrac{f_x}{F_z} = \dfrac{z}{x+z}, \dfrac{\partial z}{\partial y} = -\dfrac{f_y}{F_z} = \dfrac{z^2}{y(x+z^2)}.$

5. $\dfrac{\partial z}{\partial x} = -\dfrac{2x}{2z-4}, \dfrac{\partial z}{\partial y} = -\dfrac{2y}{2z-4}.$

习题 8-6 参考答案

1. $x+2y+3z-6=0; \dfrac{x-1}{1} = \dfrac{y-1}{2} = \dfrac{z-1}{3}.$

2. $4x+2y-z-6=0; \dfrac{x-2}{4} = \dfrac{y-1}{2} = \dfrac{z-4}{-1}.$

3. $2x+8y-16z+7=0; \dfrac{x-\dfrac{1}{2}}{-\dfrac{1}{4}} = \dfrac{y-1}{-1} = \dfrac{z-1}{2}.$

4. $x+2y-4=0; \dfrac{x-2}{1} = \dfrac{y-1}{2} = \dfrac{z}{0}.$

5. $x+2y+3z-8=0; \dfrac{x}{1} = \dfrac{y-1}{2} = \dfrac{z-2}{3}.$

习题 8-7 参考答案

1. $(2,1,0).$

2. $(1,2,1).$

3. $\left(\dfrac{2x}{x^2+y^2}, \dfrac{2y}{x^2+y^2}\right).$

4. $(2,-4,1).$

5. $\dfrac{98}{13}.$

6. $5.$

习题 8-8 参考答案

1. $(-1,1); f(-1,1)=1.$

2. $(2,-2); f(2,-2)=8.$

3. $\left(\dfrac{1}{2},-1\right), -\dfrac{e}{2}.$

4. $x=\dfrac{1}{2}, y=\dfrac{1}{2}, z=\dfrac{1}{4}.$

5. $x=y=z=\dfrac{\sqrt{6}}{6}a, V=\dfrac{\sqrt{6}}{36}a^3.$

6. 极小值点$(1,1)$，-2；$(-1,-1)$，-2；$(0,0)$不是极小值点.

三、总习题参考答案

1. (1) A；(2) B；(3) C；(4) C；(5) B.

2. (1) $\dfrac{2}{3}$；

   (2) $\dfrac{1}{2}$；

   (3) 6；

   (4) 1.

3. $dz = \dfrac{x}{x^2+y^2}dx + \dfrac{y}{x^2+y^2}dy$.

4. $\dfrac{\partial z}{\partial x} = ye^{xy}\sin xy + ye^{xy}\cos xy$；$\dfrac{\partial z}{\partial y} = xe^{xy}\sin xy + xe^{xy}\cos xy$.

5. $\dfrac{\partial z}{\partial x} = yf_1' + f_2'$；$\dfrac{\partial z}{\partial y} = xf_1' + f_2'$；$\dfrac{\partial^2 z}{\partial y \partial x} = f_1' + xyf_{11}'' + xf_{12}'' + yf_{21}'' + f_{22}''$.

6. $\dfrac{dz}{dt} = e^{\sin t + 2\cos t}(\cos t - 2\sin t)$.

7. $x + 2y + 3z - 14 = 0$；$\dfrac{x-1}{2} = \dfrac{y-2}{4} = \dfrac{z-3}{6}$.

8. $\operatorname{grad} z = (1,2)$；$\dfrac{\partial z}{\partial l} = -\dfrac{\sqrt{2}}{2}$.

9. -2.

四、同步测试参考答案

(一) 1. $\dfrac{y^2 - x^2}{(x^2+y^2)^2}$.

2. 1.

3. $-2x\sin(x^2+y^2)dx - 2y\sin(x^2+y^2)dy$.

4. $\dfrac{1}{y\sin\dfrac{x}{y}\cos\dfrac{x}{y}}$.

5. $-2\pi dx - dy$.

(二) 1. C. 2. B. 3. C. 4. C. 5. D.

(三) 1. e^{-2}（提示：第二个重要极限）.

2. $\dfrac{1}{6}$（提示：等价无穷小量替换）.

3. $\dfrac{1}{6}$（提示：等价无穷小量替换）.

4. 2（提示：等价无穷小量替换）.

（四）1. $\dfrac{\partial z}{\partial x} = 20x^3 y + 20xy^3$；$\dfrac{\partial z}{\partial y} = 5x^4 + 30x^2 y^2$；

$\dfrac{\partial^2 z}{\partial x^2} = 60x^2 y + 20y^3$；$\dfrac{\partial^2 z}{\partial y^2} = 60x^2 y$.

2. $\dfrac{\partial z}{\partial x} = y\mathrm{e}^{xy} f_1' + 2xf_2'$；$\dfrac{\partial z}{\partial y} = x\mathrm{e}^{xy} f_1' - 2yf_2'$.

3. $\dfrac{\partial u}{\partial l} = 0$；$\mathrm{grad}\, u \big|_{(1,-1,0)} = (0,0,0)$.

4. $\mathrm{grad}\, u = (2,1,0)$.

5. $\dfrac{x-1}{2} = \dfrac{y-2}{8} = \dfrac{z-3}{18}$.

五、能力提升（考研真题）参考答案

1. A.   2. D.   3. A.   4. D.   5. D.

6. $\dfrac{2}{9}\boldsymbol{i} + \dfrac{4}{9}\boldsymbol{j} - \dfrac{4}{9}\boldsymbol{k}$.

7. $2x + y - 4 = 0$.

8. $\dfrac{x-1}{1} = \dfrac{y+2}{-4} = \dfrac{z-2}{6}$.

9. $\dfrac{1}{4}$.

10. $-\dfrac{1}{3}\mathrm{d}x - \dfrac{2}{3}\mathrm{d}y$.

第九章 重积分

二、每节精选

习题 9-1 参考答案

1. 所求的立体图形是以圆面 $x^2+y^2\leqslant 1$ 为底，以锥面 $z=\sqrt{x^2+y^2}$ 为顶的曲顶柱体，因此其体积 $V=\iint\limits_{x^2+y^2\leqslant 1}\sqrt{x^2+y^2}\mathrm{d}\sigma$.

2. 因为 $\dfrac{1}{2}\leqslant x^2+y^2\leqslant 1$，$-\ln 2\leqslant \ln(x^2+y^2)\leqslant 0$，故二重积分 $\iint\limits_{\frac{1}{2}\leqslant x^2+y^2\leqslant 1}\ln(x^2+y^2)\mathrm{d}x\mathrm{d}y$ 的符号为负.

3. 因为曲面 $z=1-2x^2-y^2$ 在坐标面 xOy 上投影区域最大为 $2x^2+y^2\leqslant 1$，所以当区域 D 为 $2x^2+y^2\leqslant 1$ 时，二重积分 $\iint\limits_{D}(1-2x^2-y^2)\mathrm{d}x\mathrm{d}y$ 达到最大值.

4. （1）由于 D 是由 x 轴，y 轴与直线 $x+y=1$ 围成的第一象限的三角形区域：$0\leqslant x+y\leqslant 1$，所以 $(x+y)^2\geqslant (x+y)^3$，故 $\iint\limits_{D}(x+y)^2\mathrm{d}\sigma\geqslant \iint\limits_{D}(x+y)^3\mathrm{d}\sigma$；

（2）由于 D 是由三点 $(1,0)$，$(1,1)$，$(2,0)$ 所围成的三角形区域，所以有 $0\leqslant \ln(x+y)<1$，$\ln(x+y)\geqslant [\ln(x+y)]^2$，故 $\iint\limits_{D}\ln(x+y)\mathrm{d}\sigma\geqslant \iint\limits_{D}[\ln(x+y)]^2\mathrm{d}\sigma$.

5. 由于 D 是由 $x=0$，$y=0$，$x+y=\dfrac{1}{2}$，$x+y=1$ 围成的. $\dfrac{1}{2}\leqslant x+y\leqslant 1-\ln 2\leqslant \ln(x+y)\leqslant 0$，$-(\ln 2)^3\leqslant [\ln(x+y)]^3\leqslant 0$，由不等式当 $x>0$ 时 $x>\sin x$，有 $1\geqslant x+y>\sin(x+y)>0$，所以 $(x+y)^3>[\sin(x+y)]^3$，故 $I_1<I_3<I_2$. 选 C.

6. 区域 D 为矩形，其面积为 2，由 $0\leqslant x\leqslant 1,0\leqslant y\leqslant 2$ 得 $1\leqslant x+y+1\leqslant 4$，所以 $2\leqslant \iint\limits_{D}(x+y+1)\mathrm{d}\sigma\leqslant 8$.

习题 9-2 参考答案

1. （1）$\iint\limits_{D}(x+2y)\mathrm{d}\sigma=\int_{-1}^{1}\mathrm{d}x\int_{0}^{2}(x+2y)\mathrm{d}y=\int_{-1}^{1}(xy+y^2)\Big|_{0}^{2}\mathrm{d}x=\int_{-1}^{1}(2x+4)\mathrm{d}x=8$；

（2）$\iint\limits_{D}(3x+2y)\mathrm{d}\sigma=\int_{0}^{2}\mathrm{d}x\int_{0}^{2-x}(3x+2y)\mathrm{d}y$

$=\int_{0}^{2}(3xy+y^2)\Big|_{0}^{2-x}\mathrm{d}x$

$=\int_{0}^{2}(-2x^2+2x+4)\mathrm{d}x=\dfrac{20}{3}$；

(3) $\iint\limits_{D} xy \, d\sigma = \int_{-2}^{1} dx \int_{x^2-1}^{1-x} xy \, dy$

$= \int_{-2}^{1} \left(\frac{1}{2}xy^2\right) \Big|_{x^2-1}^{1-x} dx = \int_{-2}^{1} \left(-\frac{1}{2}x^5 + \frac{3}{2}x^3 - x^2\right) dx$

$= -\frac{27}{8};$

(4) $\iint\limits_{D} (2x+y) d\sigma = \int_{0}^{1} dy \int_{y}^{2-y} (2x+y) dx$

$= \int_{0}^{1} (x^2 + xy) \Big|_{y}^{2-y} dy = \int_{0}^{1} (4 - 2y - 2y^2) dy = \frac{7}{3}.$

2. (1) 区域 $D = \{(x,y) \mid 0 \leq y \leq 1, 0 \leq x \leq y\}$，画出区域 D，把区域 D 看作 X 型，可表示为 $D = \{(x,y) \mid 0 \leq x \leq 1, x \leq y \leq 1\}$，$\int_{0}^{1} dy \int_{0}^{y} f(x,y) dx = \int_{0}^{1} dx \int_{x}^{1} f(x,y) dy;$

(2) 区域 $D = \{(x,y) \mid 1 \leq x \leq e, 0 \leq y \leq \ln x\}$，画出区域 D，把区域 D 看作 Y 型，可表示为：$D = \{(x,y) \mid 0 \leq y \leq 1, e^y \leq x \leq e\}$，$\int_{1}^{e} dx \int_{0}^{\ln x} f(x,y) dy = \int_{0}^{1} dy \int_{e^y}^{e} f(x,y) dx;$

(3) 区域 $D = \{(x,y) \mid 0 \leq x \leq 1, 1-x \leq y \leq \sqrt{1-x^2}\}$，画出区域 D，把区域 D 看作 Y 型，可表示为 $D = \{(x,y) \mid 0 \leq y \leq 1, 1-y \leq x \leq \sqrt{1-y^2}\}$，则 $\int_{0}^{1} dx \int_{1-x}^{\sqrt{1-x^2}} f(x,y) dy = \int_{0}^{1} dy \int_{1-y}^{\sqrt{1-y^2}} f(x,y) dx;$

(4) 区域 $D = \{(x,y) \mid 0 \leq y \leq 1, 1-y \leq x \leq 1+y^2\}$，画出区域 D，把区域 D 看作 X 型，可表示为 $D = \{(x,y) \mid 0 \leq x \leq 1, 1-x \leq y \leq 1\} + \{(x,y) \mid 1 \leq x \leq 2, \sqrt{x-1} \leq y \leq 1\}$，$\int_{0}^{1} dy \int_{1-y}^{1+y^2} f(x,y) dx = \int_{0}^{1} dx \int_{1-x}^{1} f(x,y) dy + \int_{1}^{2} dx \int_{\sqrt{x-1}}^{1} f(x,y) dy.$

3. (1) $\iint\limits_{D} f(x,y) dxdy = \int_{0}^{2\pi} d\theta \int_{0}^{3} f(\rho\cos\theta, \rho\sin\theta) \rho d\rho;$

(2) $\iint\limits_{D} f(x,y) dxdy = \int_{0}^{2\pi} d\theta \int_{1}^{2} f(\rho\cos\theta, \rho\sin\theta) \rho d\rho;$

(3) 由 $x^2 + y^2 = 2x$ 可得 $(x-1)^2 + y^2 = 1$，则

$\iint\limits_{D} f(x,y) dxdy = \int_{-\frac{\pi}{2}}^{\frac{\pi}{2}} d\theta \int_{0}^{2\cos\theta} f(\rho\cos\theta, \rho\sin\theta) \rho d\rho;$

(4) 由 $x^2 + y^2 = 2y$ 可得 $x^2 + (y-1)^2 = 1$，则

$$\iint\limits_{D} f(x,y)\,\mathrm{d}x\mathrm{d}y = \int_{0}^{\pi}\mathrm{d}\theta\int_{0}^{2\sin\theta} f(\rho\cos\theta,\rho\sin\theta)\rho\mathrm{d}\rho.$$

4. (1) $\iint\limits_{D}\sin(x^2+y^2)\,\mathrm{d}x\mathrm{d}y$

$$= \int_{0}^{2\pi}\mathrm{d}\theta\int_{0}^{1}\sin\rho^2\cdot\rho\mathrm{d}\rho = \int_{0}^{2\pi}\mathrm{d}\theta\int_{0}^{1}\frac{1}{2}\sin\rho^2\mathrm{d}(\rho^2)$$

$$= \int_{0}^{2\pi}\left(-\frac{1}{2}\cos\rho^2\right)\bigg|_{0}^{1}\mathrm{d}\theta = \int_{0}^{2\pi}\left(-\frac{1}{2}\cos 1 + \frac{1}{2}\right)\mathrm{d}\theta$$

$$= \left(\frac{1}{2}-\frac{1}{2}\cos 1\right)\cdot 2\pi = \pi(1-\cos 1);$$

(2) $\iint\limits_{D}(1-x^2-y^2)\,\mathrm{d}x\mathrm{d}y$

$$= \int_{0}^{\frac{\pi}{4}}\mathrm{d}\theta\int_{0}^{1}(1-\rho^2)\rho\mathrm{d}\rho$$

$$= \int_{0}^{\frac{\pi}{4}}\left(\frac{1}{2}\rho^2-\frac{1}{4}\rho^4\right)\bigg|_{0}^{1}\mathrm{d}\theta = \frac{1}{4}\cdot\frac{\pi}{4} = \frac{\pi}{16};$$

(3) $\iint\limits_{D}\mathrm{e}^{x^2+y^2}\,\mathrm{d}x\mathrm{d}y = \int_{0}^{2\pi}\mathrm{d}\theta\int_{0}^{3}\mathrm{e}^{\rho^2}\rho\mathrm{d}\rho = \int_{0}^{2\pi}\mathrm{d}\theta\int_{0}^{3}\frac{1}{2}\mathrm{e}^{\rho^2}\mathrm{d}(\rho^2) = \int_{0}^{2\pi}\left(\frac{1}{2}\mathrm{e}^{\rho^2}\right)\bigg|_{0}^{3}\mathrm{d}\theta$

$$= \frac{1}{2}(\mathrm{e}^9-1)\cdot 2\pi = \pi(\mathrm{e}^9-1);$$

(4) $\iint\limits_{D}\sqrt{x^2+y^2}\,\mathrm{d}x\mathrm{d}y = \int_{0}^{\frac{\pi}{2}}\mathrm{d}\theta\int_{0}^{2a\cos\theta}\rho\cdot\rho\mathrm{d}\rho = \int_{0}^{\frac{\pi}{2}}\left(\frac{1}{3}\rho^3\right)\bigg|_{0}^{2a\cos\theta}\mathrm{d}\theta = \frac{8a^3}{3}\int_{0}^{\frac{\pi}{2}}\cos^3\theta\mathrm{d}\theta$

$$= \frac{8a^3}{3}\int_{0}^{\frac{\pi}{2}}(1-\sin^2\theta)\mathrm{d}(\sin\theta) = \frac{8a^3}{3}\left(\sin\theta-\frac{1}{3}\sin^3\theta\right)\bigg|_{0}^{\frac{\pi}{2}} = \frac{16a^3}{9}.$$

5. (1) $\iint\limits_{D}\cos(x+y)\,\mathrm{d}\sigma$

$$= \int_{0}^{\pi}\mathrm{d}x\int_{x}^{\pi}\cos(x+y)\,\mathrm{d}y = \int_{0}^{\pi}\sin(x+y)\bigg|_{x}^{\pi}\mathrm{d}x = \int_{0}^{\pi}[\sin(x+\pi)-\sin 2x]\mathrm{d}x$$

$$= \left(\cos x + \frac{1}{2}\cos 2x\right)\bigg|_{0}^{\pi} = -2;$$

(2) 由于区域 D 关于 x 轴和 y 轴都对称，故 $\iint\limits_{D} x\mathrm{d}\sigma = 0$，则

$$\iint\limits_{D} y^2\mathrm{d}\sigma = 4\int_{0}^{1}\mathrm{d}x\int_{0}^{1-x} y^2\mathrm{d}y = 4\int_{0}^{1}\frac{1}{3}y^3\bigg|_{0}^{1-x}\mathrm{d}x = \frac{4}{3}\int_{0}^{1}(1-3x+3x^2-x^3)\mathrm{d}x$$

$$= \frac{4}{3}\left(x-\frac{3}{2}x^2+x^3-\frac{1}{4}x^4\right)\bigg|_{0}^{1} = \frac{1}{3};$$

(3) $\iint\limits_{D} \arctan \dfrac{y}{x} d\sigma = \int_{0}^{\frac{\pi}{4}} d\theta \int_{1}^{2} \arctan \dfrac{\rho \sin \theta}{\rho \cos \theta} \cdot \rho d\rho$

$= \int_{0}^{\frac{\pi}{4}} d\theta \int_{1}^{2} \theta \cdot \rho d\rho = \dfrac{3}{2} \int_{0}^{\frac{\pi}{4}} \theta d\theta = \dfrac{3\pi^2}{64};$

(4) $\iint\limits_{D} \sin \sqrt{x^2 + y^2} d\sigma = \int_{0}^{2\pi} d\theta \int_{\pi}^{2\pi} \sin \rho \cdot \rho d\rho$

$= \int_{0}^{2\pi} (\sin \rho - \rho \cos \rho) \Big|_{\pi}^{2\pi} d\theta = \int_{0}^{2\pi} -3\pi d\theta = -6\pi^2.$

6. 所求的柱体是一个曲顶柱体,其底为: $D = \{(x,y) | x^2 + y^2 \leq 1\}$, 顶为锥面 $z = \sqrt{x^2 + y^2}$, 由二重积分的几何意义可知

$V = \iint\limits_{D} \sqrt{x^2 + y^2} d\sigma = \int_{0}^{2\pi} d\theta \int_{0}^{1} \rho \cdot \rho d\rho = \int_{0}^{2\pi} \dfrac{1}{3} \rho^3 \Big|_{0}^{1} d\theta = \dfrac{2\pi}{3}.$

7. 所求曲面在坐标面 xOy 上的投影区域为:$D = \{(x,y) | x^2 + y^2 \leq 2\}$, 所求曲面为 $z = 6 - x^2 - y^2$, $z_x = -2x$, $z_y = -2y$, 由曲面面积的计算公式得所求曲面的面积为

$S = \iint\limits_{D} \sqrt{1 + (-2x)^2 + (-2y)^2} dxdy = \int_{0}^{2\pi} d\theta \int_{0}^{\sqrt{2}} \sqrt{1 + 4\rho^2} \cdot \rho d\rho$

$= \int_{0}^{2\pi} \dfrac{1}{12} (1 + 4\rho^2)^{\frac{3}{2}} \Big|_{0}^{\sqrt{2}} d\theta = \dfrac{13\pi}{3}.$

8. 该薄片的面积为 $A = \iint\limits_{D} d\sigma = \int_{0}^{x_0} dx \int_{0}^{\sqrt{2\rho x}} dy = \int_{0}^{x_0} \sqrt{2\rho x} dx = \dfrac{2\sqrt{2\rho}}{3} x^{\frac{3}{2}} \Big|_{0}^{x_0} = \dfrac{2\sqrt{2\rho}}{3} x_0^{\frac{3}{2}}$

另外,$\iint\limits_{D} x d\sigma = \int_{0}^{x_0} dx \int_{0}^{\sqrt{2\rho x}} x dy = \int_{0}^{x_0} x \cdot \sqrt{2\rho x} dx = \sqrt{2\rho} \cdot \dfrac{2}{5} x^{\frac{5}{2}} \Big|_{0}^{x_0} = \dfrac{2\sqrt{2\rho}}{5} x_0^{\frac{5}{2}},$ $\iint\limits_{D} y d\sigma =$

$\int_{0}^{x_0} dx \int_{0}^{\sqrt{2\rho x}} y dy = \int_{0}^{x_0} \dfrac{1}{2} y^2 \Big|_{0}^{\sqrt{2\rho x}} dx = \dfrac{\rho x_0^2}{2},$ 故 $\bar{x} = \dfrac{\iint\limits_{D} x d\sigma}{A} = \dfrac{\dfrac{2\sqrt{2\rho}}{5} x_0^{\frac{5}{2}}}{\dfrac{2\sqrt{2\rho}}{3} x_0^{\frac{3}{2}}} = \dfrac{3}{5} x_0,$ $\bar{y} =$

$\dfrac{\iint\limits_{D} y d\sigma}{A} = \dfrac{\dfrac{\rho x_0^2}{2}}{\dfrac{2\sqrt{2\rho}}{3} x_0^{\frac{3}{2}}} = \dfrac{3}{8} \sqrt{2\rho x_0}.$

习题 9-3 参考答案

1. (1) 画出积分区域 Ω, 用先单后重法.

Ω 在坐标面 xOy 上的投影区域 D_{xy} 为一个三角形,可表示为 $\{(x,y) | 0 \leq x \leq 1, 0 \leq y \leq 1-x\}$, 则

$$I = \iint\limits_{D_{xy}} dxdy \int_{0}^{xy} f(x,y,z) dz = \int_{0}^{1} dx \int_{0}^{1-x} dy \int_{0}^{xy} f(x,y,z) dz$$

(2) 画出积分区域 Ω，其在坐标面 xOy 上的投影区域 D_{xy} 为圆域，可表示为 $\{(x,y)\mid x^2+y^2\leq 1\}$.

用先单后重法，则

$$\iint_{D_{xy}}d\sigma\int_{x^2+y^2}^{1}f(x,y,z)dz = \int_{-1}^{1}dx\int_{-\sqrt{1-x^2}}^{\sqrt{1-x^2}}dy\int_{x^2+y^2}^{1}f(x,y,z)dz.$$

2. $\iiint\limits_{\Omega}(x+y+z)dxdydz = \int_{0}^{1}dx\int_{0}^{1}dy\int_{0}^{1}(x+y+z)dz$

$$= \int_{0}^{1}dx\int_{0}^{1}\left(xz+yz+\frac{1}{2}z^2\right)\bigg|_{0}^{1}dy$$

$$= \int_{0}^{1}dx\int_{0}^{1}\left(x+y+\frac{1}{2}\right)dy$$

$$= \int_{0}^{1}\left(\frac{1}{2}+x+\frac{1}{2}\right)dx$$

$$= 1+\frac{1}{2}=\frac{3}{2}.$$

3. 根据题意，积分区域可表示为 $\Omega=\{(x,y,z)\mid 0\leq z\leq xy, 0\leq y\leq x, 0\leq x\leq 1\}$，所以

$$\iiint\limits_{\Omega}xy^2z^3dv = \int_{0}^{1}xdx\int_{0}^{x}y^2dy\int_{0}^{xy}z^3dz$$

$$= \int_{0}^{1}xdx\int_{0}^{x}\frac{1}{4}y^2x^4y^4dy$$

$$= \frac{1}{4}\int_{0}^{1}x^5dx\int_{0}^{x}y^6dy$$

$$= \frac{1}{4}\times\frac{1}{7}\int_{0}^{1}x^5x^7dx$$

$$= \frac{1}{28}\int_{0}^{1}x^{12}dx = \frac{1}{28}\times\frac{1}{13}$$

$$= \frac{1}{364}.$$

4. (1) $\iiint\limits_{\Omega}xydv = \int_{0}^{\frac{\pi}{2}}d\theta\int_{0}^{1}dr\int_{0}^{1}r\cos(\theta)r\sin(\theta)rdz$

$$= \int_{0}^{\frac{\pi}{2}}d\theta\int_{0}^{1}\frac{1}{2}\sin(2\theta)r^3dr = \int_{0}^{\frac{\pi}{2}}\frac{1}{8}\sin 2\theta d\theta$$

$$= -\frac{1}{16}\cos 2\theta\bigg|_{0}^{\frac{\pi}{2}} = \frac{1}{8}.$$

(2) $\iiint\limits_{\Omega}zdv = \int_{0}^{2\pi}d\theta\int_{0}^{1}dr\int_{r^2}^{\sqrt{2-r^2}}rzdz$

$$= \int_{0}^{2\pi}d\theta\int_{0}^{1}r\cdot\frac{1}{2}(2-r^2-r^4)dr$$

$$= \int_0^{2\pi} \frac{7}{24} d\theta = \frac{7\pi}{12}.$$

(3) $\iiint_\Omega (x^2 + y^2) dv = \int_0^{2\pi} d\theta \int_0^2 dr \int_{\frac{r^2}{2}}^2 r^2 \cdot r dz$

$$= \int_0^{2\pi} d\theta \int_0^2 r^3 \cdot \left(2 - \frac{r^2}{2}\right) dr$$

$$= \int_0^{2\pi} \frac{8}{3} d\theta = \frac{16\pi}{3}.$$

5. 由于积分区域 Ω 是以原点为中心, 以 1 为半径的球在第 I 卦限的部分, 所以选择球面坐标系计算. Ω 可表示为 $\left\{(\rho, \varphi, \theta) \mid 0 \leq \rho \leq 1, 0 \leq \varphi \leq \frac{\pi}{2}, 0 \leq \theta \leq \frac{\pi}{2}\right\}$, 则

$$\iiint_\Omega xyz dx dy dz = \int_0^{\frac{\pi}{2}} d\theta \int_0^{\frac{\pi}{2}} d\varphi \int_0^1 \rho \sin \varphi \cos \theta \cdot \rho \sin \varphi \sin \theta \cdot \rho \cos \varphi \cdot \rho^2 \sin \varphi d\rho$$

$$= \int_0^{\frac{\pi}{2}} d\theta \int_0^{\frac{\pi}{2}} \frac{1}{12} \sin 2\theta \sin^3 \varphi \cos \varphi d\varphi$$

$$= \int_0^{\frac{\pi}{2}} d\theta \int_0^{\frac{\pi}{2}} \frac{1}{12} \sin 2\theta \sin^3 \varphi d(\sin \theta)$$

$$= \int_0^{\frac{\pi}{2}} \frac{1}{12} \sin 2\theta \left(\frac{1}{4} \sin^4 \varphi \bigg|_0^{\frac{\pi}{2}}\right) d\theta$$

$$= \int_0^{\frac{\pi}{2}} \frac{1}{48} \sin 2\theta d\theta$$

$$= -\frac{1}{96} \cos 2\theta \bigg|_0^{\frac{\pi}{2}} = \frac{1}{48}.$$

6. 该物体的质量为

$$M = \iiint_\Omega (x + y + 2z) dv$$

$$= \int_0^1 dx \int_0^1 dy \int_0^1 (x + y + 2z) dz$$

$$= \int_0^1 dx \int_0^1 (xz + yz + z^2) \bigg|_0^1 dy$$

$$= \int_0^1 dx \int_0^1 (x + y + 1) dy$$

$$= \int_0^1 (xy + \frac{1}{2} y^2 + y) \bigg|_0^1 dx$$

$$= \int_0^1 (x + \frac{3}{2}) \bigg|_0^1 dx$$

$$= 2.$$

7. (1) $V = \iiint\limits_{\Omega} 1 \mathrm{d}v = \int_0^{2\pi} \mathrm{d}\theta \int_0^2 r\mathrm{d}r \int_r^{6-r^2} \mathrm{d}z$

$= \int_0^{2\pi} \mathrm{d}\theta \int_0^2 r(6 - r^2 - r) \mathrm{d}r$

$= \dfrac{16}{3} \cdot 2\pi = \dfrac{32}{3}\pi;$

(2) 由 $\sqrt{5 - x^2 - y^2} = \dfrac{x^2 + y^2}{4}$ 得 $x^2 + y^2 = 4$，由此可知球面与旋转抛物面的交线是半径为 2 的圆，选用柱面坐标系计算体积如下：

$V = \iiint\limits_{\Omega} 1 \mathrm{d}v = \int_0^{2\pi} \mathrm{d}\theta \int_0^2 \mathrm{d}r \int_{\frac{r^2}{4}}^{\sqrt{5-r^2}} r\mathrm{d}z$

$= \int_0^{2\pi} \mathrm{d}\theta \int_0^2 r\left(\sqrt{5 - r^2} - \dfrac{r^2}{4}\right) \mathrm{d}r$

$= \int_0^{2\pi} \left[-\dfrac{1}{3}(5 - r^2)^{\frac{3}{2}} - \dfrac{1}{16}r^4 \right] \Big|_0^2 \mathrm{d}\theta$

$= \dfrac{5\sqrt{5} - 4}{3} \cdot 2\pi = \dfrac{2\pi}{3}(5\sqrt{5} - 4);$

8. 由 $z^2 = x^2 + y^2$ 与 $z = 1$ 所围的立体关于 z 轴对称可知，重心在 z 轴上，故 $\bar{x} = \bar{y} = 0$，则

$\bar{z} = \dfrac{\iiint\limits_{\Omega} z\mathrm{d}v}{\iiint\limits_{\Omega} 1 \mathrm{d}v}$

$= \dfrac{\int_0^{2\pi} \mathrm{d}\theta \int_0^1 \mathrm{d}r \int_r^1 zr\mathrm{d}z}{\int_0^{2\pi} \mathrm{d}\theta \int_0^1 \mathrm{d}r \int_r^1 r\mathrm{d}z} = \dfrac{\dfrac{\pi}{4}}{\dfrac{\pi}{3}} = \dfrac{3}{4}$

因此重心为 $\left(0, 0, \dfrac{3}{4}\right)$.

三、总习题参考答案

1. (1) C；(2) B；(3) D；(4) C；(5) B.

2. (1) $\dfrac{1}{2}(1 - \mathrm{e}^{-4})$；(2) $xy + \dfrac{1}{8}$；(3) $I = \int_0^{2\pi} \mathrm{d}\theta \int_0^a \mathrm{d}r \int_{a - \sqrt{a^2 - r^2}}^{a + \sqrt{a^2 - r^2}} f(r) \cdot r\mathrm{d}z$；

(4) $\dfrac{3\sqrt{2}}{4}$；(5) $\int_0^2 \mathrm{d}y \int_{\sqrt{y}}^{\sqrt{6 - y^2}} f(x, y) \mathrm{d}x$.

3. (1) 由于积分区域 D 关于 x 轴和 y 轴对称，被积函数关于 x 和 y 都是偶函数，所以有

$$I = 4 \iint_{D_1} (x+y) \,dx\,dy$$

$$= 4 \int_0^1 dx \int_0^{1-x} (x+y) \,dy$$

$$= 4 \int_0^1 \left[x(1-x) + \frac{1}{2}(1-x)^2 \right] dx$$

$$= 4 \int_0^1 \left(\frac{1}{2} - \frac{1}{2}x^2 \right) dx$$

$$= \frac{4}{3};$$

（2）积分区域 D 关于 y 轴对称，D_1 为 y 轴右半部分，则

$$I = 2 \iint_{D_1} |x^2 + y^2 - 4| \,dx\,dy$$

$$= 2 \left[\int_0^{\frac{\pi}{2}} d\theta \int_0^2 (4-r^2) r\,dr + \int_0^{\frac{\pi}{2}} d\theta \int_2^3 (r^2-4) r\,dr \right]$$

$$= \pi \left[\left(2r^2 - \frac{1}{4}r^4 \right) \Big|_0^2 + \left(\frac{1}{4}r^4 - 2r^2 \right) \Big|_2^3 \right]$$

$$= \frac{41\pi}{4}.$$

4.（1）把区域 D 看作 X 型，则

$$\iint_D (1+x)\sin y\,d\sigma = \int_0^1 (1+x)\,dx \int_0^{x+1} \sin y\,dy$$

$$= \int_0^1 -(1+x)[\cos(1+x) - 1]\,dx$$

$$= \int_0^1 -(1+x)\,d[\sin(1+x)] + \int_0^1 (1+x)\,dx$$

$$= [-(1+x)\sin(1+x) - \cos(1+x)]\Big|_0^1 + \frac{3}{2}$$

$$= \frac{3}{2} + \cos 1 + \sin 1 - \cos 2 - 2\sin 2;$$

（2）$\iint_D (x^2 - y^2)\,d\sigma = \int_0^\pi dx \int_0^{\sin x} (x^2 - y^2)\,dy$

$$= \int_0^\pi \left(x^2 y - \frac{1}{3}y^3 \right) \Big|_0^{\sin x} dx$$

$$= \int_0^\pi \left(x^2 \sin x - \frac{1}{3}\sin^3 x \right) dx$$

$$= -\int_0^\pi x^2 \,d(\cos x) + \frac{1}{3} \int_0^\pi (1 - \cos^2 x)\,d(\cos x)$$

$$= (-x^2 \cos x + 2x\sin x + 2\cos x)\Big|_0^{\pi} + \left(\frac{1}{3}\cos x - \frac{1}{9}\cos^3 x\right)\Big|_0^{\pi}$$

$$= \pi^2 - \frac{40}{9};$$

(3) 因为区域 D 关于 x 轴对称，被积函数 $-6y$ 关于 y 是奇函数，所以 $\iint\limits_{D} -6y \mathrm{d}\sigma = 0$。同理：区域 D 关于 y 轴对称，被积函数 $3x$ 关于 x 是奇函数，所以 $\iint\limits_{D} 3x \mathrm{d}\sigma = 0$，又 $\iint\limits_{D} 9 \mathrm{d}\sigma = 9\iint\limits_{D} \mathrm{d}\sigma =$ 区域 D 的面积 $= 9\pi R^2$。因此有：

$$\iint\limits_{D}(y^2 + 3x - 6y + 9)\mathrm{d}\sigma = \iint\limits_{D}(y^2 + 9)\mathrm{d}\sigma$$

$$= \int_0^{2\pi} \mathrm{d}\theta \int_0^R (r^2 \sin^2 \theta) r \mathrm{d}r + 9\pi R^2$$

$$= \int_0^{2\pi} \left(\frac{1}{4}R^4 \sin^2 \theta\right) \mathrm{d}\theta + 9\pi R^2$$

$$= \frac{1}{4}R^4 \cdot \frac{1}{2}\left(\theta - \frac{1}{2}\sin 2\theta\right)\Big|_0^{2\pi} + 9\pi R^2$$

$$= \frac{\pi}{4}R^4 + 9\pi R^2.$$

5. (1) 令 $6 - x^2 - y^2 = \sqrt{x^2 + y^2}$，得 $x^2 + y^2 = 4$. 从而知 Ω 在坐标面 xOy 上的投影为 $x^2 + y^2 \leq 4$，于是

$$I = \int_0^{2\pi} \mathrm{d}\theta \int_0^2 \mathrm{d}r \int_r^{6-r^2} r\cos\theta \cdot r\sin\theta \cdot z \cdot r \mathrm{d}z$$

$$= \int_0^{2\pi} \frac{1}{2}\sin 2\theta \mathrm{d}\theta \int_0^2 r^3 \cdot \frac{1}{2}[(6-r^2)^2 - r^2] \mathrm{d}r$$

由于 $\int_0^{2\pi} \frac{1}{2}\sin 2\theta \mathrm{d}\theta = 0$，故 $I = 0$.

(2) 曲线 $y^2 = 2x$ 绕 x 轴旋转而成的曲面方程为 $x = \frac{y^2 + z^2}{2}$，转动坐标轴画出积分区域如下图所示.

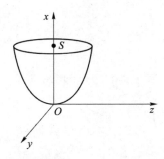

因此，在柱面坐标下的坐标变换为 $\Omega: y = r\cos\theta, z = r\sin\theta, x = x$. 于是

$$\iiint_\Omega (y^2+z^2)\,dv = \int_0^{2\pi} d\theta \int_0^{\sqrt{10}} dr \int_{\frac{r^2}{2}}^{5} r^2 r\,dx$$

$$= \int_0^{2\pi} d\theta \int_0^{\sqrt{10}} r^3 \left(5 - \frac{r^2}{2}\right) dr$$

$$= 2\pi \left(\frac{5}{4}r^4 - \frac{1}{12}r^6\right)\Big|_0^{\sqrt{10}}$$

$$= \frac{250}{3}\pi$$

6. 用先重后单法. 已知 z 的范围为 $0 \leq z \leq 64$，垂直于 z 轴的截面域为圆环：

$$D(z) = \left\{(x,y)\,\Big|\, \frac{z}{16} \leq x^2 + y^2 \leq \frac{z}{4}\right\}$$

于是

$$I = \int_0^{64} dz \iint_{D(z)} (x^2+y^2)\,dxdy$$

$$= \int_0^{64} dz \int_0^{2\pi} d\theta \int_{\sqrt{z}/4}^{\sqrt{z}/2} r^2 \cdot r\,dr$$

$$= \int_0^{64} \frac{15\pi z^2}{512}\,dz$$

$$= 2\,560\pi.$$

7. 平面被三坐标面所割出的部分在坐标面 xOy 上的投影如下图所示.

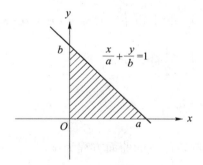

所求的面积为

$$A = \iint_{D_{xy}} \sqrt{1 + z_x^2 + z_y^2}\,d\sigma$$

$$= \int_0^a dx \int_0^{b-\frac{b}{a}x} \sqrt{1 + \frac{c^2}{a^2} + \frac{c^2}{b^2}}\,dy$$

$$= \sqrt{1 + \frac{c^2}{a^2} + \frac{c^2}{b^2}} \cdot \left(ab - \frac{1}{2}ab\right)$$

$$= \frac{1}{2}\sqrt{a^2b^2 + b^2c^2 + a^2c^2}.$$

8. 设均匀薄片上任意一点(x,y)到直线$x=t$的距离为r，则$r^2=(x-t)^2$，于是

$$\begin{aligned}
I(t) &= \iint_D (x-t)^2 \mathrm{d}x\mathrm{d}y \\
&= \int_1^e \mathrm{d}x \int_0^{\ln x} (x-t)^2 \mathrm{d}y \\
&= \int_1^e (x-t)^2 \ln x \mathrm{d}x \\
&= \int_1^e \ln x \mathrm{d}\left[\frac{1}{3}(x-t)^3\right] \\
&= \frac{1}{3}(x-t)^3 \ln x \Big|_1^e - \int_1^e \frac{1}{3}(x-t)^3 \cdot \frac{1}{x} \mathrm{d}x \\
&= t^2 - \frac{1}{2}(\mathrm{e}^2+1)t + \frac{2}{9}\mathrm{e}^3 + \frac{1}{9}
\end{aligned}$$

令 $I'(t) = 2t - \frac{1}{2}(\mathrm{e}^2+1) = 0$，得唯一驻点：$t = \frac{1}{4}(\mathrm{e}^2+1)$。又由于 $I''(t) = 2 > 0$，所以当 $t = \frac{1}{4}(\mathrm{e}^2+1)$ 时，$I(t)$ 取得最小值。

9. $\iint_D \frac{f(x)}{f(y)} \mathrm{d}x\mathrm{d}y = \frac{1}{2}\iint_D \left[\frac{f(x)}{f(y)} + \frac{f(y)}{f(x)}\right] \mathrm{d}x\mathrm{d}y = \frac{1}{2}\iint_D \frac{f^2(x)+f^2(y)}{f(x)f(y)} \mathrm{d}x\mathrm{d}y \geqslant \iint_D \mathrm{d}x\mathrm{d}y = (b-a)^2$。

四、同步测试参考答案

（一）1. 36，因为 $\iint_D x(x+y)\mathrm{d}\sigma = \iint_D x^2 \mathrm{d}x\mathrm{d}y = \int_{-3}^3 x^2 \mathrm{d}x \cdot \int_{-1}^1 \mathrm{d}y = 36$。

2. $\int_0^1 \mathrm{d}x \int_0^{x^2} f(x,y)\mathrm{d}y + \int_1^3 \mathrm{d}x \int_0^{\frac{1}{2}(3-x)} f(x,y)\mathrm{d}y$。

3. $\int_0^{\frac{\pi}{2}} \mathrm{d}\theta \int_0^{2a\cos\theta} f(r^2) r \mathrm{d}r$。

4. $\frac{\pi}{2}$，因为 $\iint_{x^2+y^2 \leqslant 1} (x+y)^2 \mathrm{d}\sigma = \iint_{x^2+y^2 \leqslant 1} (x^2+y^2) \mathrm{d}x\mathrm{d}y = \int_0^{2\pi} \mathrm{d}\theta \int_0^1 r^3 \mathrm{d}r = \frac{\pi}{2}$。

（二）1. C. 因为 $\frac{1}{2} \leqslant x+y \leqslant 1$，则 $\ln(x+y) < \sin(x+y) < (x+y)$，故 $\iint_D [\ln(x+y)]^7 \mathrm{d}\sigma < \iint_D [\sin(x+y)]^7 \mathrm{d}\sigma < \iint_D (x+y)^7 \mathrm{d}\sigma$。

2. A.

3. D.

(三) 1. $\iint\limits_{D}(x^2+y^2)\mathrm{d}\sigma = \int_1^4 \mathrm{d}y \int_{\frac{y}{2}}^{6-y}(x^2+y^2)\mathrm{d}x = \int_1^4 \left[\frac{1}{3}x^3+y^2 x\right]_{\frac{y}{2}}^{6-y}\mathrm{d}y$

$= \int_1^4 \left(72-36y+12y^2-\frac{15}{8}y^3\right)\mathrm{d}y$

$= 78\frac{15}{32}.$

2. 原式 $= \int_0^1 \mathrm{d}y \int_0^{\sqrt{y}} \frac{xy}{\sqrt{1+y^3}}\mathrm{d}x = \int_0^1 \frac{y}{\sqrt{1+y^3}}\cdot\frac{1}{2}x^2 \Big|_0^{\sqrt{y}}\mathrm{d}y$

$= \frac{1}{2}\int_0^1 \frac{y^2}{\sqrt{1+y^3}}\mathrm{d}y = \frac{1}{6}\int_0^1 \frac{1}{\sqrt{1+y^3}}\mathrm{d}(y^3+1)$

$= \frac{1}{6}\cdot 2\sqrt{1+y^3}\Big|_0^1 = \frac{1}{3}(\sqrt{2}-1).$

3. 利用极坐标，有

$\iint\limits_{D}\sqrt{x^2+y^2}\mathrm{d}\sigma = \int_0^{\frac{\pi}{4}}\mathrm{d}\theta\int_0^{2\cos\theta}r\cdot r\mathrm{d}r = \int_0^{\frac{\pi}{4}}\frac{1}{3}r^3\Big|_0^{2\cos\theta}\mathrm{d}\theta$

$= \frac{8}{3}\int_0^{\frac{\pi}{4}}\cos^3\theta\mathrm{d}\theta = \frac{8}{3}\int_0^{\frac{\pi}{4}}(1-\sin^2\theta)\mathrm{d}(\sin\theta)$

$= \frac{8}{3}\left[\sin\theta-\frac{1}{3}\sin^3\theta\right]_0^{\frac{\pi}{4}} = \frac{10}{9}\sqrt{2}.$

4. 积分区域分为 D_1 和 D_2，即 $D = D_1 + D_1$，如右图所示，则

$\iint\limits_{D}|x-y|\mathrm{d}\sigma = \iint\limits_{D_1}(x-y)\mathrm{d}\sigma + \iint\limits_{D_2}(y-x)\mathrm{d}\sigma$

$= \int_0^{\frac{\pi}{4}}\mathrm{d}\theta\int_0^1 (r\cos\theta - r\sin\theta)r\mathrm{d}r +$

$\int_{\frac{\pi}{4}}^{\frac{\pi}{2}}\mathrm{d}\theta\int_0^1(r\sin\theta - r\cos\theta)r\mathrm{d}r$

$= \int_0^{\frac{\pi}{4}}\frac{1}{3}(\cos\theta-\sin\theta)\mathrm{d}\theta + \int_{\frac{\pi}{4}}^{\frac{\pi}{2}}\frac{1}{3}(\sin\theta-\cos\theta)\mathrm{d}\theta$

$= \frac{2}{3}(\sqrt{2}-1).$

5. 原式 $= \iint\limits_{x^2+y^2\leq 4}(x^2+4y^2)\mathrm{d}\sigma + \iint\limits_{x^2+y^2\leq 4}9\mathrm{d}\sigma = \frac{5}{2}\iint\limits_{x^2+y^2\leq 4}(x^2+y^2)\mathrm{d}\sigma + 36\pi$

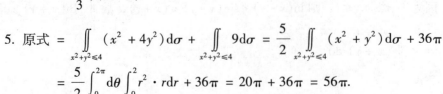

$= \frac{5}{2}\int_0^{2\pi}\mathrm{d}\theta\int_0^2 r^2\cdot r\mathrm{d}r + 36\pi = 20\pi + 36\pi = 56\pi.$

6. 化为极坐标进行计算：

原式 $= \int_{\frac{\pi}{2}}^{\pi} d\theta \int_0^1 \ln(1+r^2) r dr = \frac{\pi}{2} \int_0^1 \ln(1+r^2) d\frac{r^2}{2} = \frac{\pi}{4} \int_0^1 \ln(1+r^2) d(r^2+1)$

$= \frac{\pi}{4}(r^2+1)\ln(1+r^2) \Big|_0^1 - \frac{\pi}{4}\int_0^1 2r dr = \frac{\pi}{4}(2\ln 2 - 1).$

（四）1. 先求交点：解方程组 $\begin{cases} y = x+2 \\ y = x^2 \end{cases}$，得交点为 $(-1,1)$，$(2,2)$，如右图所示，故所求图形面积为

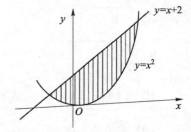

$A = \iint_D d\sigma = \int_{-1}^2 dx \int_{x^2}^{x+2} dy = \int_{-1}^2 (x+2-x^2) dx$

$= \left[\frac{1}{2}x^2 + 2x - \frac{1}{3}x^3 \right]_{-1}^2 = \frac{9}{2}.$

2. 把立体看成曲顶柱体，则所求体积为

$V = \iint_D (1+x+y) dx dy = \int_0^1 dx \int_0^{1-x} (1+x+y) dy = \int_0^1 \left[y + xy + \frac{1}{2}y^2 \right]_0^{1-x} dx$

$= \int_0^1 \left(\frac{3}{2} - x - \frac{1}{2}x^2 \right) dx = \left[\frac{3}{2}x - \frac{1}{2}x^2 - \frac{1}{6}x^3 \right]_0^1 = \frac{5}{6}.$

（五）$\int_0^1 e^{f(x)} dx \int_0^1 e^{-f(y)} dy = \int_0^1 e^{f(y)} dy \int_0^1 e^{-f(x)} dx$

$= \frac{1}{2} \iint_D \left[\frac{e^{f(x)}}{e^{f(y)}} + \frac{e^{f(y)}}{e^{f(x)}} \right] dx dy$

$\geq \frac{1}{2} \iint_D 2 dx dy = 1$

故不等式成立.

五、能力提升（考研真题）参考答案

1. $\left(0, \frac{1}{4}, \frac{1}{4}\right).$

2. $\frac{1}{48}.$

3. $\frac{3}{4}\left[\sqrt{2} + \ln(1+\sqrt{2})\right].$

4. $I_3 < I_2 < I_1.$

5. $\frac{43}{120}\sqrt{2}.$

6. $5\pi + 3\pi^2$.

7. $\dfrac{5\pi}{4}$.

8. $\dfrac{(e-1)^2}{8}$.

9. $\dfrac{3\pi^2}{128}$.

10. (1) $y(x) = \sqrt{x}\,e^{\frac{x^2}{2}}$ 或 $y = e^{-\frac{x^2}{2}}(\sqrt{x} + C)$;

    (2) $\dfrac{\pi}{2}(e^4 - e)$.

11. $\dfrac{\sqrt{3}}{32}(\pi - 2)$.

12. $\dfrac{2 - \sqrt{2}}{16}\pi$.

第十章 曲线积分

二、每节精选

习题 10-1 参考答案

1. (1) $m = \int_L \rho(x,y)\,\mathrm{d}s$；(2) $\bar{x} = \dfrac{\int_L x\rho(x,y)\,\mathrm{d}s}{\int_L \rho(x,y)\,\mathrm{d}s}$；$\bar{y} = \dfrac{\int_L y\rho(x,y)\,\mathrm{d}s}{\int_L \rho(x,y)\,\mathrm{d}s}$.

2. πa.

3. (1) 8π；(2) $\sqrt{2}$；(3) $4\sqrt{2}\pi \mathrm{e}^{2\sqrt{2}}$；(4) 80π；(5) 486π；(6) $\dfrac{13}{6}$.

4. (1) $4\pi \mathrm{e}^2$；

(2) $2\,048\pi$；

(3) $6\pi \sin 3$；

(4) $3\sqrt{2}$.

5. $m = \oint_L (x^2 + y^2)\,\mathrm{d}s = 2\pi a^3$.

习题 10-2 参考答案

1. $\begin{cases} x = a \\ y = t \end{cases} (\alpha \leq t \leq \beta)$，由第二类曲线积分的计算公式得 $\int_L P(x,y)\,\mathrm{d}x = \int_\alpha^\beta P(a,t) \cdot 0\,\mathrm{d}t = 0$.

2. $\begin{cases} x = x \\ y = 0 \end{cases} (a \leq x \leq b)$，由第二类曲线积分的计算公式得 $\int_L P(x,y)\,\mathrm{d}x = \int_a^b P(x,0)\,\mathrm{d}x = 0$.

3. (1) 1；(2) $-\dfrac{56}{15}$；(3) $\dfrac{9}{4}$；(4) $-\dfrac{1}{2}$；(5) $\dfrac{71}{30}$；(6) $\dfrac{2}{3}$.

4. (1) 3；(2) 3.

5. $-\dfrac{17}{35}$.

习题 10-3 参考答案

1. (1) $\iint\limits_D \left(\dfrac{\partial Q}{\partial x} - \dfrac{\partial P}{\partial y} \right) \mathrm{d}x\mathrm{d}y = 12$；

(2) $\iint\limits_D \left(\dfrac{\partial Q}{\partial x} - \dfrac{\partial P}{\partial y} \right) \mathrm{d}x\mathrm{d}y = 8$；

(3) $\iint\limits_D \left(\dfrac{\partial Q}{\partial x} - \dfrac{\partial P}{\partial y} \right) \mathrm{d}x\mathrm{d}y = 20$；

(4) $\iint_D \left(\dfrac{\partial Q}{\partial x} - \dfrac{\partial P}{\partial y} \right) dxdy = 16\pi$.

2. (1) $\dfrac{1}{30}$；(2) 8.

3. (1) $\dfrac{5}{2}$；(2) 236；(3) 5；(4) 62.

4. (1) -2π；(2) π.

三、总习题参考答案

1. (1) $\dfrac{1}{2} \oint_L x dy - y dx$；

(2) $W = \int_L F \cdot dr = \int_L P(x,y)dx + Q(x,y)dy$；

(3) $\int_L P(x,y)\cos\alpha ds + Q(x,y)\cos\beta ds$；

(4) $m = \int_L \rho(x,y)ds$.

2. (1) A；(2) B；(3) D；(4) B；(5) D.

3. (1) π^2；(2) $(36)^3 l$；(3) $2\,312\pi$；(4) $\dfrac{\sqrt{2}\pi^2}{4}$.

4. $\dfrac{8}{5}$.

5. 0.

四、同步测试参考答案

（一）1. $10\ln 7$.

2. $-\dfrac{4}{3}$.

3. $\dfrac{\sqrt{2}\pi^2}{8}$.

4. 2.

（二）1. C.　2. D.　3. C.　4. B.　5. D.

（三）1. 8π（提示：格林公式）.

2. $8\sqrt{3}\pi$.

3. 2.

4. 18π（提示：格林公式）.

（四）1. π（提示：格林公式，挖洞法）.

（五）1. $m = \int_0^1 t\sqrt{1+t^2+t^4}\,dt.$

五、能力提升（考研真题）参考答案

1. -18π. 2. π. 3. $12l$. 4. π. 5. $\dfrac{3\pi}{2}$. 6. $-\dfrac{\pi^2}{2}$. 7. $\dfrac{13}{6}$. 8. 0.

第十一章　无穷级数

二、每节精选

习题 11-1 参考答案

1. （1）$\dfrac{1+1}{1+1^2} + \dfrac{1+2}{1+2^2} + \dfrac{1+3}{1+3^2} + \dfrac{1+4}{1+4^2} + \dfrac{1+5}{1+5^2} + \cdots$；

（2）$\sqrt{2} - \sqrt{1} + \sqrt{3} - \sqrt{2} + \sqrt{4} - \sqrt{3} + \sqrt{5} - \sqrt{4} + \sqrt{6} - \sqrt{5} + \cdots$；

（3）$\dfrac{1!}{1^1} + \dfrac{2!}{2^2} + \dfrac{3!}{3^3} + \dfrac{4!}{4^4} + \dfrac{5!}{5^5} + \cdots$；

（4）$\dfrac{1}{5} - \dfrac{1}{5^2} + \dfrac{1}{5^3} - \dfrac{1}{5^4} + \dfrac{1}{5^5} - \cdots$.

2. 因为 $\lim\limits_{n\to\infty} n\sin\dfrac{1}{n} = 1 \neq 0$，故原级数发散.

3. 0.

4. （1）因为 $\ln\left(1 + \dfrac{1}{n}\right) = \ln\left(\dfrac{n+1}{n}\right) = \ln(n+1) - \ln n$，所以
$$\lim_{n\to\infty}[\ln 2 - \ln 1 + \ln 3 - \ln 2 + \ln 4 - \ln 3 + \cdots + \ln(n+1) - \ln n] = \lim_{n\to\infty}\ln(n+1) = \infty$$
故极限不存在，原级数发散.

（2）因为 $\sum\limits_{n=1}^{\infty} \dfrac{1}{3}\left(\dfrac{1}{3n-2} - \dfrac{1}{3n+1}\right) = \lim\limits_{n\to\infty} \dfrac{1}{3}\left(1 - \dfrac{1}{4} + \dfrac{1}{4} - \dfrac{1}{7} + \cdots + \dfrac{1}{3n-2} - \dfrac{1}{3n+1}\right) =$
$\lim\limits_{n\to\infty} \dfrac{1}{3}\left(1 - \dfrac{1}{3n+1}\right) = \dfrac{1}{3}$，极限存在，故原级数收敛.

（3）因为 $\lim\limits_{n\to\infty} n^2\left(1 - \cos\dfrac{1}{n}\right) = \lim\limits_{n\to\infty} n^2 \cdot 2\sin^2\dfrac{1}{2n} = \dfrac{1}{2} \neq 0$，故原级数发散.

（4）因为 $\sum\limits_{n\to\infty}^{\infty} \dfrac{1}{n}$ 是调和级数，是发散的. 故原级数发散.

5. 必要.

6. 因为 $\sum\limits_{n=1}^{\infty} \dfrac{1}{2^n}$ 收敛，而 $\sum\limits_{n=1}^{\infty} \dfrac{1}{\sqrt{n}}$ 发散，所以原级数发散.

习题 11-2 参考答案

1. （1）收敛；

（2）发散；

（3）收敛；

(4) 收敛.

2. (1) 发散；

(2) 收敛；

(3) 收敛；

(4) 收敛.

习题 11-3 参考答案

1. (1) 因为 $\lim\limits_{n\to\infty}\dfrac{|a_{n+1}|}{|a_n|}=\lim\limits_{n\to\infty}\dfrac{n+1}{n}=1$，故级数的收敛半径为1，收敛域是 $(-1,1)$；

(2) 因为 $\lim\limits_{n\to\infty}\dfrac{|a_{n+1}|}{|a_n|}=\lim\limits_{n\to\infty}\dfrac{1}{2(n+1)}=0$，故级数的收敛半径为 $+\infty$，收敛域是 $(-\infty,+\infty)$；

(3) 因为 $\lim\limits_{n\to\infty}\dfrac{|a_{n+1}|}{|a_n|}=\lim\limits_{n\to\infty}\dfrac{n}{3(n+1)}=\dfrac{1}{3}$，故级数的收敛半径为3，收敛域是 $(-3,3)$；

(4) 因为 $\lim\limits_{n\to\infty}\dfrac{|a_{n+1}|}{|a_n|}=\lim\limits_{n\to\infty}\dfrac{2(n^2+1)}{(n+1)^2+1}=2$，故级数的收敛半径为 $\dfrac{1}{2}$，收敛域是 $\left(-\dfrac{1}{2},\dfrac{1}{2}\right)$.

2. 原级数收敛半径为1，当 $-1<x<1$ 时，对幂级数逐项求导，得

$$\left(\sum_{n=1}^{\infty}\dfrac{x^{4n+1}}{4n+1}\right)'=\sum_{n=1}^{\infty}\left(\dfrac{x^{4n+1}}{4n+1}\right)'=\sum_{n=1}^{\infty}x^{4n}=\dfrac{x^4}{1-x^4}$$

再对上式两边同时积分，且原级数在 $x=0$ 处收敛于0，得

$$\sum_{n=1}^{\infty}\dfrac{x^{4n+1}}{4n+1}=\int_0^x\dfrac{x^4}{1-x^4}dx=\int_0^x\left(-1+\dfrac{1}{2(1+x^2)}+\dfrac{1}{2(1-x^2)}\right)dx$$

$$=\dfrac{1}{4}\ln\dfrac{1+x}{1-x}+\dfrac{1}{2}\arctan x-x$$

又原级数在 $x=\pm 1$ 处均发散，故和函数为 $s(x)=\dfrac{1}{4}\ln\dfrac{1+x}{1-x}+\dfrac{1}{2}\arctan x-x\ (-1<x<1)$.

3. 原级数收敛半径为1，当 $-1<x<1$ 时，对幂级数逐项积分，得

$$\int_0^x\left(\sum_{n=1}^{\infty}nx^{n-1}\right)dx=\sum_{n=1}^{\infty}\int_0^x nx^{n-1}dx=\sum_{n=1}^{\infty}x^n=\dfrac{x}{1-x}$$

再对上式两边同时求导，得

$$\sum_{n=1}^{\infty}nx^{n-1}=\dfrac{1}{(1-x)^2}$$

又原级数在 $x=\pm 1$ 处均发散，故和函数为 $s(x)=\dfrac{1}{(1-x)^2}\ (-1<x<1)$.

4. 原级数收敛半径为 1, 当 $-1 < x < 1$ 时, 对幂级数逐项求导, 得

$$\left(\sum_{n=1}^{\infty} \frac{x^{2n-1}}{2n-1}\right)' = \sum_{n=1}^{\infty} \left(\frac{x^{2n-1}}{2n-1}\right)' = \sum_{n=1}^{\infty} x^{2n-2} = \frac{1}{1-x^2}$$

再对上式两边同时积分, 且原级数在 $x=0$ 处收敛于 0, 得

$$\sum_{n=1}^{\infty} \frac{x^{2n-1}}{2n-1} = \int_0^x \frac{1}{1-x^2} dx = \frac{1}{2} \ln \frac{1+x}{1-x}$$

又原级数在 $x = \pm 1$ 处均发散, 故和函数为 $s(x) = \frac{1}{2} \ln \frac{1+x}{1-x} (-1 < x < 1)$.

习题 11-4 参考答案

1. (1) $f(x) = \frac{1}{3-x} = \frac{1}{3} \cdot \frac{1}{1-\frac{x}{3}} = \sum_{n=0}^{\infty} \frac{x^n}{3^{n+1}}$;

(2) 因为 $f(x) = \ln(4-x)$, 所以

$$f'(x) = -\frac{1}{4-x} = -\frac{1}{4} \cdot \frac{1}{1-\frac{x}{4}} = -\sum_{n=0}^{\infty} \frac{x^n}{4^{n+1}};$$

故

$$f(x) = \int_0^x \left(-\sum_{n=0}^{\infty} \frac{x^n}{4^{n+1}}\right) dx = -\sum_{n=0}^{\infty} \frac{1}{4^{n+1}} \int_0^x x^n dx = -\sum_{n=0}^{\infty} \frac{x^{n+1}}{(n+1)4^{n+1}};$$

(3) $f(x) = \arctan x = \sum_{n=0}^{\infty} \frac{(-1)^n}{2n+1} x^{2n+1}$;

(4) $f(x) = \sin x^2 = \sum_{n=0}^{\infty} \frac{(-1)^n}{(2n+1)!} x^{4n+2}$;

(5) $f(x) = e^{x^2} = \sum_{n=0}^{\infty} \frac{1}{n!} x^{2n}$;

(6) $f(x) = \frac{1}{1+x^2} = \sum_{n=0}^{\infty} (-1)^n x^{2n}$.

2. $f(x) = \frac{1}{\left(1+\frac{x-2}{2}\right)^2} \cdot \frac{1}{4} = \frac{1}{4} \sum_{n=1}^{\infty} (-1)^{n+1} \frac{n}{2^{n-1}} \cdot (x-2)^{n-1}$

$= \sum_{n=1}^{\infty} (-1)^{n+1} \frac{n}{2^{n+1}} (x-2)^{n-1} \quad (0 < x < 4).$

3. $f(x) = \frac{1}{(x-3)(x+1)} = \frac{1}{4}\left(\frac{1}{x-3} - \frac{1}{x+1}\right) = \frac{1}{4} \cdot \frac{1}{-5+(x+2)} - \frac{1}{4} \cdot \frac{1}{-1+(x+2)}$

$= -\frac{1}{20} \cdot \frac{1}{1-\frac{x+2}{5}} + \frac{1}{4} \cdot \frac{1}{1-(x+2)} = \frac{1}{4} \sum_{n=0}^{\infty} (x+2)^n \left(1 - \frac{1}{5^{n+1}}\right), (-3 < x < -1).$

4. $f(x) = \ln\sqrt{1+2x} + \ln\sqrt{1-x} = \frac{1}{2}\ln(1+2x) + \frac{1}{2}\ln(1-x)$

$= \frac{1}{2}\sum_{n=1}^{\infty} \frac{(-1)^{n-1}2^n - 1}{n} x^n, \left(-\frac{1}{2} < x \leq \frac{1}{2}\right).$

5. $f(x) = \frac{1}{4-x} = \frac{1}{2-(x-2)} = \frac{1}{2} \cdot \frac{1}{1-\frac{x-2}{2}} = \frac{1}{2}\sum_{n=0}^{\infty}\left(\frac{x-2}{2}\right)^n$

$= \sum_{n=0}^{\infty} \frac{(x-2)^n}{2^{n+1}}, (0 < x < 4).$

习题 11-5 参考答案

1. (1) 0; (2) $s(x) = \begin{cases} f(x), x \neq (2k+1)\pi \\ \frac{\pi}{2}, x = (2k+1)\pi \end{cases}.$

2. (1) 由于函数 $f(x)$ 是偶函数，则展开为余弦级数：

$$b_n = 0 \quad (n = 1, 2, \cdots)$$

$$a_0 = \frac{2}{\pi}\int_0^{\pi} f(x)dx = \frac{2}{\pi}\int_0^{\pi} 3x^2 dx = 2\pi^2$$

$$a_n = \frac{2}{\pi}\int_0^{\pi} f(x)\cos nx\, dx = \frac{(-1)^n 12}{n^2}$$

因为函数 $f(x)$ 满足收敛定理，且处处连续，故

$f(x) = \pi^2 + \sum_{n=1}^{\infty} \frac{(-1)^n 12}{n^2}\cos nx \; (x \neq k\pi, k = 0, \pm 1, \pm 2, \cdots);$

(2) 易知

$$a_0 = \frac{2}{\pi}\left[\int_{-\pi}^{0} 2dx + \int_0^{\pi} 0 dx\right] = 2$$

$$a_n = \frac{1}{\pi}\left[\int_{-\pi}^{0} 2\cos nx\, dx + \int_0^{\pi} 0 dx\right] = 0$$

$$b_n = \frac{1}{\pi}\left[\int_{-\pi}^{0} 2\sin nx\, dx\right] = -\frac{2}{n\pi}\cos nx\Big|_{-\pi}^{0}$$

因为函数 $f(x)$ 满足收敛定理，则

$f(x) = 1 - \frac{4}{\pi}\sum_{n=1}^{\infty}\left[\frac{1}{2k-1}\sin(2kx-x)\right](x \neq 2k, k = 0, \pm 1, \pm 2, \cdots);$

(3) 因为函数 $f(x)$ 是奇函数，则

$$a_n = 0 \quad (n = 0, 1, 2, \cdots)$$

$$b_n = \frac{2}{\pi}\int_0^{\pi} 2\sin\frac{x}{3}\sin nx\, dx = \frac{2}{\pi}\int_0^{\pi}\left[\cos\left(\frac{1}{3}x - nx\right) - \cos\left(\frac{1}{3}x + nx\right)\right]dx$$

$$= (-1)^{n+1}\frac{18\sqrt{3}\,n}{\pi(9n^2-1)} \quad (n=1,2,\cdots)$$

故函数 $f(x)$ 满足收敛定理，则

$$f(x) = \frac{18\sqrt{3}}{\pi}\sum_{n=1}^{\infty}(-1)^{n+1}\frac{n}{9n^2-1}\sin nx \quad x\in(-\pi,\pi).$$

3. 因为函数 $f(x)$ 是偶函数，则

$$b_n = 0 \quad (n=1,2,\cdots)$$

$$a_n = \frac{2}{\pi}\int_0^{\pi}\cos\frac{x}{2}\cos nx\,dx = \frac{1}{\pi}\int_0^{\pi}\left[\cos\left(nx-\frac{1}{2}x\right)+\cos\left(nx+\frac{1}{2}x\right)\right]dx$$

$$= (-1)^{n+1}\frac{4}{\pi(4n^2-1)} \quad (n=0,1,2,\cdots)$$

故函数 $f(x)$ 满足收敛定理，则

$$f(x) = \frac{2}{\pi} + \frac{4}{\pi}\sum_{n=1}^{\infty}(-1)^{n+1}\frac{1}{4n^2-1}\cos nx \quad x\in[-\pi,\pi].$$

4. 易知

$$a_0 = \frac{1}{\pi}\int_{-\pi}^{\pi}e^{2x}dx = \frac{e^{2\pi}-e^{-2\pi}}{2\pi}$$

$$a_n = \frac{1}{\pi}\int_{-\pi}^{\pi}e^{2x}\cos nx\,dx = \frac{2(-1)^n(e^{2\pi}-e^{-2\pi})}{(n^2+4)\pi} \quad (n=1,2,\cdots)$$

$$b_n = \frac{1}{\pi}\int_{-\pi}^{\pi}e^{2x}\sin nx\,dx = -\frac{n}{2}a_n = -\frac{n(-1)^n(e^{2\pi}-e^{-2\pi})}{(n^2+4)\pi} \quad (n=1,2,\cdots)$$

故函数 $f(x)$ 满足收敛定理，则

$$f(x) = \frac{e^{2\pi}-e^{-2\pi}}{\pi}\left[\frac{1}{4} + \sum_{n=1}^{\infty}\frac{(-1)^n}{n^2+4}(2\cos nx - n\sin nx)\right] \quad x\neq(2k+1)\pi, k\in\mathbb{Z}.$$

习题 11-6 参考答案

1. （1）由于函数 $f(x)$ 是偶函数，则展开为余弦级数：

$$b_n = 0 \, (n=1,2,\cdots)$$

$$a_0 = \frac{2}{l}\int_0^l f(x)\,dx = \frac{2}{\frac{1}{2}}\int_0^{\frac{1}{2}}(1-x^2)\,dx = \frac{11}{6}$$

$$a_n = \frac{2}{l}\int_0^l f(x)\cos\frac{n\pi x}{l}\,dx = 4\int_0^{\frac{1}{2}}(1-x^2)\cos(2n\pi x)\,dx = \frac{(-1)^{n+1}}{n^2\pi^2}(n=1,2,\cdots)$$

因为函数 $f(x)$ 满足收敛定理，且处处连续，故

$$f(x) = \frac{11}{12} + \frac{1}{\pi^2}\sum_{n=1}^{\infty}\frac{(-1)^{n+1}}{n^2}\cos(2n\pi x) \quad x\in(-\infty,+\infty);$$

(2) 易知

$$a_0 = \frac{1}{l}\int_{-l}^{l} f(x)\mathrm{d}x = \frac{1}{3}\int_{-3}^{3} f(x)\mathrm{d}x = \frac{1}{3}\left[\int_{-3}^{0}(2x+1)\mathrm{d}x + \int_{0}^{3}\mathrm{d}x\right] = -1$$

$$a_n = \frac{1}{3}\int_{-3}^{3} f(x)\cos\left(\frac{n\pi x}{3}\right)\mathrm{d}x = \frac{1}{3}\left[\int_{-3}^{0}(2x+1)\cos\left(\frac{n\pi x}{3}\right)\mathrm{d}x + \int_{0}^{3}\cos\left(\frac{n\pi x}{3}\right)\mathrm{d}x\right]$$

$$= \frac{6}{n^2\pi^2}[1-(-1)^n] \quad (n=1,2,\cdots)$$

$$b_n = \frac{1}{3}\int_{-3}^{3} f(x)\sin\left(\frac{n\pi x}{3}\right)\mathrm{d}x = \frac{1}{3}\left[\int_{-3}^{0}(2x+1)\sin\left(\frac{n\pi x}{3}\right)\mathrm{d}x + \int_{0}^{3}\sin\left(\frac{n\pi x}{3}\right)\mathrm{d}x\right]$$

$$= \frac{6}{n\pi}(-1)^{n+1} \quad (n=1,2,\cdots)$$

因为函数 $f(x)$ 满足收敛定理，其间断点为 $x = 3(2k+1), k \in \mathbf{Z}$，所以

$$f(x) = -\frac{1}{2} + \sum_{n=1}^{\infty}\left\{\frac{6}{n^2\pi^2}[1-(-1)^n]\cos\frac{n\pi x}{3} + \frac{6}{n\pi}(-1)^{n+1}\sin\frac{n\pi x}{3}\right\} \quad (x \in \mathbf{R});$$

(3) 因为函数 $f(x)$ 是偶函数，则

$$a_0 = 2\int_{0}^{1} x\mathrm{d}x = 1, b_n = 0$$

$$a_n = 2\int_{0}^{1} x\cos(n\pi x)\mathrm{d}x = -\frac{4}{\pi^2}\cdot\frac{1}{(2k-1)^2}$$

故函数 $f(x)$ 满足收敛定理，则

$$f(x) = \frac{1}{2} - \frac{4}{\pi^2}\sum_{n=1}^{\infty}\frac{1}{(2n-1)^2}\cos[(2n-1)\pi x] \quad x \in (-\infty, +\infty);$$

(4) 易知

$$a_0 = \frac{1}{2}\int_{-2}^{2}(x^2-x)\mathrm{d}x = \frac{8}{3}$$

$$a_n = \frac{1}{2}\int_{-2}^{2}(x^2-x)\cos\frac{n\pi x}{2}\mathrm{d}x = \frac{(-1)^n 16}{n^2\pi^2}$$

$$b_n = \frac{1}{2}\int_{-2}^{2}(x^2-x)\sin\frac{n\pi x}{2}\mathrm{d}x = \frac{(-1)^n 4}{n\pi}$$

故函数 $f(x)$ 满足收敛定理，则

$$f(x) = \frac{4}{3} + \sum_{n=1}^{\infty}\left[\frac{(-1)^n 16}{n^2\pi^2}\cos\frac{n\pi x}{2} + \frac{(-1)^n 4}{n\pi}\sin\frac{n\pi x}{2}\right].$$

2. $c_n = \frac{1}{2}\int_{-1}^{1} \mathrm{e}^{-x}\mathrm{e}^{-\mathrm{i}n\pi x}\mathrm{d}x = \frac{1}{2}\int_{-1}^{1} \mathrm{e}^{-(1+n\pi\mathrm{i})x}\mathrm{d}x = -\frac{1}{2}\cdot\frac{1}{1+n\pi\mathrm{i}}\mathrm{e}^{-(1+n\pi\mathrm{i})x}\Big|_{-1}^{1}$

$$= \frac{1-n\pi\mathrm{i}}{1+(n\pi)^2}\cdot\frac{\mathrm{e}\cos n\pi - \mathrm{e}^{-1}\cos n\pi}{2} = (-1)^n\frac{\mathrm{e}-\mathrm{e}^{-1}}{2}\cdot\frac{1-n\pi\mathrm{i}}{1+n^2\pi^2} \quad (n=0,\pm 1,\pm 2,\cdots)$$

故
$$f(x) = \sum_{n=-\infty}^{\infty} (-1)^n \frac{e - e^{-1}}{2} \cdot \frac{1 - n\pi i}{1 + n^2\pi^2} e^{in\pi x} \quad (x \neq 2k+1, k \in \mathbf{Z}).$$

三、总习题参考答案

1. $\lim\limits_{n\to\infty}\dfrac{u_{n+1}}{u_n} = \lim\limits_{n\to\infty}\dfrac{[(n+1)!]^2}{2(n+1)^2} \cdot \dfrac{2n^2}{(n!)^2} = \lim\limits_{n\to\infty} n^2 = \infty$，故此级数发散.

2. $u_n = \dfrac{n\cos^2\dfrac{n\pi}{3}}{2^n} \leqslant \dfrac{n}{2^n}$，对于级数 $\sum\limits_{n=1}^{\infty}\dfrac{n}{2^n}$，由于 $\lim\limits_{n\to\infty}\dfrac{n+1}{2^{n+1}} \cdot \dfrac{2^n}{n} = \lim\limits_{n\to\infty}\dfrac{n+1}{2n} = \dfrac{1}{2} < 1$，

由比较审敛法知，级数 $\sum\limits_{n=1}^{\infty}\dfrac{n}{2^n}$ 收敛，再由比较审敛法可知，级数 $\sum\limits_{n=1}^{\infty}\dfrac{n\cos^2\dfrac{n\pi}{3}}{2^n}$ 收敛.

3. 这是交错级数，$u_n = \ln\dfrac{n+1}{n}$，则 $\lim\limits_{n\to\infty} u_n = \lim\limits_{n\to\infty}\ln\dfrac{n+1}{n} = 0$. 由于 $\dfrac{n+2}{n+1} < \dfrac{n+1}{n}$，则 $\ln\dfrac{n+2}{n+1} < \ln\dfrac{n+1}{n}$，即 $u_{n+1} < u_n$.

由莱布尼茨审敛法知，原交错级数收敛. 又因为 $\lim\limits_{n\to\infty}\dfrac{\ln\dfrac{n+1}{n}}{\dfrac{1}{n}} = \lim\limits_{n\to\infty}\dfrac{\ln\left(1+\dfrac{1}{n}\right)}{\dfrac{1}{n}} = 1$，而 $\sum\limits_{n=1}^{\infty}\dfrac{1}{n}$

发散，由比较审敛法知，级数 $\sum\limits_{n=1}^{\infty}\ln\dfrac{n+1}{n}$ 发散.

综上所述，原级数条件收敛.

4. 因为 $\lim\limits_{n\to\infty}\left|\dfrac{u_{n+1}}{u_n}\right| = \lim\limits_{n\to\infty}\left|\dfrac{(n+2)!}{(n+1)^{n+2}} \cdot \dfrac{n^{n+1}}{(n+1)!}\right| = \lim\limits_{n\to\infty}\dfrac{n+2}{(n+1)^2} \cdot n \cdot \left(\dfrac{n}{n+1}\right)^n = \lim\limits_{n\to\infty}\dfrac{1}{\left(1+\dfrac{1}{n}\right)^n} = \dfrac{1}{e} < 1$，故原级数绝对收敛.

5. 原级数可写成 $\sum\limits_{n=1}^{\infty}\dfrac{3^n}{n}x^n + \sum\limits_{n=1}^{\infty}\dfrac{5^n}{n}x^n$，对于 $\sum\limits_{n=1}^{\infty}\dfrac{3^n}{n}x^n$，$R_1 = \lim\limits_{n\to\infty}\left|\dfrac{3^n}{n} \cdot \dfrac{n+1}{3^{n+1}}\right| = \dfrac{1}{3}$.

当 $x = \dfrac{1}{3}$ 时，$\sum\limits_{n=1}^{\infty}\dfrac{1}{n}$ 发散；当 $x = -\dfrac{1}{3}$ 时，$\sum\limits_{n=1}^{\infty}\dfrac{(-1)^n}{n}$ 收敛. 故级数 $\sum\limits_{n=1}^{\infty}\dfrac{3^n}{n}x^n$ 的收敛域为 $\left[-\dfrac{1}{3}, \dfrac{1}{3}\right)$.

类似地，级数 $\sum\limits_{n=1}^{\infty}\dfrac{5^n}{n}x^n$ 的收敛域为 $\left[-\dfrac{1}{5}, \dfrac{1}{5}\right)$，故原级数的收敛域为 $\left[-\dfrac{1}{5}, \dfrac{1}{5}\right)$.

6. 令 $t = x - 5$，则级数可写成 $\sum_{n=1}^{\infty} \dfrac{t^n}{\sqrt{n}}$，则 $R = \lim_{n \to \infty} \left| \dfrac{1}{\sqrt{n}} \cdot \sqrt{n+1} \right| = 1$.

当 $t = 1$ 时，$\sum_{n=1}^{\infty} \dfrac{1}{\sqrt{n}}$ 发散；当 $t = -1$ 时，$\sum_{n=1}^{\infty} \dfrac{(-1)^n}{\sqrt{n}}$ 收敛.

因此，级数 $\sum_{n=1}^{\infty} \dfrac{t^n}{\sqrt{n}}$ 的收敛域为 $[-1, 1)$，即 $-1 \leqslant x - 5 < 1, 4 \leqslant x < 6$. 故原级数的收敛域为 $[4, 6)$.

7. $s(x) = x + \dfrac{x^3}{3} + \dfrac{x^5}{5} + \cdots + \dfrac{x^{2n-1}}{2n-1} + \cdots$, $s'(x) = 1 + x^2 + x^4 + \cdots + x^{2n-2} + \cdots = \dfrac{1}{1-x^2} (|x| < 1)$,

两边积分，得 $s(x) - s(0) = \int_0^x \dfrac{1}{1-x^2} dx = \dfrac{1}{2} \ln \dfrac{1+x}{1-x}$. 故 $s(x) = \dfrac{1}{2} \ln \dfrac{1+x}{1-x} (|x| < 1)$.

8. $f(x) = \dfrac{1}{(x+1)(x+3)} = \dfrac{1}{2} \left(\dfrac{1}{x+1} - \dfrac{1}{x+3} \right) = \dfrac{1}{2} \left[\dfrac{1}{2+(x-1)} - \dfrac{1}{4+(x-1)} \right]$

$= \dfrac{1}{4} \cdot \dfrac{1}{1 + \dfrac{x-1}{2}} - \dfrac{1}{8} \cdot \dfrac{1}{1 + \dfrac{x-1}{4}}$

$= \dfrac{1}{4} \sum_{n=0}^{\infty} (-1)^n \left(\dfrac{x-1}{2} \right)^n - \dfrac{1}{8} \sum_{n=0}^{\infty} (-1)^n \left(\dfrac{x-1}{4} \right)^n$

$= \sum_{n=0}^{\infty} (-1)^n \left(\dfrac{1}{2^{n+2}} - \dfrac{1}{2^{2n+3}} \right) (x-1)^n$

故收敛域为 $\begin{cases} \left| \dfrac{x-1}{2} \right| < 1 \\ \left| \dfrac{x-1}{4} \right| < 1 \end{cases}$，解得 $-1 < x < 3$.

四、同步测试参考答案

（一）1. 8. 2. e. 3. $\sum_{n=1}^{\infty} \dfrac{2n-1}{n(n+1)}$. 4. $(-1, 3)$.

（二）1. B. 2. D. 3. C. 4. D.

（三）1. 级数为交错级数，$u_n = \sum_{n=1}^{\infty} (-1)^n \dfrac{n+2}{n+1} \cdot \dfrac{1}{\sqrt{n}}$，则

$\lim_{n \to \infty} u_n = \lim_{n \to \infty} \dfrac{n+2}{n+1} \cdot \dfrac{1}{\sqrt{n}} = 0$, $\dfrac{u_{n+1}}{u_n} = \dfrac{n+3}{(n+2)\sqrt{n+1}} \cdot \dfrac{(n+1)\sqrt{n}}{n+2} = \dfrac{n^2+4n+3}{n^2+4n+4} \cdot \sqrt{\dfrac{n}{n+1}} < 1$

故 $u_n > u_{n+1}$，由莱布尼茨定理知，原级数收敛.

2. $\lim_{n \to \infty} \left| \dfrac{u_{n+1}(x)}{u_n(x)} \right| = \lim_{n \to \infty} \left| \dfrac{(\sqrt{n+2} - \sqrt{n+1}) 2^{n+1} x^{2n+2}}{(\sqrt{n+1} - \sqrt{n}) 2^n x^{2n}} \right| = \lim_{n \to \infty} \dfrac{\sqrt{n+1} + \sqrt{n}}{\sqrt{n+2} + \sqrt{n+1}} \cdot 2x^2 = 2x^2$.

当 $|2x^2| < 1$，即 $-\frac{\sqrt{2}}{2} < x < \frac{\sqrt{2}}{2}$ 时，级数绝对收敛；

当 $x = \pm\frac{\sqrt{2}}{2}$ 时，$\sum_{n=1}^{\infty}(\sqrt{n+1}-\sqrt{n})2^n\left(\frac{\sqrt{2}}{2}\right)^{2n} = \sum_{n=1}^{\infty}(\sqrt{n+1}-\sqrt{n}) = \sum_{n=1}^{\infty}\frac{1}{\sqrt{n+1}+\sqrt{n}}$，

级数发散. 综上所述，原级数的收敛域为 $\left(-\frac{\sqrt{2}}{2}, \frac{\sqrt{2}}{2}\right)$.

3. 收敛半径为 $R = \lim_{n\to\infty}\left|\frac{1}{(2n-1)2n}\cdot(2n+1)(2n+2)\right| = 1$. 当 $x = 1$ 时，由比较审敛法知 $\sum_{n=1}^{\infty}\frac{1}{(2n-1)\cdot 2n}$ 收敛；当 $x = -1$ 时，$\sum_{n=1}^{\infty}\frac{(-1)^n}{(2n-1)\cdot 2n}$ 绝对收敛.

因此，原级数的收敛域为 $[-1, 1]$.

4. 收敛半径为 $R = \lim_{n\to\infty}\left|\frac{n(n+1)}{(n+1)(n+2)}\right| = 1$.

当 $x = \pm 1$ 时，$\sum_{n=1}^{\infty}n(n+1)(\pm 1)^n$ 显然发散，故收敛域为 $(-1, 1)$.

当 $|x| < 1$ 时，$s(x) = \sum_{n=1}^{\infty}n(n+1)x^n$，则有 $s(x) = x\sum_{n=1}^{\infty}n(n+1)x^{n-1} = x\left(\sum_{n=1}^{\infty}x^{n+1}\right)'' = x\left(\frac{x^2}{1-x}\right)'' = \frac{2x}{(1-x)^3}\ (-1 < x < 1)$.

5. 因为 $\lim_{n\to\infty}\dfrac{1-\cos\dfrac{1}{n}}{\dfrac{1}{n^2}} = \lim_{n\to\infty}\dfrac{\dfrac{1}{2}\left(\dfrac{1}{n}\right)^2}{\dfrac{1}{n^2}} = \dfrac{1}{2}$，而级数 $\sum_{n=1}^{\infty}\dfrac{1}{n^2}$ 收敛，由正项级数的比较审敛法知级数 $\sum_{n=1}^{\infty}\left(1-\cos\dfrac{1}{n}\right)$ 收敛.

6. 已知 $u_n = \dfrac{1}{(3n-2)(3n+1)} = \dfrac{1}{3}\left(\dfrac{1}{3n-2} - \dfrac{1}{3n+1}\right)$，于是

$s_n = u_1 + u_2 + \cdots + u_n = \dfrac{1}{3}\left[\left(1-\dfrac{1}{4}\right) + \left(\dfrac{1}{4}-\dfrac{1}{7}\right) + \cdots + \left(\dfrac{1}{3n-2}-\dfrac{1}{3n+1}\right)\right] = \dfrac{1}{3}\left(1-\dfrac{1}{3n+1}\right)$

$\lim_{n\to\infty}\dfrac{1}{3}\left(1-\dfrac{1}{3n+1}\right) = \dfrac{1}{3}$，则原级数的和为 $\dfrac{1}{3}$.

（四）1. 因为 $f(x) = \dfrac{1}{3+4x} = \dfrac{1}{-5+4(x+2)} = -\dfrac{1}{5}\cdot\dfrac{1}{1-\dfrac{4}{5}(x+2)}$

$= -\dfrac{1}{5}\sum_{n=0}^{\infty}\left[\dfrac{4}{5}(x+2)\right]^n = -\sum_{n=0}^{\infty}\dfrac{4^n}{5^{n+1}}(x+2)^n\ \left(\left|\dfrac{4}{5}(x+2)\right| < 1\right)$，

故收敛域为 $\dfrac{4}{5}|x+2| < 1$，即 $-\dfrac{13}{4} < x < -\dfrac{3}{4}$.

2. $\sum_{n=2}^{\infty} \frac{2^n+n-1}{n!} = \sum_{n=2}^{\infty}\left(\frac{2^n}{n!}+\frac{n-1}{n!}\right)$,因为 $e^x = \sum_{n=0}^{\infty}\frac{x^n}{n!}$,所以 $\sum_{n=2}^{\infty}\frac{2^n}{n!} = \sum_{n=0}^{\infty}\frac{2^n}{n!}-1-2 = e^2-3$. 而 $\sum_{n=2}^{\infty}\frac{n-1}{n!} = \sum_{n=2}^{\infty}\frac{1}{(n-1)!} - \sum_{n=2}^{\infty}\frac{1}{n!} = \left[\sum_{n=1}^{\infty}\frac{1}{(n-1)!}-1\right] - \left[\sum_{n=0}^{\infty}\frac{1}{n!}-1-1\right] = (e-1)-(e-2) = 1$. 所以原级数的和为 $e^2-3+1 = e^2-2$.

(五)因为 $0 < \frac{n^2+1}{n^2} \leqslant 2$,则 $\left|\frac{n^2+1}{n^2}a_n\right| \leqslant 2|a_n|$,又因为 $\sum_{n=1}^{\infty}|a_n|$ 收敛,由正项级数的比较审敛法知级数 $\sum_{n=1}^{\infty}\left|\frac{n^2+1}{n^2}a_n\right|$ 收敛,即 $\sum_{n=1}^{\infty}\frac{n^2+1}{n^2}a_n$ 绝对收敛.

五、能力提升(考研真题)参考答案

1. B. 2. C. 3. C. 4. C. 5. D. 6. $\frac{3}{2}$. 7. $\frac{\pi}{2}$. 8. $\frac{2\pi}{3}$. 9. 1.

10. $(1,5]$.